地下有限空间监护作业
安全理论知识

北京市安全生产技术服务中心 编

UNITY PRESS 团结出版社

图书在版编目（CIP）数据

地下有限空间监护作业安全理论知识/北京市安全
生产技术服务中心编 . — 北京：团结出版社，2016.9
ISBN 978-7-5126-4485-4

Ⅰ.①地… Ⅱ.①北… Ⅲ.①地下工程—工程施工—
安全管理—技术培训—教材 Ⅳ.① TU94

中国版本图书馆 CIP 数据核字 (2016) 第 231525 号

出　　版：团结出版社
　　　　　（北京市东城区东皇城根南街 84 号 邮编：100006）
电　　话：（010）65228880　65244790（出版社）
发行电话：（010）87952246　87952248
网　　址：www.tjpress.com
E - m a i l：65244790@163.com
经　　销：全国新华书店
印　　刷：北京神州伟业印务有限公司

开　　本：185mm×260mm
字　　数：415 千字
版　　次：2016 年 10 月第 1 版
印　　次：2018 年 5 月第 2 次印刷

书　　号：978-7-5126-4485-4
定　　价：43.00 元

北京市安全生产培训教材编委会

本书编写人员：（以姓氏笔画为序）

马 虹　　申永文　　刘 艳　　刘伟宏

李莉莉　　时德轶　　汪 彤　　陈 娅

赵 岩　　赵守超　　胡 玢　　侯占杰

侯烺祎　　秦 妍　　贾娜莉　　郭宇飞

董 艳　　薛映宾

前言
PREFACE

有限空间作业量大面广，安全生产形势十分严峻。2010 至 2013 年，我国工贸行业共发生有限空间作业较大以上事故 67 起、死亡 269 人，分别占工贸行业较大以上事故的 41.1% 和 39.9%。随着城市化进程的加快，水、电、气、热等城市基础设施地下管线大量敷设，市政有限空间作业频次和从业人员数量也急剧增加，随之而来的安全问题也越来越突出。据统计，2006 至 2014 年，北京市共发生有限空间事故 46 起，死亡 91 人。其中，较大事故 8 起，死亡 33 人。特别是 2009 年，北京市仅有限空间事故就死亡 19 人，死亡人数占到北京市当年生产安全事故死亡总数的 15.8%。通过对有限空间事故分析发现，作业人员基本安全知识缺乏、自我防范意识和自救互救能力欠缺，是导致有限空间事故发生的最主要原因。

为遏制有限空间事故高发态势，提高有限空间作业人员的安全意识和操作技能，北京市将地下有限空间作业现场监护人员纳入特种作业人员管理。为配合做好特种作业培训工作，我们组织编写了《地下有限空间监护作业安全理论知识》一书。本书不仅介绍了有限空间基本知识、主要危险有害因素辨识、作业环境分级、作业现场安全知识、作业安全防护设备、作业安全管理和典型事故案例分析，还对有限空间作业的操作流程、事故应急救援等进行了详细的讲解。

本书紧密结合实际，通俗易懂，便于理解和掌握，不仅可用于有限空间特种作业培训教材，也可作为有限空间作业安全管理人员和作业人员的学习参考资料。

在编写和出版过程中，得到了中安华邦（北京）安全生产技术研究院的大力支持，在此表示感谢。由于时间仓促，编者水平有限，书中不足之处在所难免，敬请批评指正。

编者
2015 年 3 月

目录
CONTENT

第十章 实际操作

附录

第一章
北京市有限空间作业安全生产形势及典型事故案例分析

随着社会经济快速蓬勃发展，城市规模不断扩大，不仅工矿商贸企业中存在相当数量的井、池、管沟、管道、釜、塔、罐等有限空间，水、电、气、热、环卫、通信、广电等设施的地下有限空间数量也在急剧增加。有统计数据表明，北京市现有井池等地下有限空间数量达到 200 余万个，地下管线总长 13 万余公里，且还在以每年 5~10% 左右的速度增长，有限空间作业频次和从业人员数量急剧增加，随之而来的有限空间作业安全生产问题也越来越突出。

第一节　北京市有限空间作业安全生产形势

一、北京市有限空间事故情况

1. 事故基本情况

据统计，2006 至 2017 年，北京市共发生有限空间作业事故 60 起，死亡 114 人，受伤 68 人。其中，较大事故 11 起，死亡 48 人，受伤 27 人。特别是 2009 年，北京市仅有限空间作业事故就发生 7 起，死亡 19 人，事故起数占当年全市生产安全事故起数的 7.1%，死亡人数占当年全市生产安全事故死亡人数的 15.8%。各年度事故起数、较大事故起数、事故死亡人数和受伤人数统计情况如图 1-1。

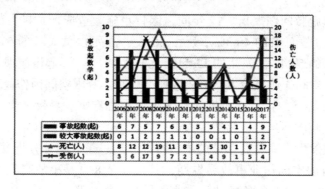

图 1-1　2006 至 2017 年北京市有限空间作业事故统计

由图 1-1 可以看出，2006 至 2009 年，北京市有限空间作业事故高发，4 年共发生事故 25 起，其中较大事故 5 起。为遏制事故高发态势，自 2009 年起，北京市采取了一系列监管措施，将地下有限空间作业的现场监护人员纳入特种作业人员管理，制定发布了 3 个地方标准、一系列规范性文件和管理性文件。2010 年后，北京市有限空间作业事故起数和死亡人数明显下降。但 2017 年，北京市有限空间作业事故起数和死亡人数出现了较大反弹，与 2016 年相比分别上升了 125% 和 183.3%。事故暴露出有限空间安全管理工作还存在着薄弱环节和盲区，有限空间监管工作还面临长期性、艰巨性、复杂性、反复性的严峻形势。

2. 事故特征分析

对北京市各年度事故案例进行分析，发现北京市有限空间作业安全生产事故存在以下特征：

（1）较大事故时有发生。12 年来北京市共发生有限空间作业较大事故 12 起，占事故总起数的 20%；死亡 48 人，占死亡总人数的 42.1%；受伤 27 人，占受伤总人数的 39.7%。特别是 2009 年的通州"7·3"事故，共造成 7 人死亡，4 人受伤。

（2）污水井、化粪池事故突出。因污水井、化粪池中多存在高浓度的硫化氢气体，作业时一旦操作和防护不当，极易造成硫化氢中毒事故。12 年间，北京市共发生污水井、化粪池事故 35 起，占事故总起数的 58.3%；死亡 72 人，占死亡总人数的 63.2%；受伤 27 人，占受伤总人数的 39.7%。各年度污水井、化粪池事故占比情况如图 1-2。

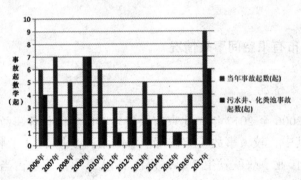

图 1-2 2006 至 2017 年污水井、化粪池事故占比情况

（3）盲目施救问题严重。12 年间，因盲目施救造成伤亡扩大的有限空间作业事故 29 起，占事故总数的 48.3%；死亡 66 人，占死亡总人数的 57.9%；受伤 37 人，占受伤总人数的 54.4%。发生的 12 起较大事故中，有 10 起事故涉及盲目施救。

（4）有限空间作业风险大，事故致死率较高。有限空间因作业环境相对狭小、自然通风不良等特点，容易造成氧含量不足或有毒有害、易燃易爆物质积聚，一旦出现违规作业或施救不当，极易造成人员伤亡。

（5）事故发生时间具有明显的季节特征。通过事故统计分析发现，每年 5 月至 9 月为北京市有限空间作业事故易发期，其中 6 至 8 月是事故高发期，事故起数占事故总数的 59.0%，这与气象条件和作业数量有较大关联。

（6）公共设施管理业发生事故最多。经统计，12 年间北京市有限空间事故共涉及公共设施管理业、电力热力燃气及水的生产供应业、服务业、制造业、建筑业、电信、广播电视和卫星传输服务业、道路运输业、住宿餐饮业、养殖业、物业管理业等10大行业。其中，公共设施管理业和电力热力燃气及水的生产供应业主要是为市政管线或单位自有管线提供维护、检维修工作的企业；服务业主要是提供污水管道疏通、化粪池清掏的企业，制造业主要是使用窑炉、气浮池、反应塔（釜）等密闭设备进行生产的企业，建筑业主要是市政管道工程敷设和施工的企业。从事故发生情况来看，公共设施管理业发生事故最多，事故起数占比为38.3%；其次是建筑业，占比18.3%，再次为电力热力燃气及水的生产供应业，占比为15%；随后是服务业和制造业，占比分别为10%和8.3%。

（7）事故呈现出新趋势和新变化。近年来发生的事故除具备有限空间事故共性特点外，又呈现出一些新的趋势和变化，主要表现为：

①非主营单位事故多发。从发生事故的单位分析，餐饮、居民服务业等非主营有限空间作业的单位发生事故数量有所增加。

②新建有限空间事故多发。有10起事故发生在新建市政地下有限空间收尾或试运行阶段作业过程中，占事故起数的16.7%。

③诱发事故的有毒有害气体复杂化。如昌平"1·11"事故，因井下工业废水中含有乙醇、丙酮、乙酸、丙酸、环乙基甲酸、异丙醇、乙醛、环六硫等多种化学物质，导致作业人员因混合气体中毒死亡；通州"10·29"事故，因井下积水中含有甲缩醛麻醉物质，导致作业人员被麻醉后窒息。过去发生的事故常常因缺氧、硫化氢、一氧化碳等因素导致，而现在诱发事故的有毒有害气体趋于复杂化。

二、事故原因分析

北京市从事有限空间作业的企业类型众多，情况复杂，底数不清，有行业直属的专业队伍，有企事业单位内部自管的作业队伍，有随着城市的蓬勃发展，为满足市政工程建设、地下管道施工维修等有限空间作业需要应运而生的社会作业队伍。从事有限空间作业的企业规模大小不一，管理水平和人员素质参差不齐。从以往发生的有限空间事故来看，导致事故发生的主要原因包括以下几个方面：

1. 安全管理不到位

从事有限空间作业的企业，特别是无上级主管单位的民营、个体企业，对作业场所可能造成缺氧或产生有毒有害气体的危险性认识不足，对作业安全重视不够，缺乏相应的管理能力。企业安全生产管理制度和操作规程不健全，各项管理措施不到位。

2. 安全投入不足

部分企业安全投入不足，缺少有限空间作业必需的检测、通风、照明、通讯等安全防护设备以及呼吸器、安全带、安全绳等个人防护用品。

3. 安全培训不到位

企业安全培训不到位，从业人员没有进行岗位安全培训及应急救援培训，不能在作业和救援过程中正确防护和救援。

4.承发包管理不规范

部分企业把有限空间作业发包给其他单位和个人实施，但对发包过程疏于管理。发包方把工程发包给不具备安全生产条件的单位和个人、承发包双方未签订安全生产管理协议等违规情况较为突出。

5.应急救援能力差

一些企业未制定有限空间事故应急救援预案、未组织应急救援演练，作业人员不了解有限空间危害特点，不掌握有限空间事故发生时正确的救援流程，事故发生时，不能正确应对，导致盲目施救致使事故伤亡进一步扩大。

6.安全意识缺乏

从业人员缺乏安全意识和自我保护意识，作业过程中麻痹大意、违章操作，造成事故发生。

三、监管举措

为遏制有限空间事故的高发态势，规范有限空间作业的安全管理，2009年2月17日，北京市安全生产委员会下发《关于加强北京市有限空间作业安全管理的意见》，明确了市发展改革委、住房城乡建设委、市政市容委、水务局、通信管理局、广电局等重点部门的有限空间安全监管责任；颁布并实施了《北京市有限空间作业安全生产规范（试行）》，对有限空间作业提出了具体的安全管理和技术要求。并从2009年起，加大了有限空间作业的监管力度，先后推出了一系列规范性文件、通知和标准等，并系统构建了具有大城市特色的"一证三标两促进"的有限空间作业安全生产综合监管体系。

（一）一证

指以"有限空间作业监护人员特种作业许可证"为核心，构建有限空间从业人员培训教育体系。

为加强有限空间安全监管，提高有限空间作业人员的安全意识和操作技能，2010年北京市安全生产监督管理局（以下简称"北京市安全监管局"）向社会发布了《关于地下有限空间作业现场监护人员必须持证上岗的通告》《关于发布有限空间特种作业人员培训机构资质条件的通告》以及《有限空间特种作业安全技术培训大纲及考核标准》的通知，要求从事化粪池（井）、粪井、排水管道及其附属构筑物（含污水井、雨水井、提升井、闸井、格栅间、集水池等）运行、保养、维修、清理等地下有限空间作业现场监护工作的人员须经过培训，取得特种作业操作资格证书后，方可上岗作业。同年，市政府办公厅印发了《关于进一步加强本市有限空间作业安全监管意见的通知》，进一步强化生产经营单位主体责任，要求作业单位认真落实国家相关标准规范的各项安全生产要求，强调"凡未接受岗前安全培训教育的，不得从事有限空间作业；凡未对作业现场进行通风检测的，不得实施有限空间作业；凡不具备相应应急救援能力的，不得盲目组织施救。严禁作业单位不采取任何防护措施，不配备任何防护装备，冒险下井违章作业"。

2011年，北京市安全监管局又下发了《关于扩大地下有限空间作业现场监护人员特种作业范围的通告》，将地下有限空间作业现场监护人员特种作业管理范围扩展至电力电缆井、燃气井、热力井、自来水井、有线电视及通信井等地下有限空间运行、保养、维护作业活动。

为配合有限空间作业监护人员特种作业培训，制定了一整套覆盖培训师资、作业人员和安全监管人员的培训大纲、教材以及考核标准，同时组织全市、行业、区县有限空间作业大比武和事故应急救援演练，制作宣传手册、视频片等，通过多种形式巩固培训成果，加大了公众宣传力度。

（二）三标

即以《地下有限空间作业安全技术规范》三个地方标准为核心的安全标准、规范、文件体系。

为保障有限空间作业安全，2011年到2013年，由北京市安全监管局组织，北京市劳动保护科学研究所、北京市政路桥管理养护集团有限公司等单位起草，在全国率先研究制定了《地下有限空间作业安全技术规范》系列地方标准，从作业程序、通风、检测、防护设施配备等方面提出了技术要求，形成了地下有限空间作业安全技术的核心。

（三）两促进

即通过制定系列规范性文件和开展治理与执法检查两种手段促进有限空间作业安全监管。

（1）规范性文件。针对有限空间作业安全重点环节，北京市安全监管局发布了相应的文件，如《关于在污水井等有限空间作业现场设置警示标志的通知》《关于在有限空间作业现场设置信息公示牌的通知》和《关于加强有限空间作业承发包安全管理的通知》，对有限空间作业现场的设置和承发包管理环节加强了监管。

（2）开展专项治理与加强执法检查。2010年，为进一步加强北京市有限空间作业的安全监管，督促企业落实主体责任，消除有限空间安全隐患，北京市安全生产委员会下发了《北京市有限空间安全生产专项治理工作方案》（京安发〔2010〕6号），按照"谁主管谁负责，谁作业谁负责及条块结合，属地管理"的工作原则，集中行业和属地监管力量，在全市范围开展了有限空间专项治理工作。此外，依据有限空间作业的特点，安全监管局等相关部门采取了专项检查、日查与夜查、随机巡查和联合督查等多种方式的执法检查，对检查中发现的违规作业单位，采取了"把隐患当事故处理"和进行警示约谈等措施。

自政策、标准全面实施以来，北京市有限空间事故呈现明显下降趋势，从2009年有限空间事故7起，死亡19人，下降到2014年事故4起，死亡10人。事故起数下降42.9%，死亡人数下降47.4%，且2012年和2013年连续两年未发生有限空间较大事故。

第二节　有限空间典型事故案例分析

本节选取了北京市近几年发生的部分有限空间事故案例，旨在通过案例选讲，警示作业一线指挥人员和从业人员从中汲取教训，在工作实际中严格遵守作业规程，时刻规范行为，减少和避免人员伤亡，实现安全生产。

一、急性硫化氢中毒典型案例

案例一　"7·3"污水井硫化氢中毒事故

1. 事故经过

2009 年 7 月 3 日 14 时左右，北京市通州区某物业管理分公司工程维修部王某等 4 人到已抽完水的 6 号楼西侧污水井进行井下污水提升泵维修作业。其中王某下到井下进行维修作业，其余 3 人在井上帮忙并监护。王某下井后便晕倒在井下，井上监护的 2 人看其晕倒，分别下到井下实施救援，也相继晕倒。井上监护的王某见状立即报告了工程维修部经理刘某，并呼叫工程维修部贾某、于某等人过来帮忙。随后，原本在井上监护的王某和于某下井救人后也晕倒在污水井中。刘某接到电话后，立即和保安部经理李某赶往事故现场，并通知了本区执行总经理冯某。在赶往事故现场的途中，李某取来消防绳后叫上保安班长陈某一同赶往事故现场，待李某和陈某赶到事故现场时，刘某已经下到井下救人。冯某正准备下井时，被李某拦住叫其在井上负责指挥。随后，李某下井救人，不久便晕倒在井下。冯某见刘某和李某均晕倒井下后，便下井进行施救，下到井下便感觉头晕，被井上的保安员立即拉至地面。此后，冯某指派贾某拨打 120 报警。在此过程中陈某下到井下救人，不一会儿也晕倒在井下。此时，小区保安队长王某和保安教官刘某先后赶到现场，刘某下到井下用绳子套住陈某，与其一同被拉出污水井。此后，保安员管某和潘某陆续下井救人，将绳子拴在李某身上后，两人便晕倒。保安教官刘某见此情形，又两次下到井下，分别将李某和潘某拉出了污水井。

14 时 55 分，通州公安消防支队新华街中队到达事故现场，立即组织力量实施救援，先后将管某和工程维修部经理刘某拉出了污水井。15 时 30 分，消防支队全勤指挥部到达现场并进行了侦查，经测量井下污水上涨已达 3 米，并了解到井下仍有 5 名被困人员。根据现场情况，现场指挥部紧急调集三台抽粪车辆抽取井下污水，17 时 15 分又调取三台抽水泵抽水。当水深降至 0.5 米时，发现 1 名被困人员，17 时 34 分救援人员下井施救，5 名被困人员相继于 17 时 48 分、18 时 12 分、18 时 17 分、18 时 39 分、18 时 47 分被救出。经现场确认，井下无其他被困人员，救援工作于 18 时 50 分结束。经全力抢救，本次事故共造成物业管理及作业人员死亡 6 名，负伤 5 名，还有 1 名消防战士在抢救他人过程中牺牲。

2. 事故原因

（1）直接原因

污水井内有毒有害气体超标，作业人员安全意识不强，出现事故后，贸然下井作业、救人，是造成事故及事故扩大的直接原因。

经调查，工程维修部王某下井作业前，未对现场气体进行检测，下井作业时也未佩戴必要的安全防护用品，贸然下井作业后发生事故；事故发生后，现场作业人员及后续救援人员对现场的危险因素和危害程度缺乏认识，在未采取有效安全防护措施的情况下贸然施救，造成事故的进一步扩大。

经北京市疾病预防控制中心职业卫生所专业人员于当日 18 时 30 分对事故污水池内空气进行检测，污水井内距井口 4 米处硫化氢浓度为 227mg/m³，超过国家职业卫生标准 21.7 倍；甲烷浓度为 3400mg/m³，超过国家职业卫生标准 10.3 倍。本次事故系污水池内存在高浓度硫化氢导致人体内窒息，存在高浓度甲烷使空气中氧含量下降导致人呼吸缺氧体外窒息，为硫化氢、甲烷引起的窒息性气体中毒。

（2）间接原因

①该物业管理有限公司履行安全生产管理职责不到位。未按照《中华人民共和国安全生产法》的有关规定，设置安全生产管理机构或配备专职安全生产管理人员；未制定有限空间安全管理制度、有限空间作业管理制度、操作规程和应急预案；未配备必要的有限空间作业安全防护设备设施和有毒有害气体检测设备；未针对地下有限空间作业进行安全生产教育和培训。

②政府有关部门对有限空间作业安全监管不到位。通州区住房和城乡建设委未认真履行职责，未能将市、区有关有限空间作业安全管理规范的文件及时传达到物业管理企业；未对物业管理企业人员作业过程实施安全监督检查。通州区水务局未对该小区中水设施进行审查和管理，造成该小区再生水利用设施运行、维修未实施安全管理和监督。

3. 事故防范措施

（1）该物业管理有限公司应当严格按照《中华人民共和国安全生产法》的有关规定，设置安全生产管理机构或配备专职安全生产管理人员；进一步健全和督促落实安全生产管理制度和安全操作规程，加强对作业人员教育和培训；建立和完善作业审批程序和管理要求，为从业人员提供必要的符合国家标准或行业标准的劳动防护用品；同时，建议针对污水处理等危险作业采取委托专业队伍负责维修的方式进行；组织制定和实施本单位生产安全事故应急救援预案；强化对作业现场的安全管理。

（2）有限空间作业的行业监管部门要加强对行业监督管理范围内的生产经营单位在从事有限空间作业过程中，开展安全生产监督管理工作。指导和监督生产经营单位落实有关有限空间作业的安全管理要求，强化作业人员安全生产培训教育和日常安全生产管理工作。

（3）规划、建设、水务等行政主管部门要严格按照《中华人民共和国水法》等有关法律法规规定，落实建设项目节水设施的行政审批和申报验收工作。加强现有中水等节水设施的监督检查，进一步落实管理责任，加大对未按照"三同时"规定建设的节水设施等项目违法行为的处罚力度。

案例二　通州"6·15"硫化氢中毒事故

1. 事故经过

2012 年 6 月 15 日 12 时 24 分左右，北京市某建设投资集团有限公司承建的通惠河至滨河西路污水导改工程 2 号井施工现场，在进行污水管道切割作业时，由于管道切割设备绳锯发生断裂，作业人员葛某从作业平台下至管道上进行维修时，坠入井底污水内，井内作业平台上的其他人员陆续进行施救过程中，相继又有 4 人坠至污水内。现场人员立即拨了 120 和 119 电话，进行了全力抢救，事故造成刁某、葛某 2 人因中毒和窒息死亡，3 人受伤。

2. 事故原因

（1）直接原因

①该建设投资集团有限公司项目执行经理冒某，私自将施工工程转包给不具备相关资质和安全生产条件的施工队。

②该建设投资集团有限公司现场负责人朱某，在作业现场切割设备绳锯发生断裂后，安排作业人员下井排除故障前，没有对作业现场进行气体检测，也没有对未佩戴防护用品的作业人员贸然下井的行为进行制止；对管道切断后，污水排出产生大量有毒有害气体可能造成的严重后果，估计不足，未及时采取有效的防护措施；事故发生后，未正确组织施救。

③施工队负责人刁某，在不具备相关资质和安全生产条件的情况下，非法承揽工程。

（2）间接原因

①该建设投资集团有限公司，对从业人员教育培训不到位，未检查、督促从业人员严格执行本单位的安全生产操作规程和安全规章制度；未向从业人员告知作业场所和工作岗位存在的危险因素、防范措施以及事故应急措施。

②该项目监理公司主要负责人常某，作为监理单位的第一责任人，未及时督促本单位监理人员加强对作业现场的安全检查，导致本单位履行监理职责不到位，现场生产安全事故隐患未及时消除。

3. 事故防范措施

（1）要求该建设投资集团有限公司，加强对从业人员的教育培训，教育和督促从业人员严格执行本单位的安全生产规章制度和安全操作规程；向从业人员如实告知作业场所和工作岗位存在的危险因素、防范措施以及事故应急措施。对存在的安全隐患加强整改，落实安全管理有关规定和防范措施。

（2）要求建设监理公司主要负责人常某，及时督促、检查本单位监理人员加强对作业现场的安全检查，认真履行安全生产监理职责，落实安全管理有关规定和防范措施。

案例三　顺义"2·5"硫化氢中毒事故

1. 事故经过

2014年2月5日10时30分，顺义区某公司1名工人进入动力车间气浮罐，实施清理作业时晕倒在罐内，两名工人进入罐内进行施救，3人经抢救无效死亡。

2. 事故原因

（1）直接原因

该事故导致作业人员死亡的直接原因为硫化氢气体中毒。

（2）间接原因

一是责任落实不到位；二是安全认识不到位；三是安全检查不到位；四是工作方法简单、违章操作。

3. 事故防范措施

要求各企业举一反三，立即开展安全生产隐患大排查，进一步强化安全责任，落实"一岗双责"，强化安全生产知识宣传教育培训，完善应急预案，对有限空间、危险源、可能存在的隐患点进行彻底排查整治，切实消除安全生产隐患。

案例四　通州"8·31"较大安全生产事故

1. 事故经过

2011年8月31日7时许，北京某劳务公司承建的通州区漷县镇北堤寺村东北京某农业科技发展有限公司商品猪养殖基地沼气利用工程，劳务公司设备安装班长程某和安装工马某发现位于道路西侧化粪池旁边的调节池内的潜污泵排水不畅，便搬开覆盖在调节池上的水泥板，对潜污泵实施清理。经现场勘查，结合对现场人员的调查分析，该2名作业人员将木梯从调节池西侧放入，斜搭至调节池内，站在东侧水泥台和木梯上拆卸位于调节池上口下方约60cm左右的PVC管结头，准备用铰链提升潜污泵。在此过程中，1人因吸入调节池内有毒气体晕倒在调节池内，另1人在施救过程中也晕倒在井内。在调节池旁猪舍内清理粪便的农业科技发展有限公司的工人包某看到2人晕倒后，一边高喊救人，一边来到事故现场施救。在一旁推猪料的农业科技发展有限公司工人李某闻讯后，立即赶到事发现场，发现包某也已晕倒在调节池内，随即去叫丈夫熊某施救。之后，劳务公司土建工人李某赶到现场施救时也晕倒在调节池内。当李某与熊某返回现场时，劳务公司项目经理韩某、土建班长李某等人也已赶到，李某执意下到池内施救，也晕倒在池内。农业科技发展有限公司法定代表人郑某闻讯赶到现场后，安排劳务公司电工王某去关闭电闸。断电后，熊永福身拴电缆线、口捂湿毛巾下到调节池内施救，感觉刺激性气味浓重且救人无果后，放弃救援。8时21分左右，郑某拨打"119"报警电话，并要求停止施救，等待消防人员救援。

通州区消防支队接到报警后，迅速调集马驹桥、西集和玉桥3个中队共7部消防车，并携带救援三脚架、救援绳、空气呼吸器等装备，于8时50分左右，相继到达事故现场。经了解情况后，救援的消防战士分成两组，轮流开展施救，5名被困人员相继被救出，9时27分救援工作结束，5名被困人员经抢救无效死亡。

2. 事故原因

（1）直接原因

根据现场快速检测情况和法医尸检报告分析判定，化粪池和调节池内硫化氢等有毒气体浓度超标，劳务公司作业人员违反有限空间作业规定施工作业、盲目施救，是造成事故及事故扩大的直接原因。

北京市疾病预防控制中心专业人员于当日12时40分左右，对现场化粪池和调节池内的气体成分进行分析，经检测并参照工作场所有害因素职业接触限值，调节池和化粪池内距井口1.2米处硫化氢和甲烷等有毒气体浓度超标。经调查，劳务公司作业人员程某和马某2人未对作业现场实施强制通风换气、未对调节池内气体进行检验检测，未佩戴必要的安全防护用品，下到池内实施水泵维修作业，发生事故；事故发生后，救援人员对现场的危险因素和危害程度缺乏认识，在未采取有效安全防护措施的情况下贸然施救，造成事故进一步扩大。

（2）间接原因

①该劳务公司超资质范围承揽该沼气池利用工程；在不具备沼气池工程设计相应资质的情况下承担该沼气工程的设计；未对施工现场作业人员开展有限空间作业施工安全培训教育，在作业现场未配备必要的安全防护用品和采取相应措施的情况下进行实质性调试注水，致使作业人员未按照《缺氧危险作业安全规程》（GB 8958-2006）的要求，在未采取现场检测和强制通风等措施的情况下，盲目下到池内作业和施救。

②农业科技发展有限公司在将项目工程由生物床变更为沼气池后，未按照区农业局的相关要求，提供施工单位的资质证明、施工设计方案等材料；未认真审查施工单位资质，将工程发包给不具备相应资质的单位承担。

③农业部门在沼气池建设过程中安全监管缺失，没有履行行业安全管理职责。未能及时监督检查发现该工程在建设过程中存在的违法发包、非法承揽工程的行为；对于沼气池建设的标准规范和有限空间作业的要求认识不到位。

3. 事故防范措施

（1）该劳务公司要严格按照相关法律法规的要求，加强企业内部安全管理，严格按照企业资质等级要求承揽工程，杜绝超资质范围承揽工程。加强有限空间作业的安全培训教育和针对性的监督检查，及时在施工现场配备有限空间作业必需的安全防护用品和设备设施；严格落实沼气工程调试试验的审批程序。

（2）该农业科技发展有限公司要严格按照农业管理部门的相关要求，认真履行沼气等农业设施建设工程的要求，加强对沼气工程项目全过程的管理，严格审查农业设施建设施工单位的相关资质，杜绝将工程发包给不具备相应资质的单位承担。

（3）农业行政主管部门要进一步加强农村农业设施建设的安全管理，特别要加强对农村的小型沼气建设工程、动物养殖场、蔬菜种植设施、菜窖等设施建设全过程的安全监管，严格按照国家相关法律、法规、标准和上级主管部门相关文件的精神，明确与属地管理的职责划分，切实落实农业设施建设过程中的各项安全监管职责。

二、一氧化碳中毒典型案例

案例一 "10·17" 竖窑一氧化碳中毒事故

1.事故经过

2006年10月17日上午9时40分，某化工厂制灰车间主任王某安排供煤除尘组副班长王某派人去窑顶更换1#窑除尘喷水喷头。王某随后安排除尘岗位维修工李某和刘某去换，并由李某负责。10时30分，刘某在得到李某上午不更换的信息下中午回家吃饭。10时40分，李某自己到司窑室通知司窑岗位工朱某对1#竖窑停止供风，准备更换1#窑喷水喷头。朱某关闭风机停风后，李某一人上了窑顶进行喷水喷头更换作业。11时15分，到了1#窑上料时间，接替朱某的张某发现李某还没有从窑顶下来，便到窑前广场去喊李某，未反应。张某立即跑到1#窑窑顶料盅前，发现李某面朝东，两手扶着料盅边坐在料盅里。张某拽他没反应，也未能拽动，赶紧喊人施救，经抢救无效死亡。

2.事故原因

调查组经调查分析，查明了事故原因及性质。

（1）直接原因

李某违反厂内"上窑顶作业必须两人以上，必须有人监护"的安全操作规程，一人上窑顶作业是造成事故的直接原因。

（2）间接原因

作业现场安全管理不到位，检查不到位，规章制度落实不到位是事故发生的间接原因。

3.事故防范措施

（1）在全厂范围内进行一次安全大检查，对职工进行一次安全生产教育。

（2）召开中层以上干部和所有安全员参加的安全生产会，提高管理层人员的安全管理意识和责任意识。

（3）组织一次主题为"完善制度，学习规程，提高意识，消除隐患，杜绝事故"的安全生产活动，进一步提高职工的安全意识和自我保护意识。

案例二　"8·3"电力井一氧化碳中毒事故

1.事故经过

2007年8月3日，某机电设备安装公司维护组组长郭某带领工人陈某、卢某及司机齐某，乘车对西山变电站至闵庄的电缆线路进行巡视维护。12时左右在维护闵庄路小屯桥东北角电力井时，因井底积水，维护人员将抽水泵和柴油发电机放置在电力井内平台上，进行抽水作业，其间郭某和齐某外出买饮用水。约15时，在作业现场的卢某、陈某发现发电机缺油，二人下井给发电机加油，因井内一氧化碳浓度过高，卢某昏倒并坠入井内水中，陈某昏倒在井内平台上。郭某和齐某买水回来后，发现了陈某倒在井内平台上，郭某在未采取任何安全防护措施的情况下贸然下井，用绳子系住陈某，让井上的齐某往井上拉，但齐某一人无法将其拉出井外，这时郭某也昏倒在井内平台上。15时08分齐某拨打110、120、119报警求救。经119现场救援，将郭某和陈某救出并送医院。经119和供电公司救援队抽水打捞，于20时13分将坠入井底水中的卢某打捞出井，经现场医务人员确认已经死亡，本次事故造成卢某、陈某死亡，郭某一氧化碳中毒。

2.事故原因

（1）直接原因

①作业人员违章作业。作业人员在作业过程中违反有关安全规定，在电力井内使用柴油发电机，因井下空间狭小，氧含量较低，柴油燃烧不充分而释放出大量一氧化碳，经测量事故发生时井下一氧化碳的浓度超过国家标准11.46倍，导致作业人员中毒。

②作业人员安全意识淡薄，在危险环境下作业未采取安全防护措施。卢某、陈某在未对井下作业条件进行检测也没有穿戴个人防护用具的情况下冒险下井作业，郭某在下井进行施救时也未采取任何安全防护措施，导致事故发生并扩大。

（2）间接原因

①安全生产管理缺失。公司管理人员对安全操作规程不熟悉，对相关的工艺和流程不熟悉，缺乏相关的安全生产管理知识。未能教育和督促从业人员严格执行相关的安全生产规章制度和安全操作规程，未向从业人员如实告知作业场所和工作岗位存在的危险因素、防范措施以及事故应急救援措施。

②个体防护用品管理和使用制度不落实，没有监督和教育从业人员进行作业时携带合适的呼吸防护用品，并正确佩戴和使用。

3.事故防范措施

（1）采取有效措施落实安全生产责任制和安全生产规章制度，加强安全生产管理，加强生产作业过程中对安全操作规程执行情况的检查与监督，消除作业现场安全管理的空白，杜绝违章作业情况的再次发生。

（2）加强职工的安全生产培训教育，增强其安全意识和自我保护意识，使从业人员了解掌握安全操作规程和规范的内容及要求，加强个人防护用品发放、使用情况的管理。在危险环境下作业必须有专人检查作业人员遵守安全操作规程和个体防护用品使用的情况，从源头消除事故隐患。

（3）深刻汲取事故教训，向辖区人民政府作出深刻检查，同时在本系统内开展深入的安全生产检查，消除存在的不安全因素，确保安全生产。

三、缺氧窒息典型案例

案例一 "5·19"真空热处理炉缺氧窒息事故

1. 事故经过

2007年5月19日，某电子股份有限公司2名工作人员刘某、霍某，在航天三院31所对大型真空热处理炉做1100℃高温验证。按照设备操作规程，需将炉盖打开并将料架吊装出炉（此时炉内还积存大量氩气）。在炉盖移动至二分之一直径时，由于传感器支架不稳定移动停止。刘某试图通过调试计算机程序，重新移动炉盖。在刘某调试过程中霍某发现有东西碰上了炉膛内壁，就擅自下到炉膛内排除故障。由于炉内存有大量的氩气，造成氧气不足致使霍某窒息倒在炉膛内的料架外，经抢救无效死亡。

2. 事故原因

（1）直接原因

炉内存有氩气气体（惰性气体，密度1.784kg/m³，空气含量0.94%）和作业人员缺乏安全意识，违反操作规程作业是造成事故的直接原因。

霍某在安装调试过程中擅自进入炉体内，违反了"若需要进入炉膛维修，设备开炉盖之前必须抽真空至50Pa以下，然后松卡环，再打开充气阀。升炉盖并移开炉盖到位后，用氧探头检测炉膛内氧含量，达到指标后才可以进入炉膛。在进入炉膛同时需有人在炉外监控。进入炉膛的工作人员必须挂安全带，要求系挂位置便于提升，同时要求佩戴安全帽"的规定。

（2）间接原因

作业现场安全检查督促和安全教育培训不到位是事故发生的间接原因。

①刘某作为安装调试现场负责人，未对霍某的违章作业进行有效制止，导致事故发生，存在检查不到位的问题。

②某电子股份有限公司安全培训教育不细，内容简单、粗放，忽视《设备调试安全操作规程》的培训考核，造成员工缺乏严格遵守安全操作规程的意识。

3. 事故防范措施

（1）安装调试现场停工整顿，对现场进行全面检查，消除安全隐患；重新组织三级安全教育，并经培训、考试合格后，方可复工。

（2）重新组织全体员工进行安全操作规程的学习，严格按照安全操作规程作业，确保生产安全。

（3）召开全公司大会，通报此次事故，引以为戒。

（4）公司在5天内对所有安装调试现场进行全面拉网检查，完善安全监管和规章制度。

案例二　怀柔"11·3"缺氧窒息事故

1. 事故经过

2010年11月3日19时左右，北京市某公司总包承建的怀柔新城中高路排水工程污水管线顶管作业工地，顶管劳务施工班长刘某带领工人王某、李某、张某，到39号竖井下继续实施破管并加装顶帽作业。刘某、王某和李某3人在井下作业，张某在地面负责看管物料并操作卷扬机。23时40分左右，张某发现破管作业部位砂石料塌冒，将王某等3人困在水泥管内，便找人救援。顶管作业白班班长张某和工人张某等人于凌晨零时左右先后赶到事故现场施救。白班班长张某下到井下后，将一根脚手架钢管捅过坍塌的砂石料区域，发现被堵管道内36V灯泡照明正常。在确认被困人员暂无生命危险后，继续实施救援。11月4日凌晨2时30分左右，邓某等人赶到现场，担心被困人员缺氧，便指挥工人张某等人先后向被堵管道内输送2瓶工业用氧气（其中1瓶氧气不足）。此时，负责人邓某等人也已赶到现场，在基本了解现场情况后，同意向被堵管道内继续输送工业氧气。11月4日3时左右，当第2个氧气瓶内氧气输入一段时间后，被堵管道内发生燃烧并冒出烟气。随后，邓某组织挖掘机械，在顶管塌冒上方实施明槽开挖，井上、井下分头实施救援。凌晨3时50分左右，在将事故管道上方的土方和塌冒的砂石料清理完毕后，现场施救人员将被困的刘某救出。怀柔消防支队于凌晨4时3分接到项目部报警后，立即赶赴现场实施救援，将另外2名被困人员李某和王某救出。经现场确认，3名被困人员均已死亡。

2. 事故原因

（1）直接原因

顶管作业施工未按照施工方案的要求加固土层，导致内径1000mm和1050mm管道连接处破碎部位上方土体塌冒，造成作业人员被困；塌冒事故发生后，救援现场指挥人员缺乏有限空间作业基本知识，盲目向被堵管道内输入工业氧气，施救不当，导致被堵管道内形成富氧环境，可燃物质发生燃烧是事故发生的直接原因。

①按照《人工掘进顶管及其竖井专项施工方案》的要求，当顶管开挖面及管顶部位遇有粉细砂及砂砾石土层时，应采用灌注水玻璃浆液的加固措施，防止顶进过程中产生坍塌。经调查，顶管作业全线未采取任何防止坍塌、加固土层的措施。

②经北京市理化分析测试中心和北京气体协会专家检测分析，救援过程中输入的气体氧气含量为95.6%。经计算，被堵管道内的氧气浓度至少为49.5%，若考虑氧气不能很快均匀扩散的特性，输氧口附近的浓度应该达90%以上，形成富氧环境，导

致被困人员头发、衣物等可燃物质在富氧环境中燃烧，最终造成被困人员缺氧窒息死亡。

（2）间接原因

①施工现场安全管理混乱。未对顶管作业人员实施必要的安全培训教育；未对直接作业人员实施技术交底，安全交底不到位；未按照标准配备有限空间作业必要的安全设备设施和个体防护用品；未执行建设单位和监理单位的要求，在未制定破管作业专项方案和采取有效的防护措施的情况下，冒险组织破管作业。

②工程承发包管理混乱。总承包单位确定的项目经理长期未能到岗履行管理职责，未对专业分包工程项目实施有效的监督管理，未明确总承包单位和专业承包单位对施工现场的安全管理职责；专业承包单位违反规定，将劳务工程发包给不具备相应资质的单位，且未设立项目管理机构监管所承包工程的施工活动；劳务工程承包单位又将劳务工程非法转包给不具备资质的个人。

③施工监理不到位。监理单位未有效督促专业承包单位按照有限空间作业和施工方案的要求组织施工；未监督发现劳务工程非法分包和转包的行为；未能有效落实建设单位停止顶管施工的要求，及时下达停工指令。

3. 事故防范措施

（1）加强施工现场安全管理，提高施工单位安全生产责任意识，切实落实企业安全生产主体责任。项目总分包关系不明确，施工单位安全生产管理制度得不到落实，项目部经理长期不能到岗履行相应职责，施工作业人员安全培训教育不到位，安全投入不足，诸如此类问题暴露出总包单位对分包单位安全管理松懈，需要进一步加强对所属分公司和项目部的监督管理，采取切实措施，确保项目部相关管理人员履行职责，规范用工，杜绝冒险施工现象。监理单位要加强施工现场监理，认真履行监理职责，及时发现和消除事故隐患，确保施工安全和工程质量。

（2）进一步加强企业应急救援工作，针对施工特点，在认真分析安全风险的基础上，建立健全事故应急救援预案和现场处置方案，加强应急培训和应急演练，确保事故发生后采取科学有效的应急救援措施，避免因抢险施救不当造成次生事故。

（3）施工单位要加强对顶管作业人员有针对性地培训教育，提高基层人员的安全意识、安全技能及自保互保意识，杜绝习惯性违章行为，认真做好生产经营单位现场作业安全生产和事故防范作业。

案例三 海淀"7·19"缺氧窒息事故

1. 事故经过

2012年7月19日20时左右，某市政工程有限公司生产经理康某安排不具备有限空间特种作业监护资格的张某担任作业现场监护人，带领作业人员进行双清路与清华东路周边地下管网排查。2012年7月19日22时左右，张某带领朱某、冯某等5名作业人员，开始排查海淀区双清路与清华东路东南角，一个尚未投入使用的污水井（该污水井内径 0.8 米，深 5.6 米，井下积水深约 0.7 米），作业人员打开井盖自然通风约半小时后，并未对井内气体情况进行检测，也未采取强制通风措施，朱某、冯某便先后下井进行排查。当朱某快到井底时，因缺氧窒息坠入井下积水中；位于井中的冯某试图施救，也因缺氧窒息坠入井下积水中。现场人员立即拨打了 119 报警电话和 120 急救电话，并向承揽地铁 15 号线 16 标的北京市政建设集团有限责任公司项目部的施工人员求救。该项目部施工人员将朱某、冯某救出后，被 120 急救人员分别送到北医三院和 306 医院救治，二人经抢救无效死亡。

2. 事故原因

（1）直接原因

违规作业是事故发生的直接原因。朱某、冯某安全意识淡薄，在井下气体环境安全状况不明的情况下，违章冒险下井作业，导致事故发生。

（2）间接原因

现场安全管理缺失是事故发生的间接原因。

①该市政工程有限公司有限空间作业现场监护人张某，未依法履行现场监护职责，未组织对井下气体进行检测，致使作业人员在井下气体环境安全状况不明的情况下冒险下井作业。

②该市政工程有限公司生产经理康某违章指挥，安排未经专门的安全技术培训、不具备有限空间特种作业资格的张某担任有限空间作业现场监护人，致使作业过程中安全技术交底未得到落实，安全监护流于形式，作业人员违章冒险作业。

③该市政工程有限公司无安全生产许可证从事相关的生产经营活动，并疏于对所属人员及有限空间作业现场的监管，致使有限空间作业现场安全监管缺失，作业人员违章作业，最终酿成事故。

3. 事故防范措施

区安全监管局将责成该市政工程有限公司深刻吸取事故教训，依法从事生产经营活动，在取得安全生产许可证及相关资质前停止从事与市政工程有关的一切生产经营活动，区安全监管局将在相关网站予以通报；同时责成该市政工程有限公司结合本单位生产经营特点，加强对作业现场的检查，督促所属管理人员依法履行安全监管职责，及时消除事故隐患，防止类似事故再次发生。

案例四　海淀"7·30"缺氧窒息事故

1. 事故经过

2012 年 7 月 18 日，某通讯公司项目管理员任某，依据公司安排，电话通知电话公司市场部，对商务客户的一条 2M 专线光缆路由及资源情况进行核查，核查范围从圆明园东门内北 12 号到清华西门北侧水墨西街 177 有源箱，全长约 1.8 公里。电话公司安排第五项目部负责。第五项目部项目经理孟某又将该核查任务交给娄某的施工队具体实施。娄某安排李某担任现场负责人，带领作业人员进行核查，并擅自决定在核查的同时进行2M光缆的铺设作业。

2012年7月29日22时许，李某带领何某、马某等10名作业人员，从圆明园东门开始核查并铺设光缆，作业过程中没有安排有限空间作业监护人。2时40分左右，作业人员打开清华西门北侧路西自行车道内的一个电信井盖（该井井口直径0.8米，深约3.3米，井下积水深约0.5米），自然通风5分钟后，作业人员未检测井下有毒有害气体、也未进行强制通风，何某在未采取任何安全防护措施的情况下下井作业，随即窒息晕倒，坠入井底积水中。井上的马某同样未采取安全防护措施就贸然下井施救，也因窒息晕倒坠入积水中。现场人员立即用铁钩和光缆将何某救出，并分别拨打了120急救电话、119救援电话和110报警电话。119救援人员到达现场后又将马某救出，经120急救人员确认二人已死亡。

2. 事故原因

（1）直接原因

违规作业是事故发生的直接原因。

何某、马某安全意识淡薄，在井下气体环境安全状况不明的情况下，违章冒险下井作业，导致事故发生。

（2）间接原因

人员管理失控、现场安全管理缺失是事故发生的间接原因。

①现场负责人李某违章指挥，未安排具备有限空间特种作业资格的监护人现场监护，未对井下气体进行检测，作业人员冒险下井作业，导致事故发生。

②项目经理孟某未依法履行安全生产职责，对本项目部施工项目、施工人员及作业现场管理失控，致使作业现场安全监管缺失，施工人员随意作业。

③项目管理员、施工队长娄某未依法履行安全监管职责，未按作业流程组织施工，未进行安全技术交底，擅自安排施工人员在核查的同时铺设光缆，作业中又疏于对施工人员及作业现场的监管，致使作业现场安全监管缺失。

④电话公司疏于对所属人员、项目部和有限空间作业现场的监管，致使项目部对施工人员管理失控，有限空间作业现场安全监管缺失，作业人员违章作业，最终酿成事故。

3. 事故防范措施

（1）区安全监管局将责成电话公司深刻吸取事故教训，结合本单位生产经营特点，强化对所属人员、各项目部的监管，严格落实公司的安全生产责任制、安全生产规章制度和安全操作规程；加强对施工现场的检查，督促所属管理人员认真依法履行安全监管职责，及时消除事故隐患，杜绝违章作业，防止类似事故再次发生。

（2）区安全监管局将责成该公司深刻吸取事故教训，依据国家安全生产相关法律、法规，完善核查项目外包程序，强化对核查项目的管理，及时消除事故隐患，防止类似事故再次发生。

四、爆炸事故典型案例

案例一 北京市顺义"3·25"爆炸事故

1. 事故经过

2010年3月25日下午15时10分左右，北京市顺义区某水处理设备厂衬胶车间的喷砂工王建平进入位于衬胶车间中部的水处理设备罐内，对其内壁进行涂刷胶酱（其主要成分为120#溶剂油，专业名称为橡胶工业用溶剂油，其主要成分为脂肪烃类化合物，无色透明液体，有强烈的气味。闪点6摄氏度，为中闪点易燃液体，具有非常强的挥发性能，其蒸气与空气可形成爆炸性混合物，遇明火、高热极易燃烧爆炸）。作业所用的照明工具为普通的行灯。女衬胶工马某、王某、潘某、南某、曾某、邵某等人在衬胶车间南侧工作台边背对铁罐，进行下料工作（在胶片上刷胶酱），为下一步在铁罐内壁粘贴胶片工作做准备。衬胶车间内应有120#溶剂1000升左右（含已制成胶酱的溶剂）。喷砂工叶某坐在同一工作台上面朝铁罐休息，所有现场人员均未穿着防静电工作服。工作到15时47分，罐内王某在罐里喊了一声"为什么灯突然灭了！"叶某听见声音，刚要走到铁罐人孔处观看情况，此时铁罐内发生爆燃，并引燃了附近的易燃物，喷射出的火焰将叶某、马某、王某、曾某四人烧伤，同时造成马某小腿骨折。叶某、潘某、南某、曾某、邵某等人迅速逃离了现场，随即，马某、王某也被工友救出。受伤的叶某、马某、王某、曾某被赶到现场的120送往医院进行治疗。事故发生几分钟后，有救援人员赶到事故现场，控制火情并展开救援，其间，衬胶车间又发生了二次爆炸，16时30分许，消防队员灭火后在南侧工作台下发现了罐内的王某，其右脚已经从身体分离，王某被抬出后经现场医疗部门鉴定已死亡。

2. 事故原因

（1）直接原因

衬胶车间水处理设备罐内部的可燃气体累积，浓度达到爆炸极限，遭遇明火（电气火花或静电）产生爆燃爆炸，是此次事故的直接原因。

①水处理设备罐内部没有良好的通风设施，造成可燃气体的积聚，浓度达到爆炸极限。

②罐内刷胶酱作业时使用的行灯未满足爆炸危险场所的防爆要求（低压、防爆），在作业过程中极易产生电气火花（行灯电灯泡破损或铁制外罩与铁罐壁接触易产生火花）。

③作业人员王某未穿戴符合国家标准或行业标准的防静电服，在作业过程中极易产生静电火花。

（2）间接原因

①该公司负责人及职工安全生产素质低，缺乏基本的安全生产常识，未能识别作业中存在的危险因素。

②该公司在衬胶车间储存大量易燃易爆品，未能与生产场所隔离，造成爆炸事故的扩大。

③该公司衬胶车间使用的电气设备不符合防爆要求。

④该公司未向衬胶车间的员工提供符合国家标准或行业标准的劳动防护用品。

⑤该公司未对危险性较大的衬胶车间的员工进行有针对性的安全生产教育培训。

⑥该公司未针对衬胶车间的加工工艺的实际情况制定有针对性的安全操作规程。未在有较大危险因素的生产经营场所、设施上悬挂明显的安全警示标识。

3. 事故防范措施

（1）事故单位应吸取事故教训，立即停工整改，从技术上着手，改进生产工艺，同时严格落实国家有关危化品使用、储存和现场作业环境等法规标准的要求，完善安全生产规章制度，开展安全生产全面检查，举一反三，消除作业现场生产安全隐患，对职工开展有针对性的安全生产教育培训，切实提高员工安全生产能力、意识。整改完毕后，须向安全监管局提交整改报告，经检查合格后，方可复工生产。

（2）建议在全区所有类似企业易燃易爆作业现场加装气体监测仪器，严格控制生产场所易燃易爆、有毒、有害气体浓度，规范易燃易爆场所电气设备、设施及劳动防护用品的使用，防范类似事故再次发生。

（3）安全监管部门对全区类似企业立即开展专项整治，对违反安全生产法律法规的行为，坚决依法给予查处。同时，要研究制定《顺义区危险化学品使用单位安全管理办法》，规范危险化学品使用单位的安全管理。

第二章
安全生产相关法律法规

安全生产关系着人民群众的生命财产安全，关系着改革发展和社会稳定大局。党中央、国务院历来高度重视安全生产工作。早在建国初期，就明确要求"在实施增产节约的同时，必须注意职工的安全健康"，强调"安全为了生产，生产必须安全"，采取了一系列重大举措以加强安全生产工作。改革开放以来，国家确立了"安全第一，预防为主，综合治理"的安全生产方针，先后制定了一系列法律、法规和规章，不断地规范和强化安全生产管理工作。

为便于学习，本章节选了《安全生产法》《劳动法》《职业病防治法》《北京市安全生产条例》等法律法规，以及《北京市安全生产监督管理局关于地下有限空间作业现场监护人员必须持证上岗的通告》等文件和北京市关于地下有限空间作业安全技术规范系列标准中的部分内容。

第一节　安全生产相关法律法规内容摘要

一、《安全生产法》的有关规定

第三条 安全生产工作应当以人为本，坚持安全发展，坚持安全第一、预防为主、综合治理的方针，强化和落实生产经营单位的主体责任，建立生产经营单位负责、职工参与、政府监管、行业自律和社会监督的机制。

第六条 生产经营单位的从业人员有依法获得安全生产保障的权利，并应当依法履行安全生产方面的义务。

第二十一条 矿山、金属冶炼、建筑施工、道路运输单位和危险物品的生产、经营、储存单位，应当设置安全生产管理机构或者配备专职安全生产管理人员。

前款规定以外的其他生产经营单位，从业人员超过一百人的，应当设置安全生产管理机构或者配备专职安全生产管理人员；从业人员在一百人以下的，应当配备专职或者兼职的安全生产管理人员。

第二十七条 生产经营单位的特种作业人员必须按照国家有关规定经专门的安全作业培训，取得相应资格，方可上岗作业。

特种作业人员的范围由国务院安全生产监督管理部门会同国务院有关部门确定。

第四十一条 生产经营单位应当教育和督促从业人员严格执行本单位的安全生产

规章制度和安全操作规程；并向从业人员如实告知作业场所和工作岗位存在的危险因素、防范措施以及事故应急措施。

第四十二条 生产经营单位必须为从业人员提供符合国家标准或者行业标准的劳动防护用品，并监督、教育从业人员按照使用规则佩戴、使用。

第四十四条 生产经营单位应当安排用于配备劳动防护用品、进行安全生产培训的经费。

第四十六条 生产经营单位不得将生产经营项目、场所、设备发包或者出租给不具备安全生产条件或者相应资质的单位或者个人。

生产经营项目、场所发包或者出租给其他单位的，生产经营单位应当与承包单位、承租单位签订专门的安全生产管理协议，或者在承包合同、租赁合同中约定各自的安全生产管理职责；生产经营单位对承包单位、承租单位的安全生产工作统一协调、管理，定期进行安全检查，发现安全问题的，应当及时督促整改。

第四十八条 生产经营单位必须依法参加工伤保险，为从业人员缴纳保险费。

国家鼓励生产经营单位投保安全生产责任保险。

第四十九条 生产经营单位与从业人员订立的劳动合同，应当载明有关保障从业人员劳动安全、防止职业危害的事项，以及依法为从业人员办理工伤保险的事项。

生产经营单位不得以任何形式与从业人员订立协议，免除或者减轻其对从业人员因生产安全事故伤亡依法应承担的责任。

第五十条 生产经营单位的从业人员有权了解其作业场所和工作岗位存在的危险因素、防范措施及事故应急措施，有权对本单位的安全生产工作提出建议。

第五十一条 从业人员有权对本单位安全生产工作中存在的问题提出批评、检举、控告；有权拒绝违章指挥和强令冒险作业。

生产经营单位不得因从业人员对本单位安全生产工作提出批评、检举、控告或者拒绝违章指挥、强令冒险作业而降低其工资、福利等待遇或者解除与其订立的劳动合同。

第五十二条 从业人员发现直接危及人身安全的紧急情况时，有权停止作业或者在采取可能的应急措施后撤离作业场所。

生产经营单位不得因从业人员在前款紧急情况下停止作业或者采取紧急撤离措施而降低其工资、福利等待遇或者解除与其订立的劳动合同。

第五十三条 因生产安全事故受到损害的从业人员，除依法享有工伤保险外，依照有关民事法律尚有获得赔偿的权利的，有权向本单位提出赔偿要求。

第五十四条 从业人员在作业过程中，应当严格遵守本单位的安全生产规章制度和操作规程，服从管理，正确佩戴和使用劳动防护用品。

第五十五条 从业人员应当接受安全生产教育和培训，掌握本职工作所需的安全生产知识，提高安全生产技能，增强事故预防和应急处理能力。

第五十六条 从业人员发现事故隐患或者其他不安全因素，应当立即向现场安全生产管理人员或者本单位负责人报告；接到报告的人员应当及时予以处理。

二、《劳动法》的有关规定

第五十四条 用人单位必须为劳动者提供符合国家规定的劳动安全卫生条件和必要的劳动防护用品，对从事有职业危害作业的劳动者应当定期进行健康检查。

第五十五条 从事特种作业的劳动者必须经过专门培训并取得特种作业资格。

第五十六条 劳动者在劳动过程中必须严格遵守安全操作规程。

劳动者对用人单位管理人员违章指挥、强令冒险作业，有权拒绝执行；对危害生命安全和身体健康的行为，有权提出批评、检举和控告。

第五十八条 生产经营单位使用被派遣劳动者的，被派遣劳动者享有本法规定的从业人员的权利，并应当履行本法规定的从业人员的义务。

三、《职业病防治法》的有关规定

第四条 劳动者依法享有职业卫生保护的权利。

用人单位应当为劳动者创造符合国家职业卫生标准和卫生要求的工作环境和条件，并采取措施保障劳动者获得职业卫生保护。

第二十二条 用人单位必须采用有效的职业病防护设施，并为劳动者提供个人使用的职业病防护用品。

用人单位为劳动者个人提供的职业病防护用品必须符合防治职业病的要求；不符合要求的，不得使用。

第二十五条 对可能发生急性职业损伤的有毒、有害工作场所，用人单位应当设置报警装置，配置现场急救用品、冲洗设备、应急撤离通道和必要的泄险区。

对职业病防护设备、应急救援设施和个人使用的职业病防护用品，用人单位应当进行经常性的维护、检修，定期检测其性能和效果，确保其处于正常状态，不得擅自拆除或者停止使用。

第三十四条 用人单位应当对劳动者进行上岗前的职业卫生培训和在岗期间的定期职业卫生培训，普及职业卫生知识，督促劳动者遵守职业病防治法律、法规、规章和操作规程，指导劳动者正确使用职业病防护设备和个人使用的职业病防护用品。

劳动者应当学习和掌握相关的职业卫生知识，增强职业病防范意识，遵守职业病防治法律、法规、规章和操作规程，正确使用、维护职业病防护设备和个人使用的职业病防护用品，发现职业病危害事故隐患应当及时报告。

劳动者不履行前款规定义务的，用人单位应当对其进行教育。

第三十七条 发生或者可能发生急性职业病危害事故时，用人单位应当立即采取应急救援和控制措施，并及时报告所在地安全生产监督管理部门和有关部门。安全生产监督管理部门接到报告后，应当及时会同有关部门组织调查处理；必要时，可以采取临时控制措施。卫生行政部门应当组织做好医疗救治工作。

对遭受或者可能遭受急性职业病危害的劳动者，用人单位应当及时组织救治、进行健康检查和医学观察，所需费用由用人单位承担。

四、《北京市安全生产条例》的有关规定

第十五条 生产经营单位应当具备下列安全生产条件：

（一）生产经营场所和设备、设施符合有关安全生产法律、法规的规定和国家标准或者行业标准的要求。

（二）矿山、建筑施工单位和危险化学品、烟花爆竹、民用爆破器材生产单位依法取得安全生产许可证。

（三）建立健全安全生产责任制，制定安全生产规章制度和相关操作规程。

（四）依法设置安全生产管理机构或者配备安全生产管理人员。

（五）从业人员配备符合国家标准或者行业标准的劳动防护用品。

（六）主要负责人和安全生产管理人员具备与生产经营活动相适应的安全生产知识和管理能力。危险物品的生产、经营、储存单位及矿山、建筑施工单位的主要负责人和安全生产管理人员，依法经安全生产知识和管理能力考核合格。

（七）从业人员经安全生产教育和培训合格。特种作业人员按照国家和本市的有关规定，经专门的安全作业培训并考核合格，取得特种作业操作资格证书。

（八）法律、法规和国家标准或者行业标准、地方标准规定的其他安全生产条件。

不具备安全生产条件的单位不得从事生产经营活动。

第十八条 生产经营单位应当制定下列安全生产规章制度：

（一）安全生产教育和培训制度；

（二）安全生产检查制度；

（三）生产安全事故隐患排查治理制度；

（四）具有较大危险因素的生产经营场所、设备和设施的安全管理制度；

（五）危险作业管理制度；

（六）特种作业人员管理制度；

（七）劳动防护用品配备和管理制度；

（八）安全生产奖励和惩罚制度；

（九）生产安全事故报告和调查处理制度；

（十）其他保障安全生产的规章制度。

第二十一条 生产经营单位应当对从业人员进行安全生产教育和培训，并建立考核制度。未经安全生产教育和培训合格的人员不得上岗作业。生产经营单位应当对安全生产教育、培训和考核情况进行记录，并按照规定的期限保存。

第二十二条 生产经营单位的主要负责人和安全生产管理人员应当接受相应的安全生产知识和管理能力的培训，具体培训和考核办法按照国家有关规定执行。

危险物品的生产、经营、储存单位从事危险作业的人员应当按照国家有关规定参加专门的安全作业培训，经培训合格方可上岗。

第二十四条 安全生产的教育和培训主要包括下列内容：

（一）安全生产法律、法规和规章；

（二）安全生产规章制度和操作规程；

（三）岗位安全操作技能；

（四）安全设备、设施、工具、劳动防护用品的使用、维护和保管知识；

（五）生产安全事故的防范意识和应急措施、自救互救知识；

（六）生产安全事故案例。

第二十五条 生产经营单位主要负责人、安全生产管理人员和从业人员每年接受的在岗安全生产教育和培训时间不得少于 8 学时。

新招用的从业人员上岗前接受安全生产教育和培训的时间不得少于 24 学时；换岗的，离岗 6 个月以上的，以及生产经营单位采用新工艺、新技术、新材料或者使用新设备的，均不得少于 4 学时。

法律、法规对安全生产教育和培训的时间另有规定的，从其规定。

第三十二条 生产经营单位应当在有较大危险因素的生产经营场所和有关设备、设施上，设置符合国家标准或者行业标准的安全警示标志。

安全警示标志应当明显、保持完好、便于从业人员和社会公众识别。

第三十六条 生产经营单位应当按照国家有关规定，明确本单位各岗位从业人员配备劳动防护用品的种类和型号，为从业人员无偿提供符合国家标准或者行业标准的劳动防护用品，不得以货币形式或者其他物品替代。购买和发放劳动防护用品的情况应当记录在案。

第三十九条 生产经营单位进行爆破、吊装、悬吊、挖掘、建设工程拆除等危险作业，临近高压输电线路作业，以及在有限空间内作业，应当执行本单位的危险作业管理制度，安排负责现场安全管理的专门人员，落实下列现场安全管理措施：

（一）确认现场作业条件符合安全作业要求；

（二）确认作业人员的上岗资质、身体状况及配备的劳动防护用品符合安全作业要求；

（三）就危险因素、作业安全要求和应急措施向作业人员详细说明；

（四）发现直接危及人身安全的紧急情况时，采取应急措施，停止作业或者撤出作业人员。

根据危险作业生产安全事故发生情况，市安全生产监督管理部门可以制定专项管理措施，生产经营单位应当执行。

第四十条 生产经营单位不得将生产经营项目、场所、设备，发包、出租给不具备国家规定的安全生产条件或者相应资质的单位和个人从事生产经营活动。

生产经营单位将生产经营项目、场所、设备发包或者出租的，应当与承包单位、承租单位签订专门的安全生产管理协议，或者在承包、租赁合同中约定各自的安全生产管理职责。

同一建筑物内的多个生产经营单位共同委托物业服务企业或者其他管理人进行管理的，由物业服务企业或者其他管理人依照委托协议承担其管理范围内的安全生产管理职责。

第四十六条 生产经营单位与从业人员订立的劳动合同中应当载明有关保障从业人员劳动安全、防止职业危害，以及为从业人员办理工伤保险和其他依法应当办理的安全生产强制性保险等事项。

生产经营单位不得以任何形式与从业人员订立协议，免除或者减轻其对从业人员因生产安全事故伤亡依法应当承担的责任。

第四十八条 从业人员有权对本单位安全生产工作和有关职业安全健康问题提出批评、检举、控告；有权拒绝违章指挥和强令冒险作业。

生产经营单位不得因从业人员对本单位安全生产工作提出批评、检举、控告或者拒绝违章指挥、强令冒险作业而降低其工资、福利等待遇或者解除与其订立的劳动合同。

第七十七条 生产经营单位制定的生产安全事故应急救援预案主要包括下列内容：

（一）应急救援组织及其职责；

（二）危险目标的确定和潜在危险性评估；

（三）应急救援预案启动程序；

（四）紧急处置措施方案；

（五）应急救援组织的训练和演习；

（六）应急救援设备器材的储备；

（七）经费保障。

生产经营单位应当定期演练生产安全事故应急救援预案，每年不得少于一次。

第七十八条 生产经营单位发生生产安全事故的，事故现场有关人员应当立即报告本单位负责人。

单位负责人接到事故报告应当迅速启动应急救援预案，采取有效措施组织抢救，防止事故扩大、减少人员伤亡和财产损失，并按照国家有关规定及时、如实报告安全生产监督管理部门或者政府其他有关部门。单位负责人对事故情况不得隐瞒不报、谎报或者拖延报告。

生产经营单位应当保护事故现场；需要移动现场物品时，应当作出标记和书面记录，妥善保管有关证物。生产经营单位不得故意破坏事故现场、毁灭有关证据。

第七十九条 发生生产安全事故造成人员伤害需要抢救的，发生事故的生产经营单位应当及时将受伤人员送到医疗机构，并垫付医疗费用。

第八十一条 任何单位和个人不得阻挠和干涉对事故的依法调查、对事故责任的认定及对事故责任人员的处理。

五、《特种作业人员安全技术培训考核管理规定》的有关规定

第三条 本规定所称特种作业，是指容易发生事故，对操作者本人、他人的安全健康及设备、设施的安全可能造成重大危害的作业。特种作业的范围由特种作业目录规定。

本规定所称特种作业人员，是指直接从事特种作业的从业人员。

第四条 特种作业人员应当符合下列条件：

（一）年满 18 周岁，且不超过国家法定退休年龄；

（二）经社区或者县级以上医疗机构体检健康合格，并无妨碍从事相应特种作业的器质性心脏病、癫痫病、美尼尔氏症、眩晕症、癔病、震颤麻痹症、精神病、痴呆症以及其他疾病和生理缺陷；

（三）具有初中及以上文化程度；

（四）具备必要的安全技术知识与技能；

（五）相应特种作业规定的其他条件。

危险化学品特种作业人员除符合前款第（一）项、第（二）项、第（四）项和第（五）项规定的条件外，应当具备高中或者相当于高中及以上文化程度。

第二十二条 特种作业操作证需要复审的，应当在期满前60日内，由申请人或者申请人的用人单位向原考核发证机关或者从业所在地考核发证机关提出申请，并提交下列材料：

（一）社区或者县级以上医疗机构出具的健康证明；

（二）从事特种作业的情况；

（三）安全培训考试合格记录。

特种作业操作证有效期届满需要延期换证的，应当按照前款的规定申请延期复审。

第二十五条 特种作业人员有下列情形之一的，复审或者延期复审不予通过：

（一）健康体检不合格的；

（二）违章操作造成严重后果或者有2次以上违章行为，并经查证确实的；

（三）有安全生产违法行为，并给予行政处罚的；

（四）拒绝、阻碍安全生产监管监察部门监督检查的；

（五）未按规定参加安全培训，或者考试不合格的；

（六）具有本规定第三十条、第三十一条规定情形的。

第三十条 有下列情形之一的，考核发证机关应当撤销特种作业操作证：

（一）超过特种作业操作证有效期未延期复审的；

（二）特种作业人员的身体条件已不适合继续从事特种作业的；

（三）对发生生产安全事故负有责任的；

（四）特种作业操作证记载虚假信息的；

（五）以欺骗、贿赂等不正当手段取得特种作业操作证的。

特种作业人员违反前款第（四）项、第（五）项规定的，3年内不得再次申请特种作业操作证。

第三十一条 有下列情形之一的，考核发证机关应当注销特种作业操作证：

（一）特种作业人员死亡的；

（二）特种作业人员提出注销申请的；

（三）特种作业操作证被依法撤销的。

第三十二条 离开特种作业岗位6个月以上的特种作业人员，应当重新进行实际操作考试，经确认合格后方可上岗作业。

六、《北京市安全生产监督管理局关于地下有限空间作业现场监护人员必须持证上岗的通告》

（1）自 2010 年 7 月 1 日起，在本市行政区域内，凡从事化粪池（井）、粪井、排水管道及其附属构筑物（含污水井、雨水井、提升井、闸井、格栅间、集水池等）运行、保养、维修、清理等地下有限空间作业活动的，作业现场必须安排监护人员。

（2）现场监护人员必须经专门的安全技术培训，取得特种作业操作资格证书，方可上岗作业。

（3）任何单位委托进行或自行进行上述地下有限空间作业活动的，必须使用持有特种作业操作资格证书的现场监护人员，否则不得进行作业活动。

（4）对违反本通告从事地下有限空间作业活动的，依照安全生产法律法规规定给予行政处罚。

七、《北京市安全生产监督管理局关于扩大地下有限空间作业现场监护人员特种作业范围的通知》

（1）自 2011 年 9 月 1 日起，本市地下有限空间作业场所监护人员特种作业管理范围在《北京市安全生产监督管理局关于地下有限空间作业现场监护人员必须持证上岗的通告》的基础上，扩展至电力电缆井、燃气井、热力井、自来水井、有线电视及通信井等地下有限空间运行、保养、维护作业活动。

（2）上述地下有限空间作业现场监护人员特种作业管理要求按照《关于地下有限空间作业现场监护人员必须持证上岗的通告》规定执行。

第二节　系列标准中强制条款的说明

一、《地下有限空间作业安全技术规范第 1 部分：通则》（DB 11/852.1-2012）

《地下有限空间作业安全技术规范第 1 部分：通则》明确了有限空间定义，提出了有限空间作业的技术安全要求，在全国首次提出了地下有限空间作业环境分级指标和相应的安全生产行为。本标准规定了地下有限空间作业环境分级、基本要求、作业前准备和作业的安全要求。

1. 作业环境分级

本标准根据危险有害程度由高至低，将地下有限空间环境分为 3 级，分别是：

（1）具有缺氧窒息、中毒、爆炸危险，可能导致人员死亡的环境，设定为 1 级；

（2）氧气浓度为 19.5%～23.5%，具有潜在缺氧窒息、中毒、爆炸危险的环境，设定为 2 级；

（3）确定不存在缺氧窒息、中毒、爆炸危险的环境，设定为3级。作业前准备及作业过程中，部分程序依据作业环境的不同级别而采取不同措施。

2. 基本规定

本标准分别规定了地下有限空间管理单位和作业单位在地下有限空间作业管理方面的基本要求。对管理单位主要在管理机构／人员、地下有限空间管理、安全培训教育、承发包管理方面提出具体要求；对作业单位主要在管理机构／人员、安全生产责任制、管理制度、操作规程、应急救援预案、安全培训教育、内部作业审批、设备配置和维护、人员配置和资质等方面提出具体要求。

3. 作业前准备

本标准根据作业人员进入地下有限空间作业前所需采取的程序步骤，对作业区域封闭及安全警示、设备安全检查、开启出入口、安全隔离、气体检测、作业环境级别判定、机械通风、二次检测、二次判定、个体防护、电气设备和照明安全等方面提出安全技术要求。

4. 作业

本标准对地下有限空间作业过程中的安全技术要求进行了规定。包括作业过程的安全事项、作业期间的监护、完成作业后的清理和撤离工作等。

本标准的6.2、6.5、6.7、6.10.2、6.10.3、6.10.5、7.1、7.2为强制性条款，其余为推荐性条款。鉴于地下有限空间作业中的设备设施安全检查、气体检测、机械通风、作业者个体防护、作业期间安全操作及作业期间监护等环节属于安全关键环节，需要标准使用单位按要求严格施行。

强制条款包括以下内容：

6.2 设备安全检查

作业前，应对安全防护设备、个体防护装备、应急救援设备、作业设备和工具进行安全检查，发现问题应立即更换。

条文说明：设备设施安全是保证作业安全的必要条件之一，因此，作业单位在作业前，应对所有与作业相关的设备，包括安全防护设备、个体防护装备、作业设备及工具等进行安全检查，确保设备安全有效、运转正常。例如，（1）按照规定定期对气体检测报警设备、呼吸器钢瓶（压力容器）等进行检定，合格后方可使用；（2）气体检测、通风、照明、通讯等安全防护设备电量充足，处于正常工作状态;（3）呼吸防护用品的正确性和有效性等，如过滤件安全有效、气源充足等。一旦发现设备存在问题，应立即更换，严禁使用"带病"设备和不合格的设备工具。

6.5 气体检测

6.5.1 地下有限空间作业应严格履行"先检测后作业"的原则，在地下有限空间外按照氧气、可燃性气体、有毒有害气体的顺序，对地下有限空间内气体进行检测。其中，有毒有害气体应至少检测硫化氢、一氧化碳。

6.5.2 地下有限空间内存在积水、污物的，应采取措施，待气体充分释放后再进行检测。

6.5.3 应对地下有限空间上、中、下不同高度和作业者通过、停留的位置进行检测。

6.5.4 气体检测设备应定期进行检定，检定合格后方可使用。

6.5.5 气体检测结果应如实记录，内容包括检测时间、检测位置、检测结果和检测人员。

条文说明：为防止发生地下有限空间事故，应严格实施"先检测后作业"的原则，做好前期预判工作。为保证检测人员安全，要求作业前应使用泵吸式气体检测设备在地下有限空间外对其内部气体环境进行检测，并且要求设备定期进行检定，保证设备满足计量要求。检测点的布置要满足较为全面地掌握环境气体数据的要求，包括在地下有限空间不同位置及有毒有害气体实际浓度值，要求检测点不能处于机械通风设备出风口，同时利用必要的人为干预措施，以检测到可能被隐藏起来的有毒有害气体。最后，如实记录检测信息，判断空间内是否存在有毒有害气体、易燃易爆气体以及其浓度范围，并根据本标准的相关条款采取工程防控措施和个体防护措施。

6.7 机械通风

6.7.1 作业环境存在爆炸危险的，应使用防爆型通风设备。

6.7.2 采用移动机械通风设备时，风管出风口应放置在作业面，保证有效通风。

6.7.3 应向地下有限空间输送清洁空气，不应使用纯氧进行通风。

6.7.4 地下有限空间设置固定机械通风系统的，应符合 GB Z1 的规定，并全程运行。

条文说明：机械通风可有效降低地下有限空间中有毒有害、易燃易爆物质浓度，是保障有限空间作业安全的重要工程控制手段之一。为保证通风效果，应注意通风设备设置的位置和风量；注意作业环境中存在易燃易爆物质时，使用防爆型通风设备；不能使用纯氧进行通风，以防氧含量过高，发生燃爆事故或造成人员氧中毒。

6.10 个体防护

6.10.2 作业者进入 2 级环境，应佩戴正压式隔绝式呼吸防护用品，并应符合 GB 6220、GB/T 16556 等标准的规定。

条文说明：该级别环境的有毒有害气体浓度接近于"有害环境"定义的浓度值，属于接近危险环境的作业。为保证作业者安全，进入前应佩戴正压式隔绝式呼吸防护用品。

6.10.3 作业者应佩戴全身式安全带、安全绳、安全帽等防护用品，并符合 GB 6095、GB 24543、GB 2811 等标准的规定。安全绳应固定在可靠的挂点上，连接牢固，连接器应符合 GB/T 23469 的规定。

条文说明：地下有限空间环境较为复杂，底部距地面较深（多数地下有限空间作业面距地面高度超过 2m），危险有害因素较多，易造成人员中毒、窒息，或因中毒、窒息而造成失足坠落等危险。因此，要求作业者穿戴全身式安全带、安全绳、安全帽等防护用品，预防坠落对作业者造成的伤害。要求安全绳固定在可靠挂点上，可以有效保护地面人员，防止手持安全绳进行输送的地面人员被发生坠落时所产生向下的巨大拉力所伤。此外，一旦发生事故，作业者佩戴全身式安全带、安全绳也便于地面人员快速、有效的开展非进入式救援。

6.10.5 作业现场应至少配备 1 套自给开路式压缩空气呼吸器和 1 套全身式安全带及安全绳作为应急救援设备。

条文说明：在发生地下有限空间事故时，要求作业单位在现场准备至少 1 套自给开路式压缩空气呼吸器和 1 套全身式安全带和安全绳作为应急救援设备，以保障救援人员安全。

7.1 作业安全

7.1.1 作业负责人应确认作业环境、作业程序、安全防护设备、个体防护装备及应急救援设备符合要求后，方可安排作业者进入地下有限空间作业。

7.1.2 作业者应遵守地下有限空间作业安全操作规程，正确使用安全防护设备与个体防护装备，并与监护者进行有效的信息沟通。

7.1.3 进入 3 级环境中作业，应对作业面气体浓度进行实时监测。

7.1.4 进入 2 级环境中作业，作业者应携带便携式气体检测报警设备连续监测作业面气体浓度。同时，监护者应对地下有限空间内气体进行连续监测。

7.1.5 据初始检测结果判定为 3 级环境的，作业过程中应至少保持自然通风。

7.1.6 降低为 2 级或 3 级环境，以及始终维持为 2 级环境的，作业过程中应使用机械通风设备持续通风。

7.1.7 作业期间发生下列情况之一时，作业者应立即撤离地下有限空间：

a 作业者出现身体不适；

b 安全防护设备或个体防护装备失效；

c 气体检测报警仪报警；

d 监护者或作业负责人下达撤离命令。

条文说明：有限空间作业属于高危险作业，除做好进入前的准备外，在作业中同样要进行进入审核、实时监测、通风等工作，以确保整个作业过程的安全，顺利实施。

7.2 监护

7.2.1 监护者应在地下有限空间外全程持续监护。

7.2.2 监护者应能跟踪作业者作业过程，实时掌握监测数据，适时与作业者进行有效的信息沟通。

7.2.3 作业者进入 2 级环境中作业，监护者应按照上面作业安全的第 4 条的规定进行实时监测。

7.2.4 发现异常时，监护者应立即向作业者发出撤离警报，并协助作业者逃生。

7.2.5 监护者应防止未经许可的人员进入作业区域。

条文说明：针对有限空间作业的高危险性，在作业现场必须安排专人进行监护工作。监护者要保证在有限空间外全程持续监护，防止无关人员进入发生意外或影响正常作业。同时监护者要掌握作业环境和作业过程，与作业者进行有效的信息沟通，并在发生异常时发出撤离警告，防止作业者在地下有限空间内发生异常情况时无人知晓，以减少有限空间事故的发生。

二、《地下有限空间作业安全技术规范第 2 部分：气体检测与通风》（DB 11/852.2−2013）

《地下有限空间作业安全技术规范第 2 部分：气体检测与通风》是在《地下有限空间作业安全技术规范第 1 部分：通则》基础上，按照分级管理模式要求，对有限空间作业场所的有毒有害气体及缺氧环境的检测及强制通风的技术要求、操作程序和安全管理做出明确规定，进一步指导有限空间作业单位做好安全管理工作，推进北京市有限空间规范化、精细化管理。鉴于地下有限空间气体检测与通风作业中气体检测的内容、检测仪预警值和报警值的确定、气体检测方法、自然通风和机械通风等环节属于保证地下有限空间作业安全的关键环节，本标准将条款 4.2.2、4.3、4.6.2、5.2、5.3.2 设置为强制性条款，其他为推荐性条款。

强制条款包括以下内容：

4 气体检测

4.2 检测内容

4.2.2 应至少检测氧气、可燃气、硫化氢、一氧化碳。

条文说明：地下有限空间内有毒有害气体种类与地下有限空间的用途、类型、周边环境有很大关系，且现有的气体检测仪只能检测有限的气体。因此本标准要求作业前，作业人员要通过调查、分析，对地下有限空间内气体种类进行初步判定，以便有针对性地进行气体检测，同时规定必须检测常见的对人身安全影响较大的氧气、可燃气、硫化氢、一氧化碳四种气体。检测的顺序应为：测氧含量、测可燃性气体、测有毒气体。

4.3 预警值和报警值的设定

4.3.1 氧气检测应设定缺氧报警和富氧报警两级检测报警值，缺氧报警值应设定为 19.5%，富氧报警值应设定为 23.5%。

4.3.2 可燃气体和有毒有害气体应设定预警值和报警值两级检测报警值。部分有毒有害气体的预警值和报警值参见标准附录 A。

4.3.3 可燃气预警值应为爆炸下限的 5%，报警值应为爆炸下限的 10%。

4.3.4 有毒有害气体预警值应为 GB Z2.1 规定的最高容许浓度或短时间接触容许浓度的 30%，无最高容许浓度和短时间接触容许浓度的物质，应为时间加权平均容许浓度的 30%。

4.3.5 有毒有害气体报警值应为 GB Z2.1 规定的最高容许浓度或短时间接触容许浓度，无最高容许浓度和短时间接触容许浓度的物质，应为时间加权平均容许浓度。

条文说明：

本标准要求气体检测仪应设置两级警报响应，即对地下有限空间内氧气设定缺氧报警和富氧报警，对可燃气体和有毒有害气体设定预警和报警。预警值和报警值的设定与《地下有限空间作业安全技术规范第 1 部分：通则》中有限空间环境分级一一对应，预警值是 3 级作业环境和 2 级作业环境的分界点，报警值是 2 级作业环境和 1 级作业环境的分界点，当出现预警警报和报警警报时，可以使监护人员和作业人员及时确定地下有限空间环境的危害级别,以便采取针对性的应急措施。

4.6 检测方法

4.6.2 评估检测、准入检测、监护检测时,检测人员应在地下有限空间外的上风口进行。地下有限空间内有人作业时,监护检测应连续进行。

条文说明:对地下有限空间气体检测首先要保证检测人员自身的安全,其次要保证检测数据的准确性、全面性。监护者应将评估检测数据、准入检测数据和分级结果,告知作业者并履行签字手续。只有作业者自身知道地下有限空间实际的气体环境,才能充分发挥其主观能动性,提高个体检测意识,正确采取安全防护和应急处置措施。

5 通风

5.2 自然通风

5.2.1 作业前,应开启地下有限空间的门、窗、通风口、出入口、人孔、盖板、作业区及上下游井盖等进行自然通风,时间不应低于 30min。

5.2.2 作业中,不应封闭地下有限空间的门、窗、通风口、出入口、人孔、盖板、作业区及上、下游井盖等,并做好安全警示及周边拦护。

5.3 机械通风

5.3.2 发生下列情况之一时,应进行连续机械通风:

a 评估检测达到报警值;

b 准入检测达到预警值;

c 监护检测或个体检测,达到预警值;

d 地下有限空间内进行涂装作业、防水作业、防腐作业、明火作业、内燃机作业及热熔焊接作业等。

条文说明:本标准从一般要求、自然通风、机械通风等 3 方面提出了安全技术要求,规范了相关作业行为。其中自然通风可以有效降低地下空间甲烷等密度较低的可燃性气体的含量,从而减小机械通风操作初始阶段可能带来的燃爆风险,是采取机械通风作业的前提。机械通风的作业区横断面平均风速和通风换气次数的要求,是一个衡量地下有限空间洁净空气送入量的标准,可用来选择风机和通风组织方式。

三、《地下有限空间作业安全技术规范第 3 部分:防护设备设施配置》（DB 11/852.3-2014）

《地下有限空间作业安全技术规范第 3 部分:防护设备设施配置》对防护设备设施产品性能、安全性能,以及地下有限空间管理单位和作业单位应对所配置的防护设备设施实施的管理要求等方面进行了规定。本部分旨在指导和规范有限空间作业单位和管理单位对防护设备设施的配置、使用和管理,是切实落实有限空间作业现场安全防护措施的基础,是提升作业安全水平的保障。鉴于防护设备设施科学、合理配置不仅对保障地下有限空间作业安全起到关键性作用,而且是地下有限空间从业单位应遵守的最基本要求和开展地下有限空间作业的安全生产条件之一,该标准将第 4.4、5.1、6.1、7.2 条款设置为强制性条款,其余为推荐性条款。附录中表 B.1

部分与强制性条例对应的配置指标同为强制性条款。强制条款包括以下内容：

4 安全警示设施

4.4 围挡设施、安全标志、警示标识或安全告知牌等安全警示设施配置应符合附录 B 中表 B.1 的要求。

条文说明：本部分对安全警示设施包括的内容，每类安全警示设施具体的安全技术要求和配置要求进行了规定。同时，根据地下有限空间作业特点，对普遍存在的占路作业需要设置的安全警示设施也进行了规定。

5 作业防护设备

5.1 气体检测报警仪、通风设备、照明设备、通讯设备、三脚架等作业防护设备配置种类及数量应符合附录 B 中表 B.1 的要求。

条文说明：本部分按照气体检测、通风、照明的顺序，对地下有限空间作业涉及的主要作业防护设备的安全技术要求和配置要求进行了规定。

6 个体防护用品

6.1 呼吸防护用品、全身式安全带、安全绳、安全帽等个体防护用品配置种类和数量应符合附录 B 中表 B.1 的要求。

条文说明：本部分按照呼吸防护用品、安全带、安全绳、安全帽的顺序，对地下有限空间作业涉及的主要个体防护用品的配置要求和安全技术要求进行了规定。同时，针对一些特殊环境使用的防护鞋、防护服等其他个体防护用品进行了规定。

7 应急救援设备设施

7.2 应急救援设备设施配置种类及数量应符合附录 B 中表 B.1 的要求。

条文说明：本部分对应急救援设备设施放置地点距作业点的距离要求，以及应急救援设备设施配置要求进行了规定。

附录 B　防护设备设施配置表

表 B.1 规定了地下有限空间作业防护设备设施配置防护设备设施配置要求。

条文说明：

标准中的附录 B.1 中的防护设备设施配置表规定了在不同作业环境以及应急救援情况下，地下有限空间作业防护设备设施配置种类和具体的配置要求。强制条款中涉及附录 B 表 B.1 中要求配置的设备设施应与作业环境危险程度相适应，同时用人单位要根据不同作业环境条件和状态（作业状态或应急救援状态）配置不同种类及数量的防护设备设施。

第三节　从业人员安全生产方面的权利和义务

我国安全生产法律法规对从业人员安全生产方面的权利和义务有明确的规定，从业人员通过履行自己的权利和义务，可以合法的维护自己的人身安全，维持安全生产秩序，有效防止各类生产安全事故的发生。综合目前安全生产法律法规的规定，从业人员依法获得安全生产保障的权利，并应当依法履行安全生产方面相应的义务。

一、从业人员安全生产方面的权利

1.生产经营单位与从业人员订立的劳动合同中应当载明有关保障从业人员劳动安全、防止职业危害，以及为从业人员办理工伤保险和其他依法应当办理的安全生产强制性保险等事项。

2.从业人员有权向生产经营单位了解下列事项：

（1）作业场所和工作岗位存在的危险因素；

（2）已采取的防范生产安全事故和职业危害的技术措施和管理措施；

（3）发生直接危及人身安全的紧急情况时的应急措施。

3.从业人员有权对本单位安全生产工作和有关职业安全健康问题提出批评、检举、控告；有权拒绝违章指挥和强令冒险作业。

4.从业人员有权要求生产经营单位依法参加工伤保险和其他安全生产保险。因生产安全事故受到损害的，从业人员依照有关民事法律尚有获得赔偿权利的，有权提出赔偿要求。

5.有获得符合国家规定的劳动安全卫生条件的权利。

6.从事有职业危害作业的人员，有进行定期健康检查的权利。

二、从业人员安全生产方面的义务

（1）严格遵守国家和本市安全生产相关法律法规；

（2）遵守本单位安全生产规章制度和岗位操作规程、施工作业规程；

（3）有正确佩戴和使用劳动防护用品的义务；

（4）接受安全生产教育和培训，掌握工作所需的安全生产知识，提高安全生产技能；

（5）参加应急演练，在发现不安全因素和事故隐患时具备处理事故和应急处理能力；

（6）发生生产安全事故紧急撤离时，服从现场统一指挥；

（7）配合事故调查，如实提供有关情况；

（8）从事特种作业的人员，必须按照国家有关规定经专门的安全作业培训，取得特种作业操作资格证书，方可上岗作业。

第三章
有限空间基本知识

第一节 有限空间的定义、特点和分类

一、有限空间定义

有限空间是指封闭或部分封闭，进出口较为狭窄有限，未被设计为固定工作场所，自然通风不良，易造成有毒有害、易燃易爆物质积聚或氧含量不足的空间。如图 3-1 所示，污水井属于有限空间的一种类型。

图 3-1 污水井

二、有限空间特点

1. 空间有限

有限空间是一个"封闭"的空间，是有形的，并有一定的大小，仅在有需要的时候才进入其中工作，有限空间设置有开口或入口，以便人员通过。如图 3-2 所示。

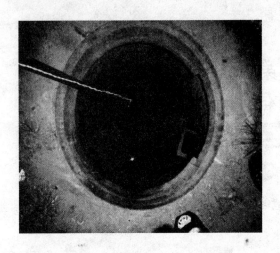

图 3-2　80mm 井口的污水井

2.进出口受限，但能进行指派的工作

在需要进入作业的情况下，人员能够通过开口进入到有限空间，但限于有限空间本身的大小、形状和内部构造，开口一般与常规的人员出入通道不同，如图 3-3 所示，有限空间开口的大小往往很小，因此人员在进出时会受到一定的限制，比如无法采取正常的站立姿势，需要弯低身躯等。不少有限空间开口的直径仅有 0.46m，稍微高大一些的人员要快速顺利通过都很困难。显然，这对人员进出时携带工具设备或个人防护用品也会造成很大程度的限制。在发生紧急意外时，无论是对进入人员的自行逃生，还是救援人员的救援，都会带来极大的不便。

图 3-3　进出检查井

3.不是按照固定作业场所设计

有限空间不适合人员进入长期停留，仅仅是在少数必须的情况下才开启开口进入其间进行作业。人员进入有限空间的主要原因如下：

（1）清理有限空间，移除废物，如污泥；

（2）必须的设施检查；

（3）安排或更换马达、泵或其他设备；

（4）维护工作，如油漆、打磨或喷涂表面涂层；

（5）仪表读数；

（6）安装、修理或检查线路，如焊接或切割等修理工作；

（7）建造有限空间；

（8）对有限空间内的人员实施应急救援。

三、有限空间分类

（1）地下有限空间：如地下管道、地下室、地下仓库、地下工程、暗沟、隧道、涵洞、地坑、废井、地窖、污水池（井）、沼气池、化粪池、下水道、电力电缆井、燃气井、热力井、自来水井、有线电视及通信井等，如图3-4、3-5所示。

图 3-4　化粪池　　　　　　　　　图 3-5　通信井

（2）地上有限空间：如储藏室、酒糟池、发酵池、垃圾站、温室、冷库、粮仓、料仓等，如图3-6所示。

图 3-6　筒仓

（3）密闭设备：如船舱、贮罐、车载槽罐、反应塔（釜）、冷藏箱、压力容器、管道、烟道、锅炉等，如图 3-7、3-8、3-9 所示。

图 3-7 化学品贮罐

图 3-8 车载槽罐

图 3-9 反应釜

根据作业环境，各类有限空间存在的主要危险有害因素见表3-1。

表 3-1 各类有限空间存在的主要危险有害因素

有限空间种类	有限空间名称	主要危险有害因素
地下有限空间	地下室、地下仓库、隧道、地窖	缺氧
	地下工程、地下管道、暗沟、涵洞、地坑、废井、污水池（井）、沼气池、化粪池、下水道	缺氧，硫化氢（H_2S）中毒，可燃性气体爆炸
	矿井	缺氧，一氧化碳（CO）中毒，易燃易爆物质（可燃性气体、爆炸性粉尘）爆炸
地上有限空间	储藏室、温室、冷库	缺氧
	酒糟池、发酵池	缺氧，硫化氢（H_2S）中毒，可燃性气体爆炸
	垃圾站	缺氧，硫化氢（H_2S）中毒，可燃性气体爆炸
	粮仓	缺氧，磷化氢（PH_3）中毒，粉尘爆炸
	料仓	缺氧，粉尘爆炸
密闭设备	船舱、贮罐、车载槽罐、反应塔（釜）、压力容器	缺氧，一氧化碳（CO）中毒，挥发性有机溶剂中毒，爆炸
	冷藏箱、管道	缺氧
	烟道、锅炉	缺氧，一氧化碳（CO）中毒

第二节　有限空间作业的定义和特点

一、有限空间作业定义

有限空间作业是指作业人员进入有限空间实施的作业活动。在污水井、排水管道、集水井、电缆井、热力井、燃气井、自来水井、有线电视及通信井、地窖、沼气池、化粪池、酒糟池、发酵池等可能存在中毒、窒息、爆炸的有限空间内从事施工或者维修、排障、保养、清理等的作业均为有限空间作业，如图3-10示。

图 3-10 进入有限空间作业

二、有限空间作业危害特点

（1）有限空间作业属高风险作业。如操作不当或防护不当可导致伤亡。

（2）发生的地点、形式多样化。如船舱、贮罐、管道、地下室、地窖、污水池（井）、沼气池、化粪池、下水道、电缆隧道、通信人孔、热力管沟、发酵池等。

（3）许多危害具有隐蔽性并难以探测。如作业前即使对有限空间内气体检测合格，作业过程中，内部环境有毒有害气体浓度仍有增加和超标的可能。

（4）多种危害可能共同存在。如化粪池中存在硫化氢中毒危害的同时，还存在甲烷燃爆危害。

（5）某些环境下具有突发性。如开始对有限空间检测时，各项气体指标合格，但是在作业过程中突然涌出大量的有毒气体，造成中毒。

（6）有限空间作业存在的危害，大多数情况下是完全可以预防的。如加强培训教育，完善各项管理制度，严格执行操作规程，配备必要的个人防护用品和应急救援设备等。

第三节　其他相关基本概念

1. 地下有限空间（underground confined space）

封闭或部分封闭、进出口较为狭窄有限、未被设计为固定工作场所、自然通风不良，易造成有毒有害、易燃易爆物质积聚或氧含量不足的地下空间。

2. 地下有限空间作业（working in underground confined space）

进入地下有限空间实施的作业活动。

3. 地下有限空间作业安全生产条件（conditions for work safety of underground confined space）

满足地下有限空间作业安全所需的安全生产责任制、安全生产规章制度、操作规程、安全防护设备设施、人员资质等条件的总称。

4. 立即威胁生命或健康的浓度（immediately dangerous to life or health concentration，IDLH）

有害环境中空气污染物浓度达到某种危险水平，如可致命，或可永久损害健康，或可使人立即丧失逃生能力。

部分化学品的 IDLH 浓度如表 3-2 所示。

表 3-2 部分化学品的 IDLH 浓度

化学物质	IDLH 值 [a]（ppm）	1ppm 换算 mg/m³ 系数 [b]（20℃）	IDLH 值 [c]（mg/m³）（20℃）	化学物质	IDLH 值 [a]（ppm）	1ppm 换算 mg/m³ 系数 [b]（20℃）	IDLH 值 [c]（mg/m³）（20℃）
乙酸	1000	2.50	2500	二硫化碳	500	3.16	1600
丙酮	20000	2.42	48000	一氧化碳	1500	1.16	1700
氨	500	0.71	360	四氯化碳	300	6.39	1900
苯	3000	3.25	9800	氯	30	2.95	88
甲苯	2000	3.83	7700	液化石油气	19000	1.80	34000
二甲苯	1000	4.41	4400	一氧化氮	100	1.25	120
氯化氢	100	1.52	150	二氧化氮	50	1.91	96
氰化氢	50	1.12	56	甲醛	30	1.23	37
硫化氢	300	1.42	430	己烷	5000	3.58	18000
二氧化碳	50000	1.83	92000	溴化氢	50	3.36	170
二氧化硫	100	2.66	270	异丙醇	12000	2.50	30000

[a]：NIOSH DHHS 出版物 No.90-117 提供气态、液态有害物 IDLH 浓度的单位为 ppm。
[b]：NIOSH DHHS 出版物 No.90-117 提供气态、液态有害物 ppm 浓度单位换算为 20℃、1 个大气压下 mg/g³ 的换算系数。
[c]：换算后以 mg/g³ 为单位的 IDLH 浓度。

5. 职业接触限值（occupational exposure limits，OELs）

职业性有害因素的接触限制量值。指劳动者在职业活动过程中长期反复接触，对绝大多数接触者的健康不引起有害作用的容许接触水平。化学有害因素的职业接触限值包括时间加权平均容许浓度、短时间接触容许浓度和最高容许浓度三类。

6. 时间加权平均容许浓度（permissible concentration-time weighted average，PC-TWA）

以时间为权数规定的 8h 工作日、40h 工作周的平均容许接触浓度。

7. 短时间接触容许浓度（permissible concentration-short term exposure limit，PC-STEL）

在遵守 PC-TWA 前提下容许短时间（15min）接触的浓度。

8. 最高容许浓度（maximum allowable concentration，MAC）

工作地点、在一个工作日内、任何时间有毒化学物质均不应超过的浓度。

9. 爆炸极限（explosion limit）

可燃物质（可燃气体、蒸气、粉尘或纤维）与空气（氧气或氧化剂）均匀混合形成爆炸性混合物，其浓度达到一定的范围时，遇到明火或一定的引爆能量立即发生爆炸，这个浓度范围称为爆炸极限（或爆炸浓度极限）。形成爆炸性混合物的最低浓度称为爆炸浓度下限（LEL），最高浓度称为爆炸浓度上限（UEL），爆炸浓度的上限、下限之间称为爆炸浓度范围。

10. 进入（entry）

人体通过一个入口进入有限空间，包括在该空间中工作或身体任何一部分通过入口。

11. 隔离（isolation）

通过封闭、切断等措施，完全阻止有害物质和能源（水、电、气）进入有限空间。

12. 有害环境（hazardous atmosphere）

在职业活动中可能引起死亡、失去知觉、丧失逃生及自救能力、伤害或引起急性中毒的环境，包括以下一种或几种情形：
（1）可燃性气体、蒸气和气溶胶的浓度超过爆炸下限的 10%；
（2）空气中爆炸性粉尘浓度达到或超过爆炸下限；
（3）空气中氧含量低于 19.5% 或超过 23.5%；
（4）空气中有害物质的浓度超过工作场所有害因素职业接触限值；
（5）其他任何含有有害物浓度超过立即威胁生命或健康的浓度的环境条件。

13. 缺氧环境（oxygen deficient atmosphere）

空气中氧的体积百分比低于 19.5%。

14. 富氧环境（oxygen enriched atmosphere）

空气中氧的体积百分比高于23.5%。

15. 危险因素（risk factor）

能对人造成伤亡或对物造成突发性损害的因素。

16. 有害因素（harmful factor）

能影响人的身体健康，导致疾病，或对物造成慢性损害的因素。

17. 管理单位（management unit）

对（地下）有限空间具有管理权的单位。

18. 作业单位（working unit）

进入（地下）有限空间实施作业的单位。

19. 监护者（attendant）

为保障作业者安全，在（地下）有限空间外对（地下）有限空间作业进行专职看护的人员。

20. 作业负责人（working supervisor）

由作业单位确定的负责组织实施（地下）有限空间作业的管理人员。

21. 作业者（operator）

进入（地下）有限空间内实施作业的人员。

22. 气体检测报警仪（monitoring and alarming devices for gas）

用于检测和报警工作场所空气中氧气、可燃气和有毒有害气体浓度或含量的仪器，由探测器和报警控制器组成，当气体含量达到仪器设置的条件时可发出声光报警信号。常用的有固定式、移动式和便携式气体检测报警仪。

23. 直读式仪器（direct-reading detectors）

能够瞬间检测空气中的氧气、可燃气和有毒有害气体并显示其浓度或含量的分析仪器。

24. 评估检测（evaluation detection）

作业前，对（地下）有限空间气体进行的检测，检测值作为（地下）有限空间环境危险性分级和采取防护措施的依据。

25. 准入检测（admittance detection）

进入前，对（地下）有限空间气体进行的检测，检测值作为作业者进入（地下）有限空间的准入和环境危险性再次分级的依据。

26. 监护检测（monitoring detection）

作业时，监护者在（地下）有限空间外通过泵吸式气体检测报警仪或设置在（地下）有限空间内的远程在线检测设备，对（地下）有限空间气体进行的连续地检测，检测值作为监护者实施有效监护的依据。

27. 个体检测（individual detection）

作业时，作业者通过随身携带的气体检测报警仪，对作业面气体进行的动态检测，检测值作为作业者采取措施的依据。

第四章
有限空间主要危险有害因素辨识

第一节 主要危险有害因素种类、主要来源及影响

有限空间长期处于封闭或半封闭的状态，且出入口有限，自然通风不良，易造成有毒有害、易燃易爆物质积聚或氧含量不足。此外，作业环境受自然天气影响较大，高温、高湿等不良天气均会在不同程度上加剧空间环境的恶化。有限空间存在的危险有害因素主要有缺氧窒息、中毒、燃爆以及其他危险有害因素，了解并正确辨识这些危险有害因素，是有效采取预防、控制措施，减少人员伤亡事故的重要前提。

一、缺氧窒息

（一）窒息性气体种类

空气中氧气含量一般在 21% 左右。在有限空间内由于通风不良、生物的呼吸作用或物质的氧化作用，大量消耗空气内的氧气，使有限空间形成缺氧状态，一旦作业场所空气中的氧含量低于 19.5% 时就会有缺氧的危险，可能导致窒息事故发生。另外，有一类是单纯性窒息气体，其本身无毒，比空气重，易在空间底部聚集，此类气体的存在会排挤氧气空间，可能造成环境缺氧，从而导致进入空间作业的人员缺氧窒息。常见的单纯性窒息气体包括：二氧化碳、氮气、甲烷、氩气、水蒸气和六氟化硫等。

（二）主要来源

（1）有限空间内长期通风不良，氧含量偏低；

（2）有限空间内存在的物质发生耗氧性化学反应，如燃烧、生物的有氧呼吸等；

（3）较高的氧气消耗速度，如过多人员同时在有限空间内作业；

（4）作业过程中引入单纯性窒息气体挤占氧气空间，如使用氮气、氩气、水蒸气进行清洗；

（5）某些相连或接近的设备或管道的渗漏或扩散，如天然气泄漏。

（三）对人体的危害

氧气是人体赖以生存的重要物质基础，缺氧会对人体多个系统及脏器造成影响。氧气含量不同，对人体的危害也不同。详见表 4-1。

表 4-1 不同氧气含量对人体的影响

氧气含量 （体积百分比浓度）	对人体的影响
19.5%	最低允许值
15%~19.5%	体力下降，难以从事重体力劳动，动作协调性降低，容易引发冠心病、肺病等
12%~14%	呼吸加重，频率加快，脉搏加快，动作协调性进一步降低，判断能力下降
10%~12%	呼吸加深加快，几乎丧失判断能力，嘴唇发紫
8%~10%	精神失常，昏迷，失去知觉，呕吐，脸色死灰
6%~8%	4~5min 通过治疗可恢复，6min 后 50% 致命，8min 后 100% 致命
4%~6%	40s 后昏迷，痉挛，呼吸减缓，死亡

（四）导致缺氧的典型物质

1. 二氧化碳（CO_2）

（1）理化性质

二氧化碳别名碳（酸）酐，为无色无味气体，高浓度时略带酸味。比空气重。可溶于水、烃类等多数有机溶剂。水溶剂呈酸性，能被碱性溶液吸收而生成碳酸盐。二氧化碳加压成液态贮存在钢瓶内，放出时二氧化碳可凝结成为雪花固体，统称干冰。若遇高热、容器内压增大，有开裂和爆炸的危险。

（2）主要来源

①长期不开放的各种矿井、油井、船舱底部及下水道；

②利用植物发酵制糖、酿酒，用玉米制酒精、丙酮以及制造酵母等生产过程，若发酵桶、池的车间是密闭或隔离的，可能存在较高浓度的二氧化碳；

③在不通风的地窖或密闭仓库中储存蔬菜、水果和谷物等，地窖或仓库中可能存在高浓度的二氧化碳；

④有限空间作业人数、时间超限，可造成二氧化碳积蓄；

⑤化学工业中在反应釜内以二氧化碳作为原料制造碳酸钠、碳酸氢钠、尿素、碳酸氢胺等多种化工产品；

⑥轻工生产中制造汽水、啤酒等饮料充装二氧化碳过程可产生大量二氧化碳。

（3）对人体的影响

二氧化碳是人体进行新陈代谢的最终产物，由呼气排出，本身没有毒性。人在有限空间吸入高浓度二氧化碳时，在几秒钟内迅速昏迷倒下，反射消失、瞳孔扩大或缩小、大小便失禁、呕吐等，更严重者出现呼吸、心跳停止及休克，甚至死亡。

我国职业卫生标准《工作场所有害因素职业接触限值第 1 部分：化学有害因素》（GBZ 2.1-2007）规定，劳动者接触二氧化碳的时间加权平均容许浓度不能超过 9000mg/m³，短时间接触容许浓度不能超过 18000mg/m³；《呼吸防护用品的选择、使用与维护》（GB/T 18664–2002）中规定二氧化碳的立即威胁生命或健康的浓度是92000mg/m³。人在 10min 以下接触的最高限值为 54000mg/m³，中枢神经系统无明显毒性。

（4）案例介绍

2009 年 3 月 17 日 18 时，北京方佳物业公司绿化工人李某（男，40 岁，河北张家口人）雇用王某（男，43 岁，北京昌平人）在天通苑居民小区内进行绿化浇水作业。当作业结束后，王某私自打开天通苑东 3 区 22 号楼北侧一废弃枯井，贸然进入井内，准备将浇水用水管存放在井内，王某下井后不久晕倒，李某见状，贸然下井施救，也晕倒在井内。小区居民发现后，立即报警，后经消防队员抢救，将二人救出，经医院抢救无效，二人死亡。后经北京疾控中心现场检测，井内二氧化碳含量超过国家标准近 4 倍，含氧量仅为 3.2%，二人为缺氧窒息死亡。

2. 氮气（N_2）

（1）理化性质

氮气为无色无味气体。微溶于水、乙醇。不燃气体。用于合成氨、制硝酸、物质保护剂、冷冻剂等。

（2）主要来源

由于氮的化学惰性，常用作保护气以防止某些物体暴露于空气时被氧气所氧化，或用作工业上的清洗剂，洗涤储罐、反应釜中的危险有毒物质。

（3）对人体的影响

吸入氮气浓度不太高时，患者最初感觉胸闷、气短、疲软无力；继而有烦躁不安、极度兴奋、乱跑、叫喊、神情恍惚、步态不稳等症状，称之为"氮酩酊"，可进入昏睡或昏迷状态。空气中氮气含量过高，使吸入氧气浓度下降，可引起单纯性缺氧窒息。吸入高浓度氮气，患者可迅速昏迷、因呼吸和心跳停止而死亡。

（4）案例介绍

2010 年 2 月 20 日，某焦化厂对其车间内硫铵结晶器的母液罐进行检修，作业场所在母液罐的顶部，其下部离地面 1.5m 高处有 1 个直径 600mm 的入孔。动火前，为了预防母液罐内残存有煤气，必须用高压氮气吹扫以排出煤气，并打开该孔排出煤气，且在作业完成后用水冲洗焊渣。按要求不需要也不允许从该孔进入母液罐。16点 45 分，工人刘某从母液罐的顶部完成作业后，在未切断高压氮气，且无第二人在场的情况下擅自从该孔进入母液罐内。17 点整，当其他工人从母液罐的顶部下来切断高压氮气，准备通过该孔用高压水清洗母液罐底时，发现刘某已经倒在罐底，发现时其口唇发绀、指（趾）甲发绀、无呼吸、无心跳。后经 120 到现场抢救无效死亡。事故发生后，对事故现场进行再现模拟检测，母液罐内氧气的含量仅为 0.9%，入口外 0.5m 处仅有 16.9%。依据《职业性急性化学性猝死诊断标准》（GBZ 78–2010），可以认定此次事故是吸入高浓度氮气造成缺氧窒息死亡。

3. 甲烷（CH₄）

（1）理化性质

甲烷，又称沼气，为无色无味的气体，比空气轻，溶于乙醇、乙醚、苯、甲苯等，微溶于水。甲烷易燃，与空气混合能形成爆炸性混合物，遇热源和明火有燃烧爆炸的危险，爆炸极限为 5.0%~15.0%。

（2）主要来源

①有限空间内有机物分解产生甲烷；

②天然气管道泄漏。

（3）对人体的影响

甲烷对人基本无毒，麻痹作用极弱。但极高浓度时排挤空气中的氧气，使空气中氧含量降低，引起单纯性窒息。当空气中甲烷达 25%~30% 的体积比时，人出现窒息样感觉，如头晕、呼吸加速、心率加快、注意力不集中、乏力和行为失调等。若不及时脱离接触，可致窒息死亡。

甲烷燃烧产物为一氧化碳、二氧化碳，可引起中毒或缺氧。

（4）案例介绍

2009 年 8 月 18 日 18 时 20 分左右，在海淀区苏家坨镇某村，北京市某市政工程有限责任公司对苏家坨经济适用房在建项目的外部道路污水管道进行疏通作业。该小区已有部分住户入住，但下游污水处理厂正在建设中，污水管道还处于封闭状态，小区污水只能存入化粪池。为减轻化粪池压力，该公司决定对污水管道进行疏通，利用管道空间存放污水。公司劳务队长陈某安排宋某、王某从污水管线的下游向上游对管井逐个进行疏通，作业人员宋某、王某在未进行检测、通风，未佩戴任何安全防护用品的情况下，贸然下井作业，晕倒在 3.5 米深的井内。周围施工的 3 名作业人员，在未佩戴任何安全防护用品的情况下盲目下井施救，也晕倒在井内。最后，其他施工人员使用钢筋钩将井下 5 人救出。宋某、王某二人被救出后，经抢救无效死亡。其余 3 名施救人员被送到 309 医院进行救治，无生命危险。8 月 19 日，北京市疾控中心对现场进行检测发现，井内甲烷超过国家标准 31 倍，硫化氢浓度超过国家标准 0.2 倍，氧含量为 17.3%。

4. 氩气（Ar）

（1）理化性质

氩气是一种无色无味的惰性气体，比空气重。微溶于水。

（2）主要来源

氩气是目前工业上应用很广的稀有气体。它的性质十分不活泼，既不能燃烧，也不助燃。在飞机制造、船舶制造、原子能工业和机械工业领域，焊接特殊金属如铝、镁、铜、合金以及不锈钢时，往往用氩气作为焊接保护气，防止焊接件被空气氧化或氮化。

（3）对人体的影响

常压下无毒。当空气中氩浓度增高时，可使氧气含量降低，人会出现呼吸加快、注意力不集中等症状，继而出现疲倦无力、烦躁不安、恶心、呕吐、昏迷、抽搐等症状；

在高浓度时导致窒息死亡。液态氩可致皮肤冻伤；眼部接触可引起炎症。

（4）案例介绍

2007年5月19日，北京某电子股份有限公司2名工作人员，在为航天三院31所安装调试大型真空热处理炉过程中，由于炉中残留氩气未全部排空，在未对炉内含氧量进行检测和强制通风、未佩戴任何防护用品的情况下，贸然进入炉内作业，导致2名维修人员缺氧窒息，晕倒在炉内。后经医院抢救，作业人员霍某抢救无效死亡，另一人脱离生命危险。

5. 六氟化硫（SF_6）

（1）理化性质

常温下，六氟化硫是一种无色无味的化学惰性气体，比空气重。不燃，无特殊燃爆特性。

（2）主要来源

六氟化硫由于其良好的电气强度，已成为除空气外应用最广泛的气体介质。目前被广泛应用于电力设备作为绝缘和/或灭弧，如：六氟化硫断路器、六氟化硫负荷开关设备、六氟化硫封闭式组合电器、六氟化硫绝缘输电管线、六氟化硫变压器及六氟化硫绝缘变电站等。在冷冻工业中主要作为制冷剂，制冷范围可在 -45℃ ~ 0℃之间。

（3）对人体的影响

常温下纯品的六氟化硫无毒性，是一种典型的单纯性窒息气体。当吸入高浓度六氟化硫时引起缺氧，有神志不清和死亡危险。《工作场所有害因素职业接触限值第1部分：化学有害因素》（GBZ 2.1–2007）规定工作场所劳动者接触六氟化硫的时间加权平均容许浓度不能超过 $6000mg/m^3$。

（4）案例介绍

1997年5月15日上午8时，因操作失误，某电厂变压器绝缘开关内六氟化硫气体泄漏，现场5名工作人员，不同程度吸入大量高浓度六氟化硫及其分解产物，吸入时间3~5分钟。现场监测结果显示：操作现场通风不良，事故发生前开关内压力为0.64Mpa，事故发生后开关内压力为0.1Mpa，泄漏点离地面160cm，空气中六氟化硫浓度因采取通风措施无法测得。5例患者既往健康，无不良生活习惯。在排除事故时不同程度出现咳嗽、咽干、咽部轻度烧灼感、胸闷、气憋等症状。8小时后送入医院，其中2例患者因症状较轻，未予特殊处理，3例患者住院治疗。入院查体结果显示：3例患者均有咽部充血，双肺呼吸音粗，可闻及少量细湿啰音，腹部未查及明显阳性体征。实验室检查结果显示：3例患者均有肺功能减退，限制性通气障碍；1例患者出现窦性心律不齐伴肝功能损害；白细胞计数分别为：$11.7 \times 10^9/L$、$23.5 \times 10^9/L$、$16.2 \times 10^9/L$；尿氟分别为 $35.8\mu mol/L$、$54.7\mu mol/L$、$40\mu mol/L$，均高于正常值 $21\mu mol/L$，可以认定为氟化物中毒。

二、中毒

（一）有毒物质种类

有限空间中存在大量的有毒物质，人接触后可引起化学性中毒，甚至导致死亡。常见的有毒物质包括：硫化氢、一氧化碳、苯系物、磷化氢、氯气、氮氧化物、二氧化硫、氨气、氰和腈类化合物、易挥发的有机溶剂、极高浓度刺激性气体等。

（二）主要来源

（1）有限空间内存储的有毒化学品残留、泄漏或挥发；

（2）有限空间内物质发生化学反应，产生有毒物质，如有机物分解产生硫化氢；

（3）某些相连或接近的设备或管道的有毒物质渗漏或扩散；

（4）作业过程中引入或产生有毒物质，如焊接、喷漆或使用某些有机溶剂进行清洁。

（三）对人体的影响

有毒物质对人体的伤害主要体现在刺激性、化学窒息性及致敏性方面，其主要通过呼吸吸入、皮肤接触进入人体，再经血液循环，对人体的呼吸、神经、血液等系统及肝脏、肺、肾脏等脏器造成严重损伤。短时间接触高浓度刺激性有毒物质会引起眼、上呼吸道刺激、中毒性肺炎或肺水肿以及心脏、肾脏等脏器病变。接触化学性、窒息性有毒物质会造成细胞缺氧窒息。

（四）典型有毒物质

1. 硫化氢（H_2S）

（1）理化性质

无色，有恶臭味，有毒气体。比空气重，沿地面扩散并易积聚在低洼处。溶于水生成氢硫酸，可溶于乙醇。易燃，爆炸极限的浓度范围为 4.0% ~ 46.0%，自燃点260℃。与空气混合能形成爆炸性混合物，遇明火、高热能引起燃烧爆炸，与浓硝酸、发烟硝酸或其他强氧化剂发生剧烈反应，引起爆炸。

（2）主要来源

①排放到有限空间的含有硫化氢废气、废液；

②污水管道、化粪池、窨井、纸浆发酵池、污泥处理池、密闭垃圾站、反应釜／塔等有限空间中有机物腐败产生硫化氢；

③制造二硫化碳、硫化胺、硫化钠、硫磷、乐果、含硫农药等产品的反应釜中残留有硫化氢。

（3）对人体的影响

人对硫化氢的嗅觉感知有很大的个体差异，不同浓度的硫化氢对人体的危害也不同，详见表4-2。

表 4-2 硫化氢对人体的影响

气体名称	气体浓度（mg/m³）	对人体的影响
硫化氢	0.0007~0.2	人对其嗅觉感知的浓度在此范围内波动，远低于引起危害的浓度，因而低浓度的硫化氢能被敏感地发觉。
	30~40	其臭味减弱。
	75~300	因嗅觉疲劳或嗅神经麻痹而不能觉察硫化氢的存在，接触数小时出现眼和呼吸道刺激。
	375~750	接触 0.5~1h 可发生肺水肿，甚至意识丧失、呼吸衰竭。
	高于 1000	数秒钟即发生猝死。

硫化氢主要经呼吸道进入人体，遇粘膜表面上的水分很快溶解，产生刺激作用和腐蚀作用，引起眼结膜、角膜和呼吸道粘膜的炎症、肺水肿。硫化氢引发人体急性中毒的症状表现为：

①轻度中毒：中毒者表现为害怕光、流泪、眼刺痛、异物感、流涕、鼻及咽喉灼热感等症状，此外，还有轻度头昏、头痛、乏力的感觉。

②中度中毒：中毒者表现为立即出现头昏、头痛、乏力、恶心、呕吐、行动和意识短暂迟钝等，同时引起呼吸道粘膜刺激症状和眼刺激症状。

③重度中毒：中毒者表现为明显的中枢神经系统症状，首先出现头昏、心悸、呼吸困难、行动迟钝，继而出现烦躁、意识模糊、呕吐、腹泻、腹痛和抽搐，迅速进入昏迷状态，最后可因呼吸麻痹而死亡。在接触极高浓度硫化氢时，可发生"电击样"死亡，接触者在数秒钟内突然倒下，呼吸停止。严重中毒可留有神经、精神后遗症。

《工作场所有害因素职业接触限值第 1 部分：化学有害因素》（GBZ 2.1-2007）规定硫化氢的最高容许浓度不应超过 10mg/m³；《呼吸防护用品的选择、使用与维护》（GB/T 18664-2002）中规定硫化氢立即威胁生命和健康浓度为 430mg/m³。

（4）案例介绍

2009 年 7 月 3 日下午 14 时 30 分，北京市通州区某物业公司，在对小区污水井内的污水提升泵进行维修作业时，3 名工人因硫化氢中毒晕倒，先后又有 7 人下井实施救援，共造成 10 人发生中毒。其中 6 人死亡，另外 4 人经抢救脱离生命危险。在救援过程中另有 1 名公安消防队员牺牲。

2. 一氧化碳（CO）

（1）理化性质

无色无味气体。比重与空气相当，自燃点 610℃。微溶于水，可溶于乙醇、苯、氯仿等多数有机溶剂。易燃易爆气体，与空气混合能形成爆炸性混合物，遇高热、明火能引起燃烧爆炸，爆炸极限的浓度范围为 12.5%~74.2%。

（2）主要来源

①在有限空间中含碳物质不完全燃烧会产生一氧化碳；

②反应釜中生产合成氨、丙酮、光气、甲醇等化学品时产生的副产物中存在一氧化碳；

③使用一氧化碳作为燃料；

④使用柴油发电机、检查燃气管道、清洗反应釜/塔等会接触到一氧化碳。

（3）对人体的影响

一氧化碳主要损害神经系统，其引发人体急性中毒的症状表现为：

①轻度中毒：中毒者会出现剧烈头痛、头晕、耳鸣、心悸、恶心、呕吐、无力，轻度至中度意识障碍但无昏迷，血液碳氧血红蛋白浓度可高于10%；

②中度中毒：中毒者除上述症状外，意识障碍表现为浅至中度昏迷，但经抢救后恢复且无明显并发症，血液碳氧血红蛋白浓度可高于30%；

③重度中毒：中毒者可出现深度昏迷或醒状昏迷、休克、脑水肿、肺水肿、严重心肌损害、呼吸衰竭等，血液碳氧血红蛋白浓度可高于50%。

《工作场所有害因素职业接触限值第1部分：化学有害因素》（GBZ 2.1–2007）规定一氧化碳在工作场所空气中的时间加权平均容许浓度不能超过20mg/m³，短时接触容许浓度不能超过30mg/m³；《呼吸防护用品的选择、使用与维护》（GB/T 18664–2002）中规定一氧化碳的立即威胁生命或健康的浓度为1700mg/m³。

（4）案例介绍

①男性，20岁，合成氨厂脱硫工段工人。该工人进入煤气脱硫塔更换活性炭约半小时，感到头痛、恶心、耳鸣、胸闷，且逐渐加重，全身乏力明显，咽部发干，并有眩晕；想转身外出，但无力走动，随即晕倒在塔内。10分钟后，被塔外工友发现救出，立即给予自动呼吸机输氧，并急送医院抢救。

查体结果显示：该患者体温36.8℃，心率100次/min，呼吸26次/min，血压100/60mmHg；昏迷，口唇及双颊稍红，对光反射迟钝，膝反射及二头肌反射减弱，腹壁及提睾反射未引出，病理反射未引出；心肺无明显异常；肝脾未扪及。化验示：碳氧血红蛋白定性试验（+++），白细胞12350/mm³，中性粒细胞87%，淋巴细胞13%。

经诊断为"重度急性CO中毒"。立即给予面罩吸氧；肌注冬眠I号合剂全量、静脉注射50%葡萄糖50ml加维生素C2g各一次；静脉缓慢滴注10%葡萄糖1000ml加细胞色素C60、ATP40mg，辅酶A50U，连用5日。患者于入院后4小时开始苏醒，仍诉头痛、头晕、乏力，给予口服维生素C、维生素B1、维生素B2、维生素B6等药物。10日后，患者症状基本消失，痊愈出院，半年后回访，无后遗症。

②2007年8月3日，北京某机电设备安装公司维修组组长郭某带领工人陈某、卢某和司机齐某对西山变电站至闵庄路的电缆线路进行巡视维护。在维护海淀区闵庄路小屯桥东北角电力井时，因井底积水，维护人员违章将抽水泵和柴油发电机放置在电力井内平台上，进行抽水作业，期间卢某、陈某发现发电机缺油，二人下井给发电机加油，因井内一氧化碳浓度过高，卢某昏倒并坠入井内水中，陈某昏倒在井内平台上。郭某和齐某发现后，郭某在未采取任何安全防护措施的情况下贸然下

井，也昏倒在井内平台上。齐某见状马上拨打 110、120、119 报警求救。经消防队现场救援，将坠入井底水中的卢某和晕倒在井内平台上郭某、陈某救出并送医院抢救，郭某、陈某经抢救无效死亡，郭某一氧化碳中毒。

3. 苯（C_6H_6）

（1）理化性质

具有特殊芳香气味的无色透明液体。不溶于水，溶于乙醇、乙醚、丙酮等多数有机溶剂。易燃，闪点 −11℃，其蒸气与空气混合能形成爆炸性混合气体，遇明火、高热极易燃烧爆炸，爆炸极限的浓度范围为 1.2%~8.0%。与氧化剂能发生强烈反应。易产生和聚集静电，有燃烧爆炸危险。其蒸气比空气密度大，沿地面扩散并易积存于低洼处，遇火源会着火回燃。

（2）主要来源

①在反应釜中制作油、脂、橡胶、树脂、油漆、黏结剂和氯丁橡胶等作业时，用苯作为溶剂和稀释剂；

②制造如苯乙烯、苯酚、顺丁烯二酸酐和许多清洁剂、炸药、化肥、农药和燃料等各种化工产品时，用苯作为原料或辅料；

③在地下室、密闭设备内进行涂刷作业、对反应釜 / 塔进行清洗、维修作业时会接触到苯。

（3）对人体的影响

苯可引起各种类型的白血病，国际癌症研究中心已确认苯为人类致癌物。苯引发人体中毒的症状表现为：

①急性中毒：轻者出现兴奋、欣快感、步态不稳，以及头晕、头痛、恶心、呕吐、轻度意识模糊等。重者神志模糊加重，由浅昏迷进入深昏迷，甚至呼吸、心跳停止；

②慢性中毒：多数表现为头痛、头昏、失眠、记忆力衰退，皮肤易出现划痕。慢性苯中毒主要损害造血系统，易感染、易发热、易出血。白细胞计数减少最早和最常见。有限空间作业未见慢性苯中毒。

《工作场所有害因素职业接触限值第 1 部分：化学有害因素》（GBZ 2.1−2007）规定苯在工作场所空气中的时间加权平均容许浓度不能超过 6mg/m³，短时接触容许浓度不能超过 10mg/m³；《呼吸防护用品的选择、使用与维护》（GB/T 18664−2002）中规定苯的立即威胁生命或健康的浓度为 9800mg/m³。

（4）案例介绍

2011 年 6 月 3 日凌晨 5 点 30 分左右，河南省郑州市某企业发生一起急性苯中毒事故，共造成 1 人死亡，8 人住院治疗。该企业将涂装车间面漆间地下水气分离室清理工作承包给一保洁公司，由保洁公司每周定期派人清理附着于水气分离室地面上的油漆废渣。涂装车间面漆室在喷漆时，产生的有毒气溶胶经地下抽气装置抽走，该地下抽气空间即为"水气分离室"，毒气和毒雾被排出后，喷漆时滴下的油漆会在水气分离室地面上堆积一层废漆渣。该室宽约 4m，长约 10m，高度仅 1m，人下去不能直立，属于强迫体位。设有供人上下的进出口，为敞开式，还有机械通风排气口，日常一直在机械通风状态下作业。

事故当日凌晨 4 点 5 分，保洁公司一行 7 人开始进行清理时，发生停电事故，人员全部撤出后 15 分钟供电恢复，工人下去继续清理工作。凌晨 5 点 30 分，二次停电时，主管用对讲机喊话，无人应答，遂在无任何防护的情况下进入水气分离室查看，发现工人们已中毒，主管及另一前来救人者均未进行任何防护展开施救，救出一人后也出现中毒症状。遂联系 "120" 前来救援。

距离事故发生 7h 后，郑州市职业病防治所在水气分离室用采气袋采集现场空气 2 袋、采集现场地面漆渣 0.5kg。（事故发生后地下机械通风装置一直工作，包括采样时）现场采样后 1h，前往医院取中毒症状较重一人呼出气约 1L，中毒症状较轻者呼出气 1L，进行实验室分析。结果显示：现场空气中苯浓度为 1.4mg/m³、1.7mg/m³，甲苯浓度为 1.5mg/m³、1.0mg/m³；漆渣中苯含量为 5157mg/kg，甲苯含量为 3635mg/kg；中毒症状较重的患者呼出气中苯含量为 61.0mg/m³，甲苯含量为 6.8mg/m³，另一症状较轻中毒者呼出气中苯含量为 44.5mg/m³，甲苯含量为 3.9mg/m³。根据《职业性苯中毒诊断标准》（GBZ 68–2008），本次中毒事故应定性为急性苯中毒。

本次共有 9 人发生急性中毒，其中 1 人死亡，入院时中毒者除轻重程度不同外，均出现中枢神经系统症状，如意识不清、头晕、头痛、恶心、气短、心悸、意识模糊等。经吸氧、输液等对症治疗，至当天中午 12 点多，8 名中毒人员症状逐渐减轻，意识转清醒，生命体征平稳。经 1 月左右治疗痊愈后出院，2011 年 10 月回访，8 名中毒人员身体状况良好，全部康复，均已正常工作。

4. 甲苯（C_7H_8）、二甲苯（C_8H_{10}）

（1）理化性质

甲苯、二甲苯都是无色透明，有芬芳气味，略带甜味、易挥发的液体，都不溶于水，溶于苯、乙醇、乙醚、氯仿等多数有机溶剂。甲苯、二甲苯均易燃，其蒸气与空气混合，能形成爆炸性混合物。甲苯闪点为 4℃，爆炸极限 1.1%~7.1%；1,2– 二甲苯闪点为 16℃，爆炸极限 0.9%~7%；1,3– 二甲苯闪点为 25℃，爆炸极限 1.1%~7.0%。

（2）主要来源

①在反应釜中作为生产甲苯衍生物、炸药、染料中间体、药物等的主要原料；

②在有限空间进行涂刷作业或反应釜 / 塔清洗作业时，作为油漆、黏结剂的稀释剂。

（3）对人体的影响

甲苯、二甲苯主要经呼吸道吸收，有麻醉作用和轻度刺激作用，表现为头晕、头痛、恶心、呕吐、胸闷、四肢无力、步态不稳和意识模糊，严重者出现烦躁、抽搐、昏迷。

《工作场所有害因素职业接触限值第 1 部分：化学有害因素》（GBZ 2.1–2007）规定甲苯、二甲苯在工作场所空气中的时间加权平均容许浓度不能超过 50mg/m³，短时接触容许浓度不能超过 100mg/m³；《呼吸防护用品的选择、使用与维护》（GB/T 18664–2002）中规定甲苯、二甲苯的立即威胁生命或健康的浓度分别为 7700mg/m³ 和 4400mg/m³。

（4）案例介绍

①有限空间作业甲苯中毒案例

某污水处理厂建造三个污水消化池，消化池的内墙需进行防腐处理，该施工项目由市政某公司转包给某县某防腐蚀工程队。污水消化池为直径 10 米、高 5 米的封闭式建筑物，顶部仅开有两个直径各为 1 米的出入孔。11 月 13 日上午 8 时左右，四位工程队的工人为最后一个消化池的内墙涂刷氯磺化聚乙烯防腐涂料，涂料中含有甲苯。4 名工人均未戴防毒面具进池作业，在洞口有 2 名女工守望。上午 9 时左右，在池内工作的 4 名工人感到胸闷，便到池外活动了半小时，略感好转后，又入池继续工作。在洞口守望的 2 名女工于 10 时 45 分离开岗位去买饭，11 时 5 分回到洞口探望时发现 4 人已昏倒。当 4 名工人救出时，均已神志不清、四肢抽搐、口吐白沫，抢救人员立即将他们送往医院抢救，医院诊断为急性甲苯中毒。

当天下午职业卫生机构接到电话报告后，马上派员赴现场调查，经检测，消化池内空气中甲苯浓度为 1701.0mg/m³~4734.5mg/m³，最高浓度超过国家卫生标准 100mg/m³ 的 46 倍。

②有限空间作业二甲苯中毒案例

某内燃机总厂所属的一家集体企业，安排 8 位工人对四车间内一只 37.5m³ 的水箱箱体内壁进行油漆。水箱形状为密闭式，顶部两端各有 1 个 60×60cm² 的孔口。某日下午上班后开始作业，每次 2 名工人轮流进箱施工，每次操作时间约 5 分钟。当日下午约 3 时许，其中 1 名女工胡某（19 岁）在第五次进水箱油漆时自觉头晕，领班即叫其出水箱到外面休息，在休息时胡某出现头晕、乏力、气急、胸闷、舌麻、手麻、恶心、呕吐等症状，经厂保健站初步处理后立即转送市有关医院急诊，诊断为急性甲苯中毒，经住院治疗和病休 13 天才趋痊愈。事后经卫生监督机构对水箱内进行模拟测定，二甲苯浓度为 1665.5mg/m³，超过国家卫生标准近 16 倍。

5．氯气（Cl₂）

（1）理化性质

氯气是一种黄绿色、具有刺激性气味的有毒气体，微溶于冷水，溶于碱、氯化物和醇类。氯气的密度比空气略重，在自然通风不良的情况下，会长时间潜藏在低洼的部位。与可燃物混合会发生爆炸。

（2）主要来源

①作为重要的化工原料，在反应釜中作为氯化反应的主要原料；

②作为漂白剂，使用后在有限空间内残留。

（3）对人体的影响

氯气的毒性很强，远远大于硫化氢气体。发生急性中毒时，轻度者有流泪、咳嗽、咳少量痰、胸闷，出现气管炎和支气管炎的表现；中度中毒可导致支气管肺炎或间质性肺水肿，病人除有上述症状的加重外，出现呼吸困难、嘴唇发紫等；重者发生肺水肿、严重窒息、昏迷和休克，可出现气胸、纵隔气肿等并发症。吸入极高浓度的氯气，可引起迷走神经反射性心跳骤停或喉头痉挛而发生"电击样"死亡。眼接触可引起急性结膜炎，高浓度造成角膜损伤。皮肤接触液氯或高浓度氯，在暴露部位可有灼伤或急性皮炎。

《工作场所有害因素职业接触限值第1部分：化学有害因素》（GBZ 2.1-2007）规定氯的最高容许浓度为1mg/m³。《呼吸防护用品的选择、使用与维护》（GB/T 18664-2002）中规定氯的立即威胁生命或健康的浓度为88mg/m³。

6. 氨气（NH₃）

（1）理化性质

氨气在常温下是一种无色、较空气轻、且有刺激性恶臭的易燃气体。氨气的爆炸极限为15%~28%。氨气易溶于水，生成氨水，是一种弱碱性液体。可溶于乙醇、乙醚。

（2）主要来源

①在反应釜中作为氨化反应，制取铵盐和氮肥的重要原料；

②经液化后的氨气，常作为制冷剂，发生泄漏后会在有限空间内积聚。

（3）对人体的影响

低浓度氨对黏膜有刺激作用,高浓度可造成组织溶解坏死。发生氨气急性中毒时，轻度中毒者会出现流泪、咽痛、声音嘶哑、咳嗽、咳痰等;眼结膜、鼻黏膜、咽部充血、水肿，引发支气管炎。中度中毒者除上述症状加剧外，还会出现呼吸困难、嘴唇发紫，引起肺炎。重度中毒者可发生中毒性肺水肿，呼吸窘迫、昏迷、休克等。高浓度氨可引起反射性呼吸停止。液氨或高浓度氨可致眼灼伤；液氨可致皮肤灼伤。

《工作场所有害因素职业接触限值第1部分：化学有害因素》（GBZ 2.1-2007）规定氨在工作场所空气中的时间加权平均容许浓度不能超过20mg/m³，短时接触容许浓度不能超过30mg/m³；《呼吸防护用品的选择、使用与维护》（GB/T 18664-2002）中规定氨的立即威胁生命或健康的浓度为360mg/m³。

（4）案例介绍

2003年2月，某味精厂一女工在用提桶从调酸罐取样时，提桶不慎掉入调酸罐内，另一男职工下罐帮助其进入罐内取桶时，吸入罐内残留的氨气，无法出罐，车间班组长和车间主任先后下罐救人，均因吸入氨气而死亡。

三、燃爆

1. 易燃易爆物质种类

易燃易爆物质是可能引起燃烧、爆炸的气体／蒸气或粉尘。有限空间内可能存在大量易燃易爆气体，如甲烷、天然气、氢气、挥发性有机化合物等。另外，有限空间内存在的炭粒、粮食粉末、纤维、塑料屑以及研磨得很细的可燃性粉尘也可能引起燃烧和爆炸。

当有限空间内氧气含量充足，且易燃易爆气体或可燃性粉尘浓度达到爆炸范围时，遇到明火、化学反应放热、热辐射、高温表面、撞击或摩擦发生火花、绝热压缩形成高温点、电气火花、静电放电火花、雷电作用以及直接日光照射或聚焦的日光照射等形式提供的一定能量时，就会发生燃烧或爆炸。常见的易燃易爆物质的爆炸极限见表4-3。

表4-3 常见易燃易爆物质的爆炸极限

序号	名称	爆炸下限	爆炸上限
1	甲烷	5.0%	15.0%
2	氢气	4.1%	75%
3	苯	1.2%	8.0%
4	甲苯	1.1%	7.0%
5	1,2-二甲苯	0.9%	7.0%
6	1,3-二甲苯	1.1%	7.0%
7	硫化氢	4.0%	46.0%
8	一氧化碳	12.5%	74.2%
9	氰化氢	5.6%	40.0%
10	汽油	1.3%	7.6%
11	铝粉末	58.0g/m³	——————
12	木屑	65.0g/m³	——————
13	煤末	114.0g/m³	——————
14	面粉	30.2g/m³	——————
15	硫黄	35g/m³	1400g/m³

2. 主要来源

（1）有限空间中气体或液体的泄漏和挥发；

（2）有机物分解，如生活垃圾、动植物腐败物分解等产生甲烷；

（3）作业过程中引入的，如使用乙炔气焊接等；

（4）空气中氧气含量超过23.5%时，形成富氧环境，高浓度的氧气会造成易燃易爆物质的爆炸下限降低、上限提高，增加爆炸的可能性，以及增大可燃性物质的燃烧程度，导致非常严重的火灾危害；

（5）有限空间内储存的易燃粉状物质飞扬，与空气混合形成燃爆混合物。

3. 对人体的危害

燃爆会对作业人员产生非常严重的影响。燃烧产生的高温引起皮肤和呼吸道烧伤，产生的有毒物质可致中毒，引起脏器或生理系统的损伤；爆炸产生的冲击波引起冲击伤，产生物体破片或砂石可能导致破片伤和砂石伤等。

4. 案例介绍

（1）2010 年 3 月 25 日 15 时 47 分，北京顺义某水处理设备有限公司衬胶车间一铁罐（钢制，圆柱形，长 6m，直径 3.5m）在粉刷防锈涂料（涂料中含汽油成分）过程中发生爆燃，致使在罐内作业的作业人员王某死亡，另有 4 名人员受伤。

（2）2006 年 10 月 28 日 19 时 20 分，安徽省防腐工程总公司在其总包的中石油新疆独山子在建工程项目 10 万立方米原油储罐罐顶浮船进行防腐作业时，发生重大爆炸事故，造成 13 人死亡、6 人受伤。事故的直接原因是：非防爆电器产生火花引爆了达到爆炸极限的油漆稀料。

四、其他危害因素

除以上因素外，还可能存在淹溺、高处坠落、触电、机械伤害等危险。

1. 淹溺

人淹没于水中，由于呼吸道包括肺部被水、污泥、杂草等杂质所堵塞，或喉头、气管发生痉挛，引起窒息、缺氧等都称为淹溺。

作业过程中突然涌入大量自由流动的液体，以及作业人员发生中毒、窒息、受伤或不慎跌落后落入水中，都可能造成人员淹溺。

发生淹溺后人体常见的表现有面部和全身青紫、烦躁不安、抽筋、呼吸困难、吐带血的泡沫痰、昏迷、意识丧失、呼吸心搏停止。由于肺内污染及胃内呕吐物返流等原因，可导致支气管及肺部继发感染，甚至多发性脓肿。不慎跌入粪坑、污水池、化学物贮槽时，会引起皮肤和黏膜损害及全身中毒。导致人窒息、缺氧。另外，粪池或污水池的淹溺，由于肺内污染及胃内呕吐物返流等原因，可导致支气管及肺部继发感染，甚至多发性脓肿。

2. 高处坠落

许多有限空间都存在高处作业，一旦操作不慎，容易发生高处坠落危险。

导致高处坠落的原因包括：

（1）作业者身体素质不适应，如某些疾病、心理因素等，也可能工作时间长，身体疲劳，注意力过度集中，未注意范围变小，麻痹大意，疏于防护，作业中发生失足；

（2）安全防护用具不合格或荷载超重；

（3）作业者进行高处作业时未佩戴防护用品；

（4）作业面狭窄，作业人员活动受限，四周悬空，手脚易扑空。

高处坠落可能导致脑部或内脏损伤而致命或使四肢、躯干、腰椎等部位受冲击而造成重伤致残。

3. 触电

触电是指人体触及或靠近带电体时，使人体成为电路的一部分或形成电弧波、闪击放电的现象。

当通过人体的电流数值超过一定值时，就会使人产生针刺、灼热、麻痹的感觉；当电流进一步增大至一定值时，人就会发生抽筋，不能自主脱离带电体；当通过人体的电流超过 50mA 时，就会使人的呼吸和心脏停止，导致死亡。

4.机械伤害

机械伤害可能导致人体多部位受伤，如头部、眼部、颈部、胸部、腰部、脊柱、四肢等，造成外伤性骨折、出血、休克、昏迷，甚至死亡。

5.坍塌

坍塌是指物体在外力或重力作用下，超过自身的强度极限或因结构稳定性破坏而造成的事故。如挖沟时的土石塌方等对人体造成的伤害。

6.物体打击

物体在重力或其他外力的作用下，因发生运动，打击人体造成人身伤亡事故。如空间外物体掉入有限空间内，对正在作业的作业人员造成伤害。

7.灼烫

灼烫是指火焰烧伤、高温物体烫伤、化学灼伤（酸、碱、盐、有机物引起的体内外灼伤）、物理灼伤（光、放射性物质引起的体内外灼伤），不包括电灼伤和火灾引起的烧伤。如暖气管道维修过程中，管道发生泄漏，热水喷出烫伤维修人员。

8.高温高湿

劳动者若长时间在空气温度过高，湿度很大的环境中作业，会导致人体机能严重下降。高温高湿环境可使作业人员感到热、头晕、心慌、烦、渴、无力、疲倦等不适感，甚至导致人员发生热衰竭、失去知觉或死亡。如夏季有限空间通风不良，内部环境高温高湿，长时间在内部维修的人员容易受到危害。

9.案例介绍

（1）某纸业有限公司溺水窒息事故

2010 年 10 月 8 日 14 时许，某纸业公司碱回收车间的刘某、韩某在更换蒸发密封水池机封循环水时，由于工作不负责任，致使池中水位抽得太低，机封泵抽不上水来，便开启内、外清水阀门往池中加水，并同时给机封循环系统供水。当池内水位回升超过水泵吸水管口后，一直运行的 A 泵仍抽不上水来，二人便关闭 A 泵启动 B 泵，还是抽不上来，由于二人缺乏该类水泵工作原理的知识，他们怀疑是进水口被堵。大约在 14 时 41 分至 15 时之间，池中水位不深，刘某脱掉衣裤，穿上雨靴，违章下池进行察看。下池后，因池中存在有毒有害气体，且氧气含量低，致其昏倒池中。韩某发现后，情急之下跳入池中施救，也昏倒池中。此过程无人目击。内、外网清水阀全部打开，池中水位慢慢升高以致溢出池口。15时，碱回收车间副主任李某和主任助理罗某巡查至此发现后，立即组织打捞。15时50分许，将二人捞出后送往医院，经抢救无效死亡。

（2）某水泥企业掩埋事故

2009年6月20日11时20分，云南玉溪市某水泥生产公司因生料配料土仓结拱，工人用通钎进入土仓疏通。3名工人均未系安全绳，造成人和土一起坠下，被物料掩埋，窒息死亡。

（3）高速公路坍塌事故案例

2007年2月22日13时40分，黑龙江哈尔滨市道里区中铁十三局第四公司承建哈尔滨绕城高速公路天恒山隧道上行线进口段发生塌方事故，7人被封堵洞内，2人获救，3人窒息，另有2人下落不明。

（4）某连轧管厂高处坠落事故

2011年1月7日9时10分许，连轧管厂再加热炉操作室电话通知承包公司维护组副班长王某，要求其安排人员对再加热炉实施停炉作业。王某安排本公司维护工庄某和林某两人一道实施。庄某和林某在平台（离地面高5.5m）上首先关闭再加热炉天然气总阀门；然后，庄某站在天然气管道与平台安全防护栏杆间（间距约0.40m），林某站在天然气管道平台内侧。切换天然气管道眼镜阀阀片时，大量泄漏的天然气突然燃烧。慌忙中，庄某翻越平台栏杆（栏杆高1.05m）逃离，坠落至地面，脑浆溢出，当场死亡；林某沿平台迅速逃离火源，面部二度烧伤，面积7%。附近人员见状，立即用灭火器将大火扑灭。再加热维炉热工张某赶到后，迅速关紧了天然气总阀门。事故直接原因：庄某和林某在平台上关闭再加热炉天然气总阀门时，未完全关闭；在切换天然气管道眼镜阀阀片前，未打开天然气放散阀，也未对管道内的天然气做氮气置换，故造成大量天然气泄漏，遇庄某身穿的化纤绒裤产生的静电致天然气燃烧。

第二节　有限空间主要危险有害因素辨识与评估

在进入有限空间之前，应对有限空间可能存在的危险有害因素进行辨识和评估，以判定是否具备准入条件。

一、辨识程序

有限空间危险有害因素辨识流程见图4-1。

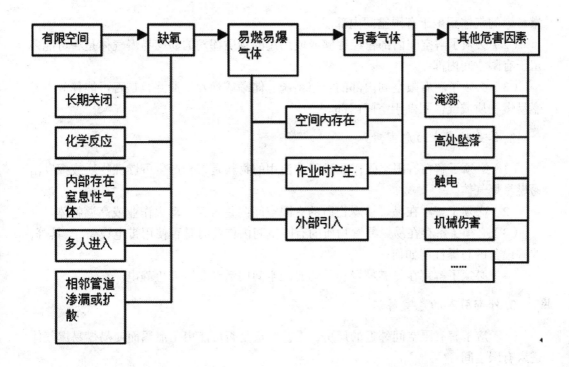

图 4-1 有限空间危险有害因素辨识流程

二、辨识方法

（一）缺氧窒息

辨识有限空间内是否存在缺氧窒息危害，可从以下几个方面考虑：

（1）必须了解有限空间是否长期关闭，通风不良；

（2）必须了解有限空间内存在的物质是否发生需氧性化学反应，如燃烧、生物的有氧呼吸等；

（3）必须了解作业过程中是否引入单纯性窒息气体挤占氧气空间，如使用氮气、氩气、水蒸气进行清洗；

（4）必须了解空间内氧气消耗速度是否可能过快，如过多人员同时在有限空间内作业；

（5）应当了解与有限空间相连或接近的管道是否会因为渗漏或扩散，导致其他气体进入空间挤占氧气空间。

（二）燃爆

辨识有限空间内是否存在燃爆危害，可从以下几个方面考虑：

1. 内部存在的危害辨识

（1）必须了解有限空间内部存储的物质是否易燃易爆，存储的物质是否会挥发易燃易爆的气体积聚于有限空间内部。

（2）必须了解空间内部曾经存储或使用过的物质挥发的易燃易爆气体是否可能残留于有限空间内部。

（3）必须了解有限空间内部的管道系统、储罐或桶发生泄漏，是否可能释放出易燃易爆物质或气体积聚于空间内部。

2. 作业时产生的危害辨识

（1）必须了解在有限空间作业过程中使用的物料是否会产生可燃性物质或挥发出易燃易爆气体。

（2）必须了解存在易燃易爆物质的有限空间内是否存在动火作业或高温物体。

（3）必须了解存在易燃易爆物质的有限空间内作业时是否使用带电设备、工具等，这些设备的防爆性能如何。

（4）必须了解存在易燃易爆物质的有限空间内活动是否产生静电。

3. 外部引入的危害辨识

（1）应了解有限空间邻近的厂房、工艺管道是否可能由于泄漏而使易燃易爆气体进入有限空间。

（2）应了解有限空间邻近作业产生的火花是否可能飞溅到存在易燃易爆物质的有限空间。

（三）中毒

辨识有限空间内是否存在中毒危害，可从以下几个方面考虑：

1. 内部存在的危害辨识

（1）必须了解空间内部存储的物料是否挥发有毒有害气体，或是否由于生物作用或化学反应而释放出有毒有害气体积聚于空间内部。比如，长期储存的有机物腐败过程中会释放出硫化氢等有毒气体，这些气体长期积聚于通风不良的有限空间内部，可能导致进入该空间的作业人员中毒。

（2）必须了解空间内部曾经存储或使用过的物料释放的有毒有害气体，是否可能残留于有限空间内部。

（3）必须了解有限空间内部的管道系统、储罐或桶发生泄漏时，有毒有害气体是否可能进入有限空间。

2. 作业时产生的危害辨识

（1）必须了解在有限空间作业过程中使用的物料是否是有毒有害气体，或者挥发出有毒有害气体以及挥发出的气体是否会与空间内本身存在的气体发生反应生成有毒有害气体。

（2）必须了解有限空间内是否进行焊接、使用燃烧引擎等可能导致一氧化碳产生的作业。

3. 外部引入的危害辨识

应了解有限空间邻近的厂房、工艺管道是否可能由于泄漏而使有毒有害气体进入到有限空间内。

（四）其他危险有害因素

除以上危险有害因素外，淹溺、高处坠落、触电、机械伤害等也是威胁有限空间作业人员生命安全与健康的危险有害因素。在辨识这些危害时，应从以下几个方面考虑：

（1）有限空间内是否有较深的积水。如下水道、化粪池等；

（2）有限空间内是否进行高于基准面 2m 的作业；

（3）有限空间内的电动器械、电路是否老化破损，是否可能发生漏电等；

（4）有限空间内的机械设备是否可能意外启动，导致其传动或转动部件直接与人体接触造成作业人员伤害等。

三、评估

通过调查、检测手段确定有限空间存在的危险有害因素后，应选定合适的评估标准，判定其危害程度。

（一）评估标准

（1）正常时氧含量为 19.5% ~ 23.5%。低于 19.5% 为缺氧环境，存在窒息可能；高于 23.5% 可能引发氧中毒；

（2）有限空间空气中可燃性气体浓度应低于爆炸下限的 10%，可燃性粉尘浓度应低于其爆炸下限，否则存在爆炸危险。进行油轮船舶拆修，以及油箱、油罐的检修，或有限空间的动火作业时，空气中可燃气体的浓度应低于爆炸下限的 1%；

（3）有毒气体或粉尘浓度须低于《工作场所有害因素职业接触限值第 1 部分：化学有害因素》（GBZ 2.1-2007）所规定的限值要求。

4. 其他危险有害因素执行相关标准。

（二）呼吸危害环境的危害水平

存在呼吸危害的环境分两类，即极端危险的立即威胁生命或健康（IDLH）的环境和一般危害环境（非 IDLH 环境）。

1. IDLH 环境通常不是正常的生产作业环境，它包括如下四种情况：

（1）呼吸危害未知，包括污染物种类、毒性未知；

（2）空气污染物浓度未知；

（3）空气污染物浓度达到 IDLH 浓度；

（4）缺氧或可能缺氧环境。

2. 一般危害环境是空气中污染物浓度超标的环境，用危害因数表示危害水平，危害因数计算方法见公式 (4-1)。危害因数越大，说明危害水平越高，应选择防护水平越高的呼吸防护用品。

$$危害因数 = \frac{有限空间内有毒有害气体浓度}{国家职业卫生标准规定的浓度}$$

公式 4-1

第五章
有限空间作业环境分级

第一节 有限空间作业环境分级标准

《地下有限空间作业安全技术规范第1部分：通则》（DB 11/852.1−2012）在国内首次提出了作业分级要求。该要求是以作业环境氧含量和可燃气体浓度、有毒有害气体浓度为指标，建立了作业环境危险级别判定标准，根据危险有害程度由高至低，将地下有限空间作业环境分为3级：

1. 符合下列条件之一的环境为1级：

（1）氧含量小于19.5%或大于23.5%；

（2）可燃性气体、蒸气浓度大于爆炸下限（LEL）的10%；

（3）有毒有害气体、蒸气浓度大于GBZ2.1规定的限值。

这一级别表明，作业环境中有毒有害或易燃易爆气体、蒸气已经超过标准限值要求，或存在缺氧、富氧等特殊环境条件。环境已经处于危险状态。

2. 氧含量为19.5%～23.5%，且符合下列条件之一的环境为2级：

（1）可燃性气体、蒸气浓度大于爆炸下限（LEL）的5%且不大于爆炸下限（LEL）的10%；

（2）有毒有害气体、蒸气浓度大于GBZ 2.1规定限值的30%且不大于GBZ 2.1规定的限值；

（3）作业过程中易发生缺氧，如热力井、燃气井等地下有限空间作业；

（4）作业过程中有毒有害或可燃性气体、蒸气浓度可能突然升高，如污水井、化粪池等地下有限空间作业。

这一级别表明，作业环境中氧气含量合格，有毒有害或易燃易爆气体、蒸气虽未超过标准限值要求，但环境中存在有毒有害或易燃易爆气体、蒸气，且浓度较高，对人体造成伤害的风险性较大。此外，在作业过程中容易发生缺氧，或有毒有害气体浓度突然升高超标，或可燃性气体、蒸气浓度可能突然升高引发燃爆的情况也归属在这一类中。

3. 符合下列所有条件的环境为3级：

（1）氧含量为19.5%～23.5%；

（2）可燃性气体、蒸气浓度不大于爆炸下限（LEL）的 5%；

（3）有毒有害气体、蒸气浓度不大于 GBZ2.1 规定限值的 30%；

（4）作业过程中各种气体、蒸气浓度值保持稳定。

这一级别表明，作业环境中氧气含量合格，未检测到有毒有害或易燃易爆气体、蒸气，或其浓度值较低，出现因浓度升高而超标的风险性极小。并且，在作业过程中有限空间内各种气体、蒸气浓度值保持稳定，即作业环境始终处于一个"较为安全"的状态。

第二节 "差别化"作业程序及防护设备设施配置

一、"差别化"的作业防护

建立作业环境分级标准，目的是在作业现场实施"差别化"的作业程序及防护设备设施。

1. 气体检测

气体检测是判断有限空间内气体环境变化的重要手段。检测人员根据检测结果判断有毒有害气体浓度是否达标、作业环境级别以及环境是否适合作业，为作业者采取何种防护措施进入有限空间内实施作业提供科学依据。

（1）作业前检测

进入有限空间作业前，必须使用泵吸式气体检测报警仪进行气体检测，即评估检测。评估检测结果有两种情况，如下：

①当评估检测结果为 3 级时，表明作业环境危险性很小，此时检测结果可视为准入检测结果，即可以在实施有限的防护措施的情况下实施作业。

②当评估检测结果为非 3 级时，表明作业环境存在较高的作业风险，需要采取通风等控制措施，并在实施控制措施后对作业环境进行二次检测，即准入检测。准入检测结果有三种情况，如下：

a. 当准入检测结果显示已降至为 3 级时，表明作业环境有毒有害、易燃易爆气体浓度得到了有效控制。但与评估检测即为 3 级的情况不同的是，现有的 3 级环境是在采用工程控制措施干预后实现的，现有作业环境级别的维持对工程控制措施有较大的依赖性，进入该类环境还是存在一定风险，如果采取与评估／准入检测结果为 3 级环境相同的防护措施，可能无法控制作业过程中气体浓度异常变化的情况，因此在这一级别环境中作业，需要采取略严一些的防护措施。

b. 当准入检测结果显示为 2 级时，虽然环境中有毒有害气体未超标且氧含量合格，但与 3 级环境却不同，在此 2 级环境作业存在一定的风险，需要采取较 3 级作业环境更为严格的防护措施。

c. 当准入检测结果显示为 1 级时，表明作业环境中有持续的、较高浓度有害物质释放，除非是紧急抢修作业（视为应急作业），否则不应开展作业。

（2）作业中检测

为保证人员安全，掌握作业过程中气体环境发生变化的情况，应在人员进入有限空间实施作业的全过程实施实时检测。基于分级标准，对作业过程中的检测有以下要求：

①准入检测结果为 3 级的，应对作业面气体浓度进行实时检测。可以根据有限空间的形式和作业地点，选择是由作业者佩戴便携式（泵吸/扩散式）气体检测报警仪进行检测还是由监护者在有限空间外使用泵吸式气体检测报警仪进行检测。

②准入检测结果为 2 级的，不仅作业者要携带便携式（泵吸/扩散式）气体检测报警仪实时检测作业面气体浓度，同时监护者要使用泵吸式气体检测报警仪对有限空间内气体进行连续检测。

2. 通风

基于分级标准，对通风过程也进行了优化：

（1）当评估检测结果为 3 级时，作业环境相对较为安全，作业环境中应至少保持良好的自然通风。

（2）当评估检测结果为非 3 级时，必须首先使用机械通风手段改善有限空间内气体环境，降低作业风险。

（3）当准入检测结果仍为 1 级，除非是紧急抢修作业（视为应急作业），否则不应开展作业；准入检测结果为 2 级或 3 级时，作业过程中必须全程实施机械通风措施，对有限空间内气体环境进行有效控制，防止有毒有害气体浓度增加。

3. 个体防护

有限空间中存在的有毒有害气体主要是通过呼吸道进入人体，对作业者造成伤害，因此呼吸防护措施在有限空间内尤为重要。而分级标准的关键就是气体浓度，因此在不同作业环境级别下，使用的呼吸防护用品种类也有所不同：

（1）当准入检测结果为 3 级时，即初始环境气体检测数据合格，并且在作业过程中各项气体、蒸气和气溶胶的浓度值保持稳定，作业时宜携带紧急逃生呼吸器。

（2）当准入检测结果为 2 级时，即作业环境气体浓度接近"有害环境"，或者作业过程中可能发生缺氧及有毒有害气体涌出的情况时，作业时应使用正压式隔绝式呼吸防护用品，例如送风式长管呼吸器。

4. 安全监护

在作业监护过程中，由于有限空间作业环境分级的不同，监护者监护的具体工作上也略有不同，尤其在准入检测结果为 2 级作业环境中，监护者要使用泵吸式气体检测报警仪在有限空间外进行检测，密切了解有限空间内气体环境变化情况，以便于迅速采取措施。

有限空间作业现场气体检测是分级标准使用的基础，通过对不同级别的环境采取差异化的安全防护措施，达到在保证作业安全的基础上，兼顾作业效率与成本的目的。表5-1展现了在作业环境分级的基础上所采取的差异化的安全防护措施。

表 5-1 安全防护措施概览表

项目	1级	2级		3级	
		始终维持为2级	降低为2级	评估检测结果为3级	降低为3级
气体监测	不能作业	（1）作业者连续监测作业面气体浓度；（2）监护者连续监测地下有限空间内气体		对作业面气体浓度进行实时监测	
通风		持续机械通风		至少保持自然通风	持续机械通风
呼吸防护		应佩戴正压式隔绝式呼吸防护用品		宜携带隔绝式逃生呼吸器	

二、"差别化"的安全防护设备设施配置方案

分析有限空间事故原因可以发现，超过九成的事故是由于作业前以及作业过程中没有实施检测、通风等措施，或是作业者没有穿戴个体防护用品而导致，事故发生后又因缺乏应急救援设备，进行盲目施救，造成伤亡数字扩大。因此，配备安全防护设备设施是保障作业安全的又一根本要素。基于作业环境级别，科学、合理地配备安全防护设备设施，既保证作业安全，同时又不造成资源浪费是很多作业单位的实际需求。《地下有限空间作业安全技术规范第3部分：防护设备设施配置》（DB 11/852.3-2014）针对不同作业环境分级所需配置的防护设备设施种类及数量进行了规定。以下对几类重要的防护设备设施配置进行一下说明：

1. 气体检测设备

气体检测作为确保作业安全必要的技术手段，保障这一技术手段可以顺利实施的首要条件就是配备满足作业需求的气体检测设备。作业前，人员使用便携式气体检测设备对有限空间内的有毒有害气体进行检测，进而判断环境危险级别，为作业者采取何种防护措施进入有限空间内实施作业提供科学依据。不同级别的作业环境，在作业过程中所需要的气体检测设备种类、数量有所不同。例如，在2级环境中进行作业，需要进行有限空间内、外两种实时检测方式，因此至少需要1台泵吸式气体检测设备，以及1台或数台能够覆盖作业者作业区域的气体检测设备。

2. 通风设备配置

对于作业环境为1级、2级的有限空间，通过机械通风，能够快速而有效地消除或降低有限空间内有毒有害气体浓度，并维持有限空间内氧含量合格的状态。根据分级标准和优化后的作业程序，作业现场必须配置通风设备的情况如下：

（1）作业前，评估检测结果为1级或2级，且准入检测结果为2级，即在2级作业环境中作业；

（2）作业前，评估检测结果为1级或2级，且准入检测结果为3级，即初始环境为2级，但作业环境为3级。

3. 个体防护用品配置

个体防护用品作为保护作业者的最后一道防线，在保障作业者安全方面起到至关重要的作用。

在呼吸防护用品方面，根据分级标准和优化后的作业程序，在个体防护用品配置方面，建议即使在风险性较小的3级环境中作业，每名作业者也配备1个紧急逃生呼吸器，随作业者一同进入有限空间。一旦在作业过程中发生意外情况，例如由于误操作造成危险有害气体泄漏，或由于作业者身体不适，作业者可以使用紧急逃生呼吸器自主逃生。而对于在作业风险级别较高的2级环境中作业，要求每名作业者应配置1套正压隔绝式呼吸器，例如送风式长管呼吸器。

4. 应急救援设备

事故状态下，有限空间内环境十分危险，需要采取更为安全、稳妥的措施开展救援活动，才能在保证救援人员的安全的情况下将受困人员救出。应急救援设备设施的配置需要考虑以下几个问题：

（1）配置哪些应急救援设备设施；

（2）是否需要另行配置应急救援设备设施；

（3）是否需要在每个作业点配置1套应急救援设备设施。

一般而言，需要配备的救援设备包括：

（1）对现场实施警戒所需要使用的警戒设施；

（2）检测有限空间内环境所需要使用的气体检测报警仪；

（3）降低有限空间内有毒有害、易燃易爆气体浓度，提高氧气含量所需要使用的强制性通风设备；

（4）实施救援过程中提升受伤害人员和作业工具需要使用的救援三脚架等提升设备；

（5）救援人员保护自身安全需要配备的正压式空气呼吸器或高压送风式呼吸器、安全带、安全绳以及安全帽等个体防护用品。

表5-2列举了基于作业环境分级条件下防护设备设施配置方案。

从所列设备清单可以看出，应急救援设备与作业中所使用的设备设施差异性不大，因此一旦进入事故状态，作业中所配防护设备设施只要符合应急救援设备设施配置要求，即可作为应急救援设备设施使用。此外，很多有限空间作业常常不止 1 个作业点，例如，常见的市政管线地下有限空间作业，常需要在沿线打开多个井盖进行作业，作业涉及面积较大。若在每 1 个作业点都设置应急救援设备，则将大大提高企业的成本投入，而且事故是一种特殊的、非正常状态，设置过多的应急救援设备也是一种资源的浪费。因此标准设定以作业点为中心的 400m 范围内配置应急救援设备设施，以保障事故状态下可以就近获得应急救援设备，同时在一定程度上避免资源浪费。

表 5-2 防护设备设施配置表

设备设施种类及配置要求		作业			应急救援
		评估检测为 1 级或 2 级，且准入检测为 2 级	评估检测为 1 级或 2 级，且准入检测为 3 级	评估检测和准入检测均为 3 级	
安全警示设施	配置状态	●	●	●	●
	配置要求	地下有限空间地面出入口周边应至少配置：1）1 套围挡设施；2）1 套安全标志、警示标识或 1 个具有双向警示功能的安全告知牌。	地下有限空间地面出入口周边应至少配置：1）1 套围挡设施；2）1 套安全标志、警示标识或 1 个具有双向警示功能的安全告知牌。	地下有限空间地面出入口周边应至少配置：1）1 套围挡设施；2）1 套安全标志、警示标识或 1 个具有双向警示功能的安全告知牌。	应至少配置 1 套围挡设施。
气体检测报警仪	配置状态	●	●	●	○
	配置要求	1）作业前，每个作业者进入有限空间的入口应配置 1 台泵吸式气体检测报警仪。2）作业中，每个作业面应至少有 1 名作业者配置 1 台泵吸式或扩散式气体检测报警仪，监护者应配置 1 台泵吸式气体检测报警仪。	1）作业前，每个作业者进入有限空间的入口应配置 1 台泵吸式气体检测报警仪。2）作业中，每个作业面应至少配置 1 台气体检测报警仪。	1）作业前，每个作业者进入有限空间的入口应配置 1 台泵吸式气体检测报警仪。2）作业中，每个作业面应至少配置 1 台气体检测报警仪。	宜配置 1 台泵吸式气体检测报警仪。
通风设备	配置状态	●	●	○	●
	配置要求	应至少配置 1 台强制送风设备。	应至少配置 1 台强制送风设备。	宜配置 1 台强制送风设备。	应至少配置 1 台强制送风设备。

续表 5-2

设备设施种类及配置要求		作业			应急救援
		评估检测为1级或2级，且准入检测为2级	评估检测为1级或2级，且准入检测为3级	评估检测和准入检测均为3级	
照明设备	配置状态	●	●	●	●
通讯设备	配置状态	○	○	○	●
三脚架	配置状态	○	○	○	●
	配置要求	每个有限空间出入口宜配置1套三脚架（含绞盘）。	每个有限空间出入口宜配置1套三脚架（含绞盘）。	每个有限空间出入口宜配置1套三脚架（含绞盘）。	每个有限空间救援出入口应配置1套三脚架（含绞盘）。
呼吸防护用品	配置状态	●	○	○	●
	配置要求	每名作业者应配置1套正压隔绝式呼吸器。	每名作业者宜配置1套正压隔绝式逃生呼吸器。	每名作业者宜配置1套正压隔绝式逃生呼吸器。	每名救援者应配置1套正压式空气呼吸器或高压送风式呼吸器。
安全带、安全绳	配置状态	●	●	○	●
	配置要求	每名作业者应配置1套全身式安全带、安全绳。	每名作业者应配置1套全身式安全带、安全绳。	每名作业者宜配置1套全身式安全带、安全绳。	每名救援者应配置1套全身式安全带、安全绳。
安全帽	配置状态	●	●	●	●
	配置要求	每名作业者应配置1个安全帽。	每名作业者应配置1个安全帽。	每名作业者应配置1个安全帽。	每名救援者应配置1个安全帽。

配置状态中●表示应配置；○表示宜配置。

本表所列防护设备设施的种类及数量是最低配置要求。
发生地下有限空间事故后，作业配置的防护设备设施符合应急救援设备设施配置要求时，可作为应急救援设备设施使用。

第六章
有限空间作业现场安全知识

第一节　有限空间作业操作程序

有限空间作业是一种带有较大危险性的作业，因此在作业过程中要强化管理，严格控制作业操作程序。下面我们着重讲述有限空间作业的工作程序。

一、作业准备

（一）制定作业方案

作业负责人应对作业环境进行危险有害因素辨识及作业风险评估，并根据作业风险和作业内容提出具体针对性的作业实施方案。

对有限空间进行危险有害因素的辨识，目的是为了找出所有可能会导致人员伤亡、疾病或财产损失的因素。辨识过程应全面考虑作业环境的位置、结构特点，环境中原本存在的和作业过程中所使用的物料、设备等带来的影响，分析是否存在燃爆、中毒、缺氧窒息、淹溺、高处坠落、极端温度、噪声、触电、机械伤害等风险。包括：

（1）有限空间是否存在因可燃性气体、蒸气、液体或粉尘发生火灾或爆炸而造成人员受到伤害的危险；

（2）有限空间是否存在因有毒有害气体、蒸气或缺氧而造成人员中毒或窒息的危险；

（3）有限空间是否存在因刺激性、腐蚀性化学品而造成人员受到伤害的危险；

（4）有限空间是否存在过深积水或作业中是否存在因任何液体水平位置的升高而造成人员淹溺的危险；

（5）有限空间是否存在因固体塌陷或结构坍塌而造成人员被吞没或掩埋的危险；

（6）有限空间是否存在因极端的温度、噪音、湿滑的作业面、带电、尖锐锋利的物体等物理危害而引起正在作业的人员受到伤害的危险。

根据风险评估的结果采取相应的控制措施，有效消除或降低风险，保证作业安全性。包括：

（1）从根源上消除危险的措施。例如，采取机械作业代替人员作业等。

（2）从根源上降低危险的措施。例如，设置屏障，将危险有害物质隔离到作业区域外；清除作业环境的有毒有害物质；通风等。

（3）减少人员暴露于危险环境的措施。例如，采用轮班，减少有限空间作业时间；使用合适、有效的个人防护用品等。

（4）危险警示的措施。例如，张贴警示标识等。

（二）确定作业人员

确保实施作业的相关人员接受过有限空间作业安全生产教育和培训合格，了解、掌握有限空间作业危险有害因素、应急预案及救护方法，熟练掌握本次作业操作方案，并确认作业相关人员已经经过防护设备和检测设备使用技能的培训。其中，监护者应持有效的地下有限空间作业特种作业操作证。此外，作业者身体状况良好，不酒后作业或带病作业。

（三）工具、用品准备与安全检查

根据作业需要，准备安全防护设备、个体防护用品和作业工具，关键设备要按照"安全冗余"的原则进行备份。当有限空间存在燃爆危害时，作业使用的设备和工具要符合防爆要求。作业人员应对作业设备、工具及防护器具进行安全检查，发现有安全问题应立即更换，严禁使用不合格设备、工具及防护器具。

二、作业审批

单位应建立作业审批制度，编制审批单（见表6-1），并按照制度要求履行审批程序。

开展有限空间作业前，负责有限空间作业的负责人需要向主管部门进行作业审批。通过作业审批环节，可以使有限空间作业安全管理部门或主管领导对制定的作业方案以及将采取的人力保障、安全防护措施等内容进行有效监督，在作业前及时调整不合格事项，这是从源头影响并可简介保障作业安全的一项重要措施。未经审批，任何人不可私自开展有限空间作业。

审批单一般需要一式多份，存档于不同相关部门。

对于承发包作业，作业审批环节不仅在作业单位（即承包商内部）进行，还应扩展到作业发包方（即有限空间的管理单位）进行延伸审批。承发包双方共同完成审批工作，其目的是为了使发包方知晓有限空间作业安排，在实施作业前以及作业过程中进行监督。而审批内容则由承发包单位双方协商确定，并体现在承发包作业安全生产管理协议中。

表6-1 地下有限空间作业审批表（样例）

编号		作业单位	
所属单位		设施名称	
主要危险 有害因素			
作业内容			
全体作业人员			

人员经过有限空间作业安全相关培训，监护者持有特种作业操作证，满足作业需要。□
安全防护设备设施齐备、安全有效，满足作业需要。□
单位负责人是否同意本次作业：同意□ 不同意□

　　　　　　　　单位负责人签名：　　　　____年____月____日____时____分

作业开工时间		____年____月____日____时____分	
序号	主要安全措施	确认安全措施符合要求 （签名）	
		作业者	监护者
1	进行气体检测，结果符合作业要求		
2	已采取消除及降低有毒有害气体浓度的措施		
3	通风排气情况良好		
4	照明设施良好		
5	通讯信号良好		
6	穿戴个人防护用品，性能良好		
7	有追踪作业过程中气体条件变化的手段		
8	配备有可用的应急救援设备设施		
9	其他补充措施：		

作业负责人授权作业□

　　　　　　　　作业负责人签名：　　　　____年____月____日____时____分

确认工作结束	作业负责人签名：　　　　____年____月____日____时____分

注：该审批表是进入有限空间作业的依据，不得涂改且要求审批部门存档时间至少一年。

三、封闭作业区域及安全警示

有限空间作业场所运营或管理单位、作业单位应使用路锥、施工隔离墩、路栏、安全带、防撞桶等设施，封闭作业区域。有限空间的出入口内外不得有障碍物，应保证其畅通无阻，便于人员出入和实施救援。

实施作业的有限空间进入点应附近张贴或悬挂安全告知牌（见图6-1），以及安全警示标识，并告知作业者存在的危险有害因素和防控措施，一方面引起作业相关人员的注意和重视，另一方面警示周围无关人员远离危险作业点。

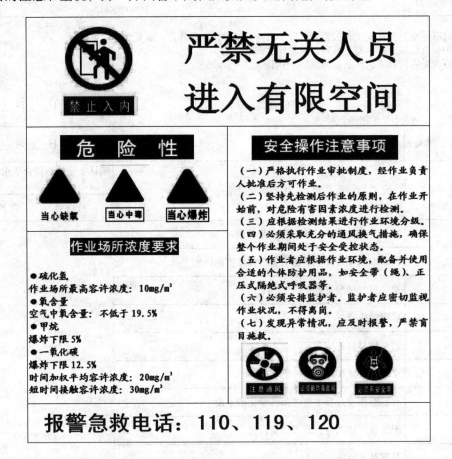

图 6-1 有限空间作业安全告知牌式样

注：告知牌仅供参考，各单位可结合有限空间作业场所实际情况和行业规范有关要求，自行设置警示内容。

同时，根据《北京市安全生产委员会办公室关于在有限空间作业现场设置信息公示牌的通知》（京安办发〔2012〕30号）的要求，作业单位在进行有限空间作业前，应在作业现场设置作业单位信息公示牌。信息公示牌应与警示标志一同放置现场外围醒目位置。信息公示牌内容包括：作业单位名称与注册地址，主要负责人姓名与联系方式，现场负责人姓名与联系方式，现场作业的主要内容。

此外，作业者应佩戴包含信息公示牌相关内容的工作证件，现场监护者应持有有限空间特种作业操作证上岗，并佩戴标有"有限空间作业现场监护"字样的袖标。

四、安全交底

作业单位应就作业方案对所有作业相关人员进行作业安全交底，明确作业具体任务、作业程序、作业分工、作业中可能存在的危险因素及应采取的防护措施等内容，交底清楚后要求交底人与被交底人双方签字确认，安全交底单要求存档备查。

有限空间承发包作业过程中，发包单位与承包单位要履行各自的安全交底职责。

五、设备安全检查

作业前，应对安全防护设备、个体防护装备、应急救援设备、作业设备和工具进行安全检查，发现问题应立即更换。

六、开启出入口

开启地下有限空间出入口前，应使用气体检测设备检测地下有限空间内是否存在可燃性气体、蒸气，存在爆炸危险的，开启时应采取相应的防爆措施。作业者应站在地下有限空间外上风侧开启出入口，进行自然通风。

七、安全隔离

在一些化工管道、反应系统、污水池、化粪池、集水井、发酵池等有限空间，与外界系统有管道连接，其有限范围不容易确定，且外界的危害因素随时可以通过管道进入作业区域，威胁作业者的生命安全。所以在施工作业前，需通过隔离的手段对有限空间的范围加以限定。

安全隔离，就是通过封闭、切断等措施，完全阻止有毒有害物质和能源（水、电、气）进入有限空间，将作业环境从整个有毒有害危险场所的环境中分隔出来，然后在有限的范围内采取安全防护措施，确保作业安全。

以下是一些对有限空间进行隔离的做法：

（1）封闭管路阀门，错开连接着的法兰，加装盲板，以截断危害性气体或蒸气可能进入作业区域的通路；

（2）采取封堵、截流等有效措施防止有害气体、尘埃或泥沙、水等其他自由扩散或流动的物质涌入有限空间；

（3）切断与有限空间作业无关或可能造成人员伤害的电源；

（4）将有限空间与一切必要的热源隔；

（5）设置必要的隔离区域或屏障；

（6）隔离设施上加装必要的警示标识，防止无关人员意外开启，造成隔离失效。

八、清除置换

在进入有限空间之前可采用有效措施，将有限空间内可能残留的有毒有害气体或可能释放出有毒有害气体的残留物、可能造成人员伤害的液体、固体清理出有限空间，消除污染源。如打开罐釜的人孔，自然排空残存的有毒有害气体；使用真空泵和软管将污泥或积水排走；使用机械通风设备置换有毒有害物质；从有限空间外使用气压清洗；倾斜存储罐或开启排放口将残留的液体、固体排走。这些准备工作应尽可能在有限空间外完成。

对于常见的有限空间内存有积水的情况，作业前应先使用抽水机抽干，抽水时必须使用绝缘性能良好的水泵，排气管应放在有限空间下风处，不得靠近有限空间出入口。燃油（气）动力设备应放置在有限空间外，若特殊条件下必须置于有限空间内运转，则应在此类设备停止工作后对有限空间进行通风换气，以防止有限空间内一氧化碳等有毒有害气体积聚。直至气体检测合格后，作业者方可进入。

针对部分有限空间，可采取清洗等措施，充分清除有限空间内危险有害物质，例如水蒸气清洁、惰性气体清洗和强制通风等，以消除或者控制所有存于有限空间内的危险有害因素。

1. 使用水蒸气净化应注意：

（1）适于有限空间内可溶于水蒸气的挥发性物质的清洁；

（2）清洁时，应保证有足够的时间彻底清除有限空间内的有害物质；

（3）清洁期间，为防止有限空间内产生危险气压，应给水蒸气和凝结物提供足够的排放口；

（4）清洁后，应充分通风，防止有限空间因散热和凝结而导致任何"真空"。在作业人员进入存在高温的有限空间前，应将该空间冷却至室温；

（5）清洗完毕，应尽可能排出或抽走有限空间内的剩余液体，并及时开启进出口以便通风；

（6）水蒸气清洁过的有限空间长时间搁置后，应再次进行水蒸气清洁；

（7）对腐蚀性物质或不易挥发物质，在使用水蒸气清洁之前，应用水或其他适合的溶剂或中和剂反复冲洗。

2. 化学惰性气体净化

（1）为防止有限空间含有易燃气体或易挥发液体在开启时形成爆炸性的混合物，可用化学惰性气体（如氮气或二氧化碳）清洗；

（2）用惰性气体清洗有限空间后，在作业者进入或接近前，应当再用新鲜空气通风，并持续检测有限空间的氧气含量，以保证作业者进入或接近时有限空间内有足够维持生命的氧气。

通过清除、清洗、置换等手段对作业范围内的有毒有害物质进行控制，可使有毒有害物质的浓度达到合格标准。但在有些有限空间无法施行上述措施，则必须采取其他安全防护措施对进入有限空间作业的作业者生命安全加以保护。

九、检测分析

气体检测分析是确保安全作业十分重要的手段。在进入有限空间前必须对作业环境的氧气含量、可能存在的易燃易爆和有毒有害气体含量进行检测分析，判断其是否达标，并对作业环境危险程度作出评估，从而为作业者采取正确的防护措施提供科学依据。因此，如何进行气体检测是从事有限空间作业必须掌握的技术。

《密闭空间作业职业危害防护规范》（GBZ/T 205–2007）、《地下有限空间安全技术规范第 2 部分：气体检测与通风》（DB 11/852.2–2013）中对检测内容、程序、检测点及检测方法等方面进行了规范。

1.检测程序

（1）检测氧气浓度。无论是缺氧还是富氧环境，对人员的生命安全与健康都是首要危险的。此外，可燃气体和有毒气体检测仪配备的传感器必须在一定的氧气浓度下才能正常工作，例如催化燃烧式传感器要求氧气浓度至少在 10% 以上的环境才能进行准确测量。因此，对有限空间环境进行检测，应首先检测氧气的浓度。

使用气体检测报警仪进行氧气检测时应注意，相对湿度过高会对许多仪器产生影响。因此，在潮湿环境中测试氧气，应保持探头朝下，若探头上有水滴形成，应迅速将其甩净。

（2）检测可燃气体。可燃气体具有的燃爆危险对有毒气体或蒸气来说，更为迅速和致命。进行可燃气体检测时应注意，一般有限空间空气中可燃性气体浓度应低于爆炸下限的 10%，若浓度达到或超过其爆炸下限的 20% 时，当进行有限空间的动火作业时，空气中可燃性气体浓度应低于爆炸下限的 1%。

（3）检测有毒气体。有毒气体的浓度，需低于《工作场所有害因素职业接触限值第 1 部分：化学有害因素》（GBZ 2.1–2007）所规定的浓度要求。

当一种气体具有有毒、燃爆双重性质时，应比较该物质引起危害发生所对应的浓度值，选择较低的值作为评估标准。以硫化氢为例，表 6–2 所示为使用可燃气检测报警仪检测硫化氢时，不同响应点硫化氢气体的浓度梯度所代表的意义。

表 6-2　硫化氢检测示例

%LEL	ppm	mg/m³	备注
100%	43000	61100	氧气充足的情况下，遇明火或高温物体会发生爆炸的最低浓度
10%	4300	6110	可燃气体检测报警器设定的缺省值
5%	2150	3055	
0.7%	300	430	立即威胁生命或健康的浓度（IDLH）
0.02%	7	10	最高允许浓度（MAC）

从上表可以看出，若使用可燃气体检测报警仪检测硫化氢，当检测结果为5%的LEL时，表明没有爆炸的危险，仪器并不会报警，但此时其浓度已达到3055mg/m³，已经超过最高允许浓度和立即威胁生命或健康的浓度，已对作业人员生命安全构成了极大的威胁。因此，硫化氢气体的评估标准是10mg/m³。

2. 检测点设置

检测过程中，必须正确选择检测位置，以确保全面评估整个有限空间的气体环境危害程度，否则可能因为某些区域或位置的漏测而未能发现存在的气体危害及其危害程度，导致作业过程发生意外。为了尽可能全面、真实地反映有限空间内气体环境，检测点设置位置应注意：

（1）有限空间出入口处，尤其在刚刚打开有限空间的时候，要首先检测此位置；

（2）在有限空间中输入管线进入处，一旦发生泄漏，会有有毒有害物质进入待作业的有限空间内，此处需检测；

（3）在作业者通过、停留的位置应重点检测；

（4）有限空间内的不同高度以及在气体/蒸气可能积累的位置，如图6-2。一般而言，对于竖向有限空间应在上、中、下不同高度设置检测点：上、下检测点，距离地下有限空间顶部和底部均不应超过1米，中间检测点均匀分布，检测点之间的距离不应超过8米；对于横向有限空间应在进口、中部、内部不同纵深设置检测点。并且从出入口处开始，按照由上至下、由近至远的顺序进行；

（5）监护检测点应设置在作业者的呼吸带高度，不应设置在通风机送风口处。

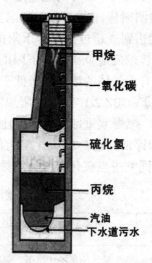

图6-2 下水道检修井不同气体积聚位置

3. 检测时机

有限空间气体检测应从作业前开始至作业结束，贯穿作业全过程。

（1）作业前检测

实施有限空间作业，应严格按照"先检测后作业"的原则，在作业开始前，对气体环境进行检测。

（2）作业中检测

作业过程中应对有限空间内气体进行持续检测，随时了解有限空间内的环境变化情况。

4. 作业前的气体检测

根据有限空间的特点，在人员进入前必须对环境进行气体检测，以判断环境内氧气、爆炸性气体和有毒有害气体的情况。

作业前检测最重要的原则就是在避免检测人员直接接触未知的、危险的环境的前提下，使检测结果尽可能准确反映有限空间内气体环境状况。为防止可能存在的可燃气体因碰撞产生火花而引致火灾爆炸，或有毒气体溢出伤害检测人员，应小心开启有限空间出入口盖板或门。

通常情况下，进入前检测往往不止进行一次，根据《地下有限空间作业安全技术规范第2部分：气体检测与通风》（DB 11/852.2-2013）的要求，作业前检测可以分为评估检测和准入检测。

评估检测的检测值是地下有限空间环境危险性分级和采取防护措施的依据。评估检测应注意：

（1）辨识出可能存在可燃性气体的有限空间，开启出入口前，使用泵吸式气体检测报警仪检测可燃性气体；

（2）开启有限空间出入口后，使用泵吸式气体检测报警仪对环境内不同位置可能存在的有毒有害气体成分进行检测；

（3）当有限空间内存在积水、积泥、积液、污物时，应先在有限空间外利用工具进行清除、清洗并将其导出，如果不能去除残留物质，应充分搅动，使其内部积存的气体充分释放后再进行检测；

（4）作业者工作面发生变化时，视为进入新的有限空间，应重新进行检测。

准入检测的检测值是作业者进入地下有限空间的准入和环境危险性再次分级的依据，准入检测应注意：

（1）评估检测结果已符合作业安全要求，即可视为准入检测结果；

（2）当检测结果超过一定的安全限值，即可燃性气体、蒸气浓度大于爆炸下限（LEL）的5%，或有毒有害气体、蒸气浓度大于 GBZ 2.1 规定限值的30%，甚至超过限值时，应对环境进行通风，并在通风后再次进行检测；

（3）若检测后作业者不能马上开始作业，则应在作业者进入有限空间实施操作前10分钟之内再次进行检测。

检测过程中，检测人员应尽量在有限空间外进行检测，若必须进入有限空间检测，则检测人员必须做好防护措施后才能进入。同时，每种气体在每个检测点上应连续读取3次，以检测数据的最高值作为评估依据。检测值超出气体检测报警仪测量范围，应立即使气体检测报警仪脱离检测环境，在空气洁净的环境中待气体检测报警仪指示回零后，方可进行下一次检测。气体检测报警仪发生故障报警，应立即停止检测。

所有检测结果必须真实地记录下来，检测记录上应包括以下信息：

（1）检测日期；

（2）检测地点；

（3）检测位置；

（4）检测方法和仪器；

（5）温度、气压；

（6）检测时间；

（7）检测位置、气体种类及检测结果；

（8）监护者或实际检测人员。

5. 作业过程中的实时检测

由于有限空间内部环境及作业的复杂性，即便对有限空间初始环境检测结果显示作业者可以安全进入，但为保证作业过程中的作业者安全，监护者或实际检测人员还必须对有限空间进行实时检测，直到作业者离开有限空间。实时检测主要有两种方式：

（1）监护检测——有限空间外实时检测

负责检测的人员（可以是监护者）将采气导管投掷到有限空间内相应位置，在有限空间外使用泵吸式气体检测报警仪进行检测，了解有限空间内有毒有害气体浓度变化情况。一旦有毒有害气体的浓度超过预设的报警值时，监护者可立即获知信息，通知作业者撤离。这种方法能够在最大程度上保证检测人员的安全。并且作业现场负责人可及时掌握作业环境中气体浓度变化，随时调整及完善作业方案，从而确保作业者安全。

监护检测点应设置在作业者的呼吸带高度范围，不应设置在通风机送风口处。监护检测应每15分钟至少记录一个瞬时值。

（2）个体检测——有限空间内实时检测

作业者携带气体检测报警仪进入有限空间，检测报警仪可随时监测作业者周边的气体浓度，一旦检测报警仪发出报警，作业者可迅速采取处置措施或撤离有限空间。这是一种非常直接的实时检测方式，可保障作业者第一时间掌握有限空间内气体变化情况。

有限空间作业过程中，应根据作业环境危险性及实际情况选择检测方式。在存在一定作业风险的2级作业环境中实施有限空间作业时，由于存在环境危险级别升高的风险，作业者面临的风险随之增高，因此，有必要同时采取有限空间内、外两种实时检测方式。通过共同实施检测的措施，保障处在有限空间内、外人员均能够在第一时间了解有限空间内气体环境变化，及时作出应变措施。而在3级作业环境中作业时，作业风险较低，可根据实际作业状况选择合适的实时检测方式。例如，有限空间作业面距出入口距离较近，监护者与作业者沟通方便，作业环境符合安全要求且有限空间内环境在作业过程中处于稳定状态时，可选择上述方法中的任意一种；当有限空间内障碍物较多，采气导管容易被划破，影响检测结果的准确性，或需要进行长距离作业，采气泵无法达到要求时，则应以有限空间内实时检测为主。

6. 结果的读取

大部分气体检测报警仪测得的气体浓度都是体积浓度（ppm）。而按我国相关限值规定，气体浓度多以质量浓度的单位（如：mg/m³）表示。因此，读取的数据需要经过换算后，才能对其超标情况进行判断。

体积浓度单位 ppm 与质量浓度单位 mg/m³ 的换算按下式计算：

硫化氢质量浓度（mg/m³）=34.08/22.4×9×[273/(273+27)]×(101325/101325)=12.5mg/m³≈13mg/m³（这一数值已经超过硫化氢最高容许浓度 10mg/m³ 的限值。）

上式中：

mg/m³——所求的气体质量浓度值；

M——气体分子量；

ppm——测定的气体体积浓度值；

T——温度；

Ba——压力。

例如：在忽略大气压力因素影响的情况下，环境温度为 27℃，气体检测报警仪测得污水井下硫化氢（分子量为 34.08）体积浓度为 9ppm，则经过上述公式计算得到：

7. 检测结果的判断

对检测结果的判断是指导下一步安全防护工作的重要依据。例如：

（1）检测结果显示，有限空间内氧气含量在 19.5%~23.5% 之间，且没有有毒有害气体，或有毒有害气体浓度未超过国家职业卫生标准规定限值的 30%，且没有易燃易爆气体，或易燃易爆气体浓度未超过 5%LEL，属于 3 级作业环境。作业者可携带紧急逃生呼吸器进入有限空间进行作业，在突发意外时提高自救成功几率。

（2）检测结果显示，有限空间内氧气含量在 19.5%~23.5% 之间，且有毒有害气体浓度处于国家职业卫生标准规定限值的 30%~100% 范围内，或易燃易爆气体浓度处于 5%~10%LEL 范围内，属于 2 级作业环境。作业者应穿戴正压式隔绝式呼吸防护用品，如送风式长管呼吸器。

（3）采取工程控制措施后，有毒有害气体仍处于超标状态、易燃易爆气体的浓度仍超过 10%LEL、或环境仍处于缺氧状态，属于 1 级作业环境。如无必要，不应实施作业。如果必须进行作业，则应按照抢险作业、应急救援等非常规作业形式实施作业，作业者必须选择高级别防护措施，包括：

①带入有限空间的所有设备均需满足防爆要求；

②全程的通风措施；

③佩戴配有辅助逃生设备的送风式长管呼吸器或正压式空气呼吸器等进行作业。

十、通风换气

通风换气是有效消除或降低有限空间内有毒有害气体浓度，提高氧含量，保证有限空间作业安全的重要措施。无论气体检测合格与否，对有限空间作业场所进行通风换气都是必须做到的。尤其当出现有限空间环境中可能发生有毒有害气体突然涌出，或作业中产生有毒有害物质，以及大量消耗氧气等情况时，更应加强通风换气。

（1）在确定有限空间范围后，应首先打开有限空间的门、窗、通风口、出入口、人孔、盖板等进行自然通风。有限空间的许多场所处于低洼处或密闭环境，仅靠自然通风很难有效置换有毒有害气体，此时必须进行强制性机械通风，以迅速排除限定范围有限空间内有毒有害气体；

（2）在使用风机强制通风时，必须确认有限空间是否属于易燃易爆环境中，若检测结果显示属于易燃易爆环境中，则必须使用防爆型通风机，否则，易发生火灾爆炸事故；

（3）通风时应考虑足够的通风量或通风时间，有效降低有限空间内有毒有害气体浓度，满足安全呼吸要求；

（4）在进行通风换气时，应采取合理、有效的措施减少或消除通风死角，如图6-3。无论有限空间仅有一个出入口，还是有多个出入口，将风机放置在出入口处都是不合适的。因为，这种通风方式往往仅在有限空间出入口附近，或几个出入口之间形成空气循环，而对于有限空间底部（远离出入口的地方）积聚的有毒有害气体往往不能被有效置换，通风效果不佳。应在风机风口处接一段通风软管直接放在有限空间下部进行通风换气，加强新鲜空气在整个有限空间内的流动。对一些有限空间中因设计原因或自身设备遮挡后形成的"死角"，可以设置挡板或改变吹风方向；

（5）即使检测合格，在有限空间作业过程中，工作环境气体浓度也有可能发生变化，甚至出现有毒有害气体浓度超标或突然缺氧的情况，例如，作业中搅动、清理有限空间内污泥、积水、杂物等时，被包裹或溶于其中的有毒有害物质会自然释放出来，又如涂刷、切割等作业中一些有毒有害物质会持续产生并积聚。因此在作业期间，应保持作业面上有持续新风输送；

（6）通风换气时要注意确保空气源新鲜。风机应避免选择放置在启动中的机动车排气管附近、发电机旁等可能释放出有毒有害气体的地方。在有限空间外没有其他污染源的情况下，使用送风设备时，风机应尽量放置在有限空间上风向；使用排风设备时，风机应放置在有限空间下风向；

（7）禁止使用纯氧进行通风，即使它可以达到快速提高氧含量的目的，但同时也提高了发生燃爆事故或氧中毒的几率。

基于分级标准，在不同环境级别下的有限空间内实施作业，需采取的通风方式有所不同：

（1）当评估检测结果为非3级时，有毒有害气体浓度大于GBZ 2.1规定限值的30%，可燃气体浓度大于爆炸下限的5%，有毒有害、易燃易爆气体浓度可能发生超标的风险几率较大，此时应通过机械通风降低危害气体浓度；

（2）当评估检测结果为非3级且准入检测结果为3级，以及准入检测结果为2级时，说明作业环境仍然存在一定风险，为保障作业者安全，作业全过程均应使用机械通风设备持续通风；

（3）当评估／准入检测结果为 3 级时，有限空间内不存在有毒有害、易燃易爆气体，或其浓度很低，作业风险相对较低，在作业过程中可不使用机械通风机强制通风，但至少应保持自然通风。

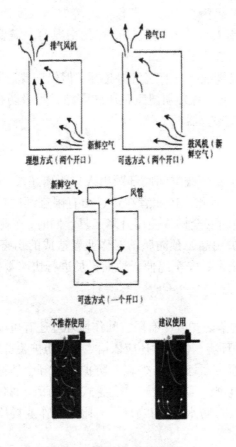

图 6-3 通风方式示例

十一、个体防护

1. 呼吸防护

有限空间中存在的有毒有害气体主要是通过呼吸道进入人体，对作业者造成伤害，因此呼吸防护措施对于有限空间作业者尤为重要。在采取清除、净化、通风等工程控制措施后，仍然无法消除或降低有毒有害气体浓度，或者作业过程中可能持续产生有毒有害气体，或者作业过程中出现有毒有害气体浓度可能突然升高，则作业者进入有限空间前应佩戴合适的呼吸防护用品。在选择、使用呼吸防护用品时会存在两个疑问：

（1）是否进入任何一个有限空间都需要使用防护用品；

（2）是否选用同一样式的呼吸防护用品。

基于分级标准，我们可以给出一个相对明确的答案：

（1）当准入检测结果为 3 级时，即初始环境气体检测数据合格，并且在作业过程中各项气体、蒸气和气溶胶的浓度值保持稳定的，进入有限空间作业可不佩戴呼吸防护用品，但建议携带紧急逃生呼吸器以备不时之需；

（2）当准入检测结果为 2 级时，即作业环境气体浓度接近"有害环境"，或者作业过程中可能发生缺氧及有毒有害气体涌出的情况时，需要佩戴正压式隔绝式呼吸防护用品，例如送风式长管呼吸器；

（3）有限空间内缺氧或有毒有害气体超标，但仍需要进入有限空间作业时（如抢险作业或救援作业），作业者必须佩戴正压式隔绝式呼吸防护用品，如高压送风式长管呼吸器或正压式空气呼吸器。

2. 坠落防护

许多有限空间的作业面或空间底部距出入口距离超过 2m，造成人员进入有限空间时易发生坠落危险。因此，作业者在进、出有限空间时应蹬稳踏步，若无踏步或踏步损坏严重，则应使用安全梯或使用升降工具。同时，作业者应穿戴全身式安全带、安全绳、安全帽等防护用品，预防坠落对作业者造成的伤害。此外，一旦发生事故，作业者佩戴全身式安全带、安全绳便于地面人员进行快速救援。

3. 其他防护

除了呼吸防护和坠落防护外，有限空间作业环境还有可能存在高温、噪声、触电、湿滑地面、涉水等各种环境，作业者还应依据《个体防护装备选用规范》（GB/T 11651），穿着相应的防护服、防护手套、防护鞋、防护眼镜等个体防护用品，例如：易燃易爆环境，应穿戴防静电服、防静电鞋，全身式安全带金属件应经过防爆处理；涉水作业环境，应穿戴防水服、防水胶鞋；当地下有限空间作业场所噪声大于 85dB（A）时，应佩戴耳塞或耳罩等。

十二、安全作业

1. 有限空间内普遍比较黑暗，需要使用照明工具提高工作环境照度（亮度），以保障作业人员顺利完成作业工作。

常见的照明工具有防爆型头灯、工作灯和应急灯。对于这些手持照明工具，应优先选择电压不大于 24V 的手持照明设备；在积水、结露的地下有限空间作业，手持照明电压应不大于 12V。超过安全电压的，应采取有效的漏电保护及绝缘措施。

同时，选择照明工具应符合以下要求：

（1）正常湿度（相对湿度 ≤ 75%）的一般场所，可选用普通开启式照明工具；

（2）潮湿或特别潮湿（相对湿度 > 75%）的场所，属于触电危险场所，必须选用密闭型防水照明工具或配有防水头灯的开启式照明工具；

（3）含有大量尘埃但无爆炸和火灾危险的场所，属于触电一般场所，必须选用防尘型照明工具，以防尘埃影响照明工具安全发光；

（4）含有大量尘埃且有爆炸和火灾危险的场所，亦属于触电危险场所，应根据《爆炸危险环境电力装置设计规范》（GB 50058），按危险场所等级选用防爆型照明工具；

（5）存在较强振动的场所，必须选用防振型照明工具；

（6）有酸碱等强腐蚀介质场所，必须选用耐酸碱型照明工具。

2.禁止在有限空间内使用燃油发电机，防止作业者缺氧或有毒有害气体中毒。同时，有限空间地上进出口附近使用燃油发电机等设备时，应放置在下风侧，与进出口保持一定距离，防止废气进入有限空间内。

3.作业者进出有限空间时，应蹬稳踏牢踏步和安全爬梯，严禁随意蹬踩管线、电缆、电缆托（支、吊）架、托板、槽盒等附属设备。

4.上下传递工具时，工具使用安全绳索拴系牢，不得抛扔工具。

5.操作电气设备时，要佩戴好绝缘手套、穿着绝缘鞋等防护用品。

十三、安全监护

由于有限空间作业的情况复杂，危险性大，必须指派经过培训合格、持有效的有限空间特种作业操作证的专业人员担任监护工作，并且在不同作业不同阶段履行相应的职责。

1.作业前

（1）监护者应熟悉作业区域的环境和工艺情况，具备判断和处理异常情况的能力，掌握急救知识。

（2）作业者进入有限空间前，监护者应对采用的安全防护措施有效性进行检查，确认作业者个人防护用品选用正确、有效。当发现安全防护措施落实不到位时，有权禁止作业者进入有限空间。

2.作业期间

（1）监护者应防止无关人员进入作业区域。

（2）跟踪作业者作业过程，掌握检测数据，适时与作业者进行有效的作业、报警、撤离等信息沟通。

（3）发生紧急情况时向作业者发出撤离警告，出现作业者中毒、缺氧窒息等紧急情况，应立即启动应急预案。在具备救援条件的情况下积极实施紧急救援工作，必要时立即寻求社会专业的救援队伍，禁止盲目施救行为。

（4）监护者对作业全过程进行监护，工作期间严禁擅离职守。

十四、作业后清理

当完成有限空间作业后，应在监护者确认进入有限空间的作业者全部退出作业场所，清点人数无误，物资、工具无遗漏后，方可关闭有限空间盖板、人孔、洞口等出入口，然后清理有限空间外部作业环境。上述环节工作完成之后方可撤离现场。

有限空间作业程序见图 6-4。作业过程中使用到的相关安全防护设备、器材，要求关键环节必须采取冗余设计；作业过程中安全防护措施优先采用通风、隔离等工程手段，个人防护用品的使用作为补充措施，从而确保每个作业环节安全顺利进行。

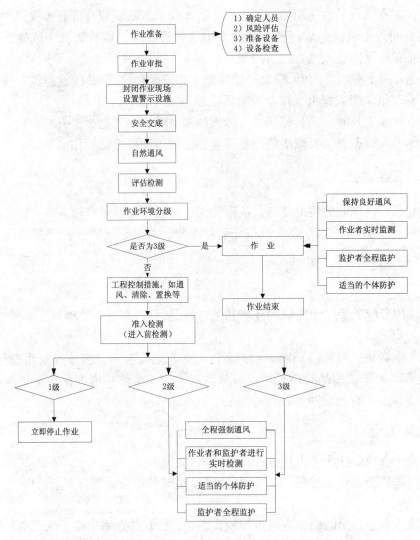

图 6-4 有限空间作业程序

第二节 不同有限空间作业安全注意事项

一、污水井、化粪池

近年来，随着排水管网养护管理科技手段的不断进步，部分管道检查、维护等作业可以实现采用手持式电视检查设备（QUICKVIEWXR）如图6-5，车载式闭路电视检查设备如图6-6，冲洗车、管道联合疏通车如图6-7等机械设备开展作业，但是由于许多区域排水管道内部结构复杂、机械手段存在局限性等原因，有限空间作业还不能完全采用机械手段代替人工作业。排水管道的调查、养护等工作仍然离不开人工作业。

图6-5 手持式电视检查设备图　　　6-6 车载式闭路电视检查设备

图6-7 管道联合疏通车

在进入污水井、排水管道、积水井、化粪池等地下有限空间从事施工、检查或养护等作业时，相关人员应遵守以下程序：

（1）认真填写《有限空间作业审批表》，经批准后方可实施作业。

（2）作业前应查清作业区域内管径、井深、水深及附近管道的情况。

（3）下井作业前，必须在井周围设置明显隔离区域，夜间应加设闪烁警示灯。若在城市交通主干道上作业占用一个车道时，应按《占道作业交通安全设施设置技术要求》（DB 11/854-2012）在来车方向设置安全标志，并派专人指挥交通，夜间工作人员必须穿戴反光标志服装。

（4）作业前由作业负责人明确作业相关人员各自任务，并根据工作任务进行安全交底，交底内容应具有针对性。新参加工作的人员、实习人员和临时参加作业的人员可随同参加工作，但不得分配单独作业的任务。

（5）作业人员应采用风机强制通风或自然通风，机械通风应按管道内平均风速不小于 0.8m/s 选择通风设备，自然通风时间至少 30min 以上，作业过程中持续通风。

（6）下井前进行气体检测时，应先搅动作业井内泥水，使气体充分释放出来，以测定井内气体实际浓度。井下的空气含氧量应不得低于 19.5%，有毒有害物质含量应低于我国职业卫生标准规定的限值。常见有毒有害物质职业接触限值见表 6-3。

表 6-3　常见有毒有害物质职业接触限值

气体名称	相对密度（取空气相对密度为 1）	最高容许浓度（mg/m³）	时间加权平均容许浓度（mg/m³）	短时间接触容许浓度（mg/m³）	说明
硫化氢	1.19	10	——	——	
一氧化碳	0.97		20	30	非高原
氰化氢	0.94	1	——	——	
溶剂汽油	3~4		300		
一氧化氮	2.49		15		
苯	2.71		6	10	

（7）如气体检测仪出现报警，则需要延长通风时间，直至检测合格后方可下井作业。若因工作需要或紧急情况必须立即下井作业时，必须经单位领导批准后佩戴正压式空气呼吸器或长管式呼吸器下井。

（8）作业者必须穿戴好劳动防护用品，并检查所使用的仪器、工具是否正常。

（9）下井前必须检查踏步是否牢固。当踏步腐蚀严重、损坏时，作业者应使用安全梯或三脚架下井。下井作业期间，作业者必须系好安全带、安全绳（或三脚架缆绳），安全绳（或三脚架缆绳）的另一端在井外固定，如图 6-8、6-9。监护者做好监护工作，工作期间严禁擅离职守，如图 6-10。

图 6-8 三脚架图　　　　6-9　安全绳滑轮组合

图 6-10 下井作业升降示范

（10）下井作业者禁止携带手机等非防爆类电子产品或打火机等火源，必须携带防爆照明、通讯设备，如图 6-11。可燃气超标时，严禁使用非防爆相机拍照。作业现场严禁吸烟，未经许可严禁动用明火。

图 6-11 防爆设备、器材

（11）应设置专人呼应和监护。作业者进入管道内部时携带防爆通讯设备，随时与监护者保持沟通，若信号中断必须立即返回地面。

（12）对于污水管道、合流管道和化粪池等地下有限空间，作业者进入时，必须穿戴供压缩空气的正压式呼吸防护用品，严禁使用过滤式防毒面具；对于缺氧或所含有毒有害气体浓度超过容许值的雨水管道，作业者也应穿戴供压缩空气的正压式防护用品进入。

（13）佩戴隔离式防护用品下井作业时，呼吸器必须有用有备，无备用呼吸器严禁下井作业。作业者须随时掌握呼吸器气压值，判断作业时间和行进距离，保证预留足够的空气返回；作业者听到空气呼吸器的报警音后，必须立即撤离。如图 6-12、6-13。

图 6-12 正压式长管空气呼吸器气瓶组合

图 6-13 佩戴正压式呼吸器防护面罩下井示范

（14）对作业者需要进入到管内进行检查、维护作业的管道，其管径不得小于 0.8m，水流流速不得大于 0.5m/s，水深不得大于 0.5m，充满度不得大于 50%，否则，作业者应采取封堵、导流等措施降低作业面水位，符合条件时方可进入管道。封堵一般使用盲板或充气管塞封堵。排水管道封堵时，应先封堵上游管口，采取水泵导流，再封堵下游管口，防止水流倒流，从而为开展有限空间作业限定安全的作业操作环境；拆除封堵时，应先拆除下游管堵，再拆除上游管堵。使用盲板封堵时，要求盲板必须完好，不得有沙眼和裂缝，且盲板强度能足够承受排水管道内水流的压力；使用充气管塞封堵时，要求封堵前将放置管塞的管段清理干净，防止管段内突起尖锐物体刺破或擦坏管塞，管塞充气压力不得超过最大试验压力。如图 6-14、6-15。

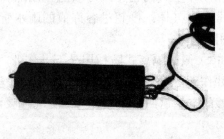

图 6-14 充气管塞图　　　　6-15 空气压缩机充气操作

（15）作业过程中，必须有不少于两人在井上监护，并随时与井下作业者保持联络。监护检测必须在作业全过程连续进行，一旦出现报警，应提示作业者立即撤离。监护期间监护者严禁擅离职守，严禁任何人员独自一人进入有限空间作业。

（16）上下传递作业工具和提升杂物时，应用绳索系牢，严禁抛扔，同时下方作业者应躲避，防止坠物伤人。

（17）井内水泵运行时严禁人员下井，防止触电。

（18）作业者每次进入井下连续作业时间不得超过一小时。

（19）当发现潜在危险因素时，现场负责人必须立即停止作业，让作业者迅速撤离现场。

（20）作业现场应配备必备的应急装备、器具，以便在非常情况下抢救作业者。

（21）发生事故时，严格执行相关应急预案，严禁盲目施救，防止导致事故扩大。

（22）作业完成后盖好井盖，清理好现场后方可离开。

二、其他地下有限空间

随着城市发展速度的不断加快，市政管线涉及的地下有限空间数量越来越多，除污水井、化粪池外，包括燃气、热力、电力、通信、广电、给水设施在内的市政地下有限空间作业安全问题同样要引起高度重视。

从存在的主要危险有害因素分析，燃气、热力、电力、通信、广电、给水的闸井、阀井、小室、管沟、隧道、人（手）孔等地下有限空间既有共性也有特性。例如，上述地下有限空间最主要的危险有害因素为缺氧窒息，而燃气设施涉及的地下有限空间还存在燃爆危险，热力设施涉及的地下有限空间还存在高温烫伤危险等。

因此，为预防和控制进入此类地下有限空间作业的风险，防止因中毒、窒息、高温灼伤、火灾爆炸等事故发生，切实保护作业人员的生命安全，规范作业行为，要求作业者进入此类地下有限空间作业时，要严格遵守操作规程，针对各自存在的危害特点实施安全防护工作。

1. 燃气有限空间作业

燃气管道泄漏或误操作可能导致有限空间内积聚天然气，容易引发缺氧窒息和燃爆事故，因此在燃气井、小室、管线内作业时要特别注意：

（1）打开燃气井盖前应检测可燃气体浓度，存在可燃性气体时，应采取相应的防爆措施。

（2）进入燃气井、小室、管线作业必须使用防爆设备和工具，作业者应穿着防静电服装、防静电鞋。

（3）作业负责人应根据作业现场情况，轮换作业者进行作业或休息。

2. 热力有限空间作业

地下供热管线中流动有高温的水或蒸汽，热力管沟及小室作为承载热力管线的主要设施和附属构筑物，内部多属于高温、高湿、自然通风不良的环境，存在窒息、中暑、灼烫、高处坠落等风险，作业环境十分恶劣。此外，在冬季（集中供暖季）时作业，热力有限空间内环境温度、湿度与外界环境温度、湿度存在非常大的差异，这造成了作业人员从地面进入检查室或管沟内作业，完成后出离有限空间回到地面的这一过程中，在两个相对极端的环境间进行无过渡性的变换，对劳动者可能造成一定的健康损害。例如，作业人员易患感冒、关节炎等疾病。因此，从事地下热力管网有限空间作业的人员不得有以下职业禁忌证：

（1）未控制的高血压。

（2）慢性肾炎。

（3）未控制的甲状腺功能亢进症。

（4）未控制的糖尿病。

（5）全身瘢痕面积 ≥ 20% 以上（工伤标准的八级）。

（6）癫痫。

有上述职业禁忌证的人员从事热力管网有限空间作业，在面临同样的危险有害因素时，抗危害能力更弱，发生生产安全事故和职业伤害的风险性更高。

针对热力有限空间存在的危险有害因素，特别是高温高湿危害，北京市制定了地方标准《供热管线有限空间高温高湿作业安全技术规程》（DB 11/1135–2014），从事地下热力管网作业时应特别注意：

（1）若作业环境复杂，存有污水、废水及异常气味时，应委托具有检测能力的单位进行检测，并制定专项作业方案。

（2）当小室内存在积水，且水位深度超过集水坑或在未设集水坑的情况下大于150 mm 时，应采取抽水操作。

（3）无论是作业前还是作业过程中，都应使用强制通风降低作业环境危害，对多次检测不合格的检查室应在井口内壁设置"缺氧危险""强制通风"的警示牌。

（4）热力管网内作业温度至少下降到 40℃ 以下，作业者方可进入作业，在作业时间方面应符合：

①在不同工作地点温度、不同劳动强度条件下允许持续接触热时间不宜超过表6–3 的要求；

②持续接触热后必须休息，时间不得少于 15 min，休息时应脱离高温作业环境；

③凡高温作业工作地点空气湿度大于 75%，空气湿度每增加 10%，允许持续接触热时间相应降低一个档次，即采用高于工作地点温度 2℃ 的时间限值。

表 6–4　高温作业循序持续接触热时间限值

工作地点温度 /℃	轻劳动 /min	中等劳动 /min	重劳动 /min
> 34	60	50	40
> 36	50	40	30
> 38	40	30	20
注：轻劳动、中等劳动、重劳动的分级参见《高温作业分级》（GB/T 4200–2008）的相关规定			

（5）对于管沟作业，单程长度不应大于 200 m，作业者应穿戴防护头盔、防烫衣裤、防烫鞋和防烫手套，并应携带对讲机及照明设备等辅助工具进入作业，在管沟两端沟口处应派监护者并与作业者保持联络。进入管沟时，作业者之间应保持 5 m~10 m 间距，最先进入管沟内的作业者应对温度和气体等环境因素进行实时监测。此外，对于管沟作业，由于作业距离长，一般的个体防护用品很难达到要求，因此，建议尽量保证在 3 级作业条件下实施作业。

（6）冬季作业还要准备必要的防寒服装。

（7）在进行热水管道注水、降压、泄水作业，以及蒸汽管道送汽、排汽作业时，要特别注意作业前、作业过程中管道内热水和蒸汽的压力的变化，防止因压力的突然升高或降低导致热水、蒸汽逸出对作业者造成伤害。

3. 电力有限空间作业

为防止在电力井、电力隧道等地下有限空间作业时发生窒息、触电、中毒等事故，作业时应注意：

（1）在下水道、煤气管线、潮湿地、垃圾堆或有腐蚀物等附近挖坑时，应设监护人。

（2）变电站、开闭站、配电室、沟道进行电缆工作时，应事先与运行单位取得联系，并不得动无关的设备。

（3）电缆隧道应有充足的照明，并有防火、防水、通风的措施。电缆井内工作时，禁止只打开一只井盖（单眼井除外）。

（4）在通风条件不良的电缆隧（沟）道内进行长距离巡视或维护时，工作人员应携带便携式有害气体测试仪及自救呼吸器。

（5）进入使用六氟化硫作为绝缘气的配电装置低位区或电缆沟进行工作，应先检测氧气含量（不得低于 19.5%）和六氟化硫气体含量是否合格。

（6）主控制室与使用六氟化硫作为绝缘气的配电装置室之间要采取气密性隔离措施。使用六氟化硫作为绝缘气的配电装置室与其下方电缆层、电缆隧道相通的孔洞都应封堵。使用六氟化硫作为绝缘气的配电装置室及下方电缆层隧道的门上，应设置“注意通风”的标志。

（7）每次工作时间不宜过长，应由作业负责人视现场情况安排轮换作业或休息。

4. 通信/广电有限空间作业

（1）人（手）孔内有积水时，必须使用绝缘性能良好的水泵先抽干积水后再作业。遇有长流水的人(手)孔，应定时抽水。在使用发电机时，发电机排气管不得靠近人(手)孔口，应放在人（手）孔出入口下风口方向。

（2）严禁在人（手）孔内预热、点燃喷灯。使用中的喷灯不可直接对人。环境应保持通风良好，并进行持续检测。

（3）在人（手）孔内需要照明时，必须使用行灯或带有空气开关的防爆灯。

（4）上、下人孔时必须使用梯子，放置牢固，严禁把梯子搭在孔内线缆上，严禁作业者蹬踏线缆或线缆托架。

（5）人（手）孔内工作时，必须两人及以上才能下井作业。

第三节　有限空间内实施的危险作业

一、涂装作业

在有限空间内实施防水施工、涂刷防腐材料等涂装作业是一类常见的作业形式。由于涂装作业中所使用的涂料会挥发出有毒有害、可燃性气体，容易引发有限空间中毒、燃爆等危险。作业过程中应注意：

（1）在有限空间内实施防水施工、涂刷防腐材料等涂装作业时，无论是否存在可燃性气体或粉尘，严禁携带能产生烟气、明火、电火花的器具或火种进入设备内，或将火种或可燃物落入有限空间内。

（2）在有限空间进行涂装作业时，应避免各物体间的相互摩擦、撞击、剥离。

（3）涂装作业完毕后，剩余的涂料、溶剂等物，必须全部清理出有限空间，并存放到指定的安全地点。

（4）涂装作业完毕后，必须继续通风并至少保持到涂层实干后方可停止。

二、动火作业

动火作业是指生产过程中直接或间接产生明火或爆炸的作业，包括：

（1）使用焊接、切割工具进行焊接、切割、加热烘烤作业。

（2）利用金属进行的打磨作业。

（3）利用明火进行的作业。

（4）使用红外线及其他产生热源能导致易燃易爆物品、有毒有害物质产生化学变化的。

（5）使用遇水或空气中的水蒸气产生爆炸的固体物质的作业。

有限空间中常见的动火作业有电焊、气焊/割、打磨、加热烘烤作业等。进行动火作业时应从管理、人员、设备、环境等几方面进行安全控制，包括：

（1）实施动火作业时，除需要有限空间作业审批许可外，还需要动火证。

（2）作业采取轮换工作制，且场外必须有人监护。监护人员应在作业前检查作业现场、作业设备、工具的安全性，检测可燃气体的含量等，并对作业全过程实施监护。遇紧急情况时，应迅速发出呼救信号。

（3）在所有有限空间内部不容许残留可燃物质，且有限空间内可燃气体浓度应符合规定，方可作业。

（4）在有限空间内或邻近处进行涂装作业和动火作业时，一般先进行动火作业，后进行涂装作业，严禁同时进行两种作业。

（5）工作前应注意检查气体管路是否漏气。在焊接、切割操作间隙时应注意切断气源，并把焊、割炬放在空气流通较好的地方，以免焊炬泄漏出乙炔形成易燃易爆混合气，导致燃烧爆炸事故发生。焊接施工前后均应对作业现场及周围环境进行认真检查，确认没有可能引起火灾、爆炸隐患后，方可进行作业。

（6）带进有限空间的用于气割、焊接作业的氧气管、乙炔管、割炬（割刀）及焊枪等物品必须随作业人员离开而带出有限空间，不允许留在有限空间内。

（7）在已涂覆底漆（含车间底漆）的工作面上进行动火作业时，必须保持足够通风，随时排除有害物质。

（8）在有限空间内施焊，由于通风不良，焊工更易受金属烟尘、有毒气体、高频电磁场、射线、电弧辐射和噪声等危害。因此工作时必须有进出风口，口外设置通风设备，两人轮流施焊，必要时采用个人防护措施，如佩戴防尘口罩、通风帽和使用经过处理的压缩空气供气。对噪声的防护可采用护耳器、隔音耳罩或隔音耳塞。

（9）在仅有顶部出入口的有限空间进行热工作业的人员，除佩戴个人防护用品外，还必须腰系救生索，以便在必要时由外部监护者拉出。

三、带电作业

有限空间内还有一类危险作业形式就是带电作业。由于有限空间常常湿度较大，在使用焊机、切割机等电气设备，或使用打磨机等手持电动工具进行作业时容易发生触电危险。例如，在电焊操作中更换焊条时要直接接触电极，而各种焊机的空载电压均超过了安全电压，如果电气装置有问题或操作者违反安全操作规程，就有可能发生触电事故。尤其是在容器管道内的操作，四周都是金属导体，触电的危险性更大。因此，有限空间内实施带电作业需要加强触电保护措施。

四、焊接作业

在有限空间内实施焊接作业，需要特别注意：

（1）使用符合安全要求的焊接设备，不允许采用简单无绝缘外壳的焊钳。

（2）要在作业点设置监护者，随时注意焊工的安全动态，发现危险征兆，立即切断电源，进行抢救。

（3）使用的手持照明灯应采用12伏安全电压，导线应完好无损，灯具开头不漏电，灯泡应有金属网防护。

（4）进行焊接作业的人员应戴绝缘手套（或附加绝缘层），并且所戴手套要经耐5000伏试验合格后方能使用。

在有限空间内使用手持式电动工具，需要特别注意：

（1）一般场所（空气湿度小于75%）可选用Ⅰ类或Ⅱ类手持式电动工具。

①金属外壳与PE线的连接点不应少于两处。

②漏电保护应符合潮湿场所对漏电保护的要求。

（2）在潮湿场所或技术构架上操作时，必须选用Ⅱ类或由安全隔离变压器供电的Ⅲ类手持式电动工具。严禁使用Ⅰ类手持式电动工具。使用金属外壳Ⅱ类手持式电动工具时，其金属外壳可与 PE 线相连接，并设漏电保护。

（3）狭窄场所（锅炉、金属容器、地沟、管道内等）作业时，必须选用由安全隔离变压器供电的Ⅲ类手持式电动工具。

（4）除一般场所外，在潮湿场所、金属构架上及狭窄场所使用Ⅱ、Ⅲ类手持式电动工具时，其开关箱和控制箱应设在作业场所以外，并有人监护。

（5）手持式电动工具的负荷线应采用耐候型橡胶护套铜芯软电缆，并且不得有接头。

第七章
有限空间作业安全防护设备

第一节 气体检测设备

有限空间内部环境复杂，其中气体构成不确定性强，有时气体浓度变化迅速。作业人员进入有限空间前，应首先对有限空间内的气体进行检测，以判断其气体环境是否适合进入；作业过程中，还应对有限空间内气体环境实时监测，及时了解各种气体浓度的变化，及时调整防护措施，以确保作业者安全。

测定空气中有毒有害气体水平，有实验室检测方法和现场快速检测方法两种。有限空间作业多为非常规作业，作业时间不定，持续时间不长，且作业过程中要求连续监测，因此多采用现场快速检测方法检测有限空间内气体组分的浓度水平。

一、便携式气体检测报警仪

气体检测报警仪可用于工作场所空气中各类气体浓度或含量的检测和报警。仪器由探测器和报警控制器组成。当气体含量达到预先设置的报警条件时，仪器可发出声光报警信号。常用的有固定式、移动式和便携式气体检测报警仪。便携式气体检测报警仪体积小、质量轻，携带便利，检测结果较为可靠，并可实现连续监测，实时显示检测结果，在气体浓度达到设定报警值时还可发出声光报警信号，警示相关人员，有些气体检测报警仪还可一次同时测定多种气体组分，为评估有限空间环境气体危害情况提供了极大的便利。便携式气体检测报警仪是有限空间作业气体检测设备的首选。

（一）组成

便携式气体检测报警仪一般由外壳、电源、采样器、气体传感器、电子线路、显示屏、报警显示器、计算机接口、必要的附件和配件组成。如图 7-1。

图 7-1 便携式气体检测报警仪

1. 外壳

便携式气体检测报警仪的外壳除了保证安全防爆、防火和防水等基本要求外，还要求防止跌落、碰撞等物理因素对仪器的损坏。

2. 电源

目前大部分便携式仪器既可以使用充电电池，也可以使用碱性电池对仪器进行供电。各类锂电池，特别是充电式锂离子电池已经是各类便携式仪器首选的电源，它具有持续时间长、寿命长、可多次充电等特点。对于电化学传感器，由于其耗电量极低，干电池更为合适。

3. 气体传感器

气体传感器是便携式气体检测报警仪的核心部件，是决定一台仪器性能好坏的重要指标之一。它是一种将被测的物理量或化学量转换成与之有确定对应关系的电量输出的装置。目前，市场上普遍使用的传感器包括半导体型、催化燃烧型、电化学型、离子化检测型、热导型、红外线吸收型和顺磁型等。

4. 电子线路

电子线路位于仪器内部，关系到仪器的性能和功能的优劣。

5. 显示屏

显示屏通常会显示电量、各传感器状态、检测的物质、检测结果以及仪器的故障情况等信息，是了解仪器是否能够正常使用和测定的有毒有害气体浓度的直接窗口。

6. 报警显示器

当检测仪检测的气体浓度或含量超过预设报警值时，检测仪会发出声音闪光警示信号。

7. 计算机接口

一些检测报警仪设置有计算机接口，可利用该接口将检测仪器检测到的数据传输到计算机进行存储、分析和共享。

8. 必要的附件和配件

包括充电电池的充电器、保护套、携带夹、过滤器、中外文操作手册和快速操作指南等。

（二）工作原理

被测气体以扩散或泵吸的方式进入检测报警仪内，与传感器接触后发生物理、化学反应，产生电压、电流与温度等信号，将信号转换成与被测气体浓度有确定对应关系的电量输出，经放大、转换和处理后，在显示屏以数字形式显示其浓度或含量。

当浓度或含量达到预设报警值时，仪器自动发出声光报警。

图 7-2 为便携式气体检测报警仪工作原理示意图。

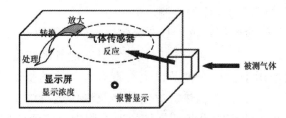

图 7-2 便携式气体检测报警仪工作原理示意图

（三）分类

市场上的便携式气体检测报警仪主要有以下分类方法：

1. 按检测对象

（1）可燃气体检测报警仪，一般采用催化燃烧式、红外式、热导型、半导体式传感器。

（2）有毒气体检测报警仪，一般采用电化学型、半导体型、光离子化式、火焰离子化式传感器。

（3）氧气检测报警仪，一般采用电化学传感器。

2. 按配置传感器的数量

（1）单一式检测报警仪，仪器上仅仅安装一个气体传感器，只能测量单一种类的气体，比如甲烷（可燃气体）检测报警仪、硫化氢检测报警仪等。

（2）复合式检测报警仪，将多种气体传感器安装在一台检测仪器中，可同时检测多种气体。

3. 按采样方式

（1）扩散式检测报警仪，被测气体通过自然扩散，到达检测仪的传感器而达到检测目的的仪器。

（2）泵吸式检测报警仪，通过使用一体化吸气泵或者外置吸气泵，将待测气体吸入检测仪器中进行检测的仪器。

（四）选用原则

1. 单一式与复合式

（1）单一式气体检测报警仪。单一式气体检测报警仪仅安装一个气体传感器，只能检测某一种气体。如可燃气体检测报警仪、氧气检测报警仪、一氧化碳检测报警仪、硫化氢检测报警仪、氯气检测报警仪和氨气检测报警仪等。

此类检测报警仪适用于有毒有害气体种类相对单一的环境，在复杂环境中，这类检测报警仪可以与其他单一式气体检测报警仪或二合一、三合一等复合式气体检测报警仪配合使用。如污水井内可能存在硫化氢、可燃气等有害气体，还可能存在缺氧危害。此时，联合使用硫化氢单一检测报警仪和氧气和可燃气体二合一检测报警仪，可对污水井危害进行较为全面的检测。

（2）复合式气体检测报警仪。复合式气体检测报警仪通常在一台仪器中集成有多个传感器，可实现"一机多测""同时读取多种被测气体浓度（含量）"的功能。

此类检测仪应用于含有两种及以上有毒有害气体的复杂环境的检测，可提高检测效率，因此被水、电、气、热、通信等涉及城市运行维护行业的有限空间气体检测以及化工、石化行业密闭设备的气体快速检测中被广泛应用。如：氧气、可燃气、硫化氢、一氧化碳和二氧化碳的五合一气体检测报警仪，可基本满足对污水井、化粪池、电力井、燃气井、使用氮气吹扫过的可燃气、硫化氢、一氧化碳和二氧化碳储罐等有限空间作业场所的检测工作。

目前市场上流通的一些复合式气体检测报警仪还可根据用户的实际需要，选配相应传感器，提高检测仪的实用性。

2. 泵吸式与扩散式

（1）泵吸式气体检测报警仪。泵吸式气体检测报警仪是在仪器内安装或外置采气泵，通过采气管将远距离的气体"吸入"检测仪器中进行检测，检测人员可以使用该种检测报警仪在有限空间外进行检测，可最大程度保证检测人员的生命安全。进入有限空间以前或作业过程中进入新作业面之前，均应选择使用泵吸式气体检测报警仪对环境进行检测。

采样泵是泵吸式气体检测报警仪的一个重要部件，目前主要有三种类型的采样泵，其主要特点见表 7-1。

表 7-1　不同形式采样泵的特点比较

采样泵形式		优点	缺点
内置采样泵		与采样仪一体，携带方便，开机泵体即可工作	耗电量大
外置采样泵	手动采样	无需电力供给，可使检测仪在扩散式和泵吸式之间转换	采样速度慢；流量不稳定，影响检测结果的准确性
	机械泵采样	可使检测仪在扩散式和泵吸式之间转换，还可更换不同流量	

使用泵吸式气体检测报警仪要注意三点：

①为将有限空间内气体抽至检测仪内，采样泵的抽力必须满足仪器对流量的需求；

②为保证检测结果准确有效，要为气体采集留有充分的时间；

③在实际使用中要考虑到随着采气导管长度的增加，部分被测气体可能被采样管材料吸附或吸收，造成测得的浓度或含量低于实际水平。

（2）扩散式气体检测报警仪。扩散式气体检测报警仪主要依靠空气自然扩散将气体样品带入检测报警仪中与传感器接触反应。该检测仪仅能检测仪器周围的气体，可以测量的检测范围小，无法进行远距离采样。其优点是能够真实反映环境中气体的自然存在状态。此类检测报警仪适合作业人员随身携带进入有限空间，在作业过程中实时检测作业周边气体环境。

一些扩散式检测报警仪可加装外置采样泵，转变为泵吸式气体检测报警仪。使用时可根据作业需要灵活转变采样动力形式。

（五）使用

每种检测报警仪均有其自身的操作、校正方法，可在其使用说明书中获得。使用者应严格按照使用说明书进行检测操作。一般来讲，便携式气体检测报警仪的操作过程包括以下四个阶段：

1. 使用前检查

气体检测报警仪在被带到现场进行检测前，应在洁净的环境中对其进行必要的检查，包括：

（1）选型。根据作业环境需要，选择单一、复合、扩散、泵吸等不同类型的气体检测报警仪；如果作业环境是易燃易爆环境，所选择的检测报警仪应符合相应的防爆要求，取得防爆检验合格证；此外，选择的气体检测报警仪可以检测的气体种类应包括氧气和作业环境中可能存在的有毒有害气体种类；气体检测报警仪可检测范围应与作业环境中待测气体的浓度或含量水平相匹配。

（2）外观检查。检查仪器的外观完好情况，包括防爆外壳、显示屏、按键、进气口等。并确认仪器经过计量部门检定，在检定有效期内。

（3）开机自检。检测报警仪开启后要经过一个"自检"的过程，确认电量、传感器状态等。该过程应在远离污染源的"洁净"环境中进行。

①电量检查。目前很多检测报警仪在自检的过程中会自动对电量进行检查，有些仪器在电量不足时还会做出提示。若电量不满足使用需要的话，应及时充电、更换电池或启用另一台检测报警仪。

注意：当处于易燃易爆环境中时，严禁更换检测报警仪电池或者给检测报警仪充电，以防摩擦形成静电火花，引发燃爆事故。

②调零。检测报警仪开机自检过程中，会对各传感器状态进行检测。正常情况下，可燃气体、洁净大气中不存在的有害气体浓度应显示为"0"，氧气浓度应显示为"20.9"，或在最小分辨率上下波动（上下应不超过 5%）。否则需要根据说明书提示的方法进行测试调零后才能使用。

气体检测报警仪长期使用或长期搁置后，仪器的"零点"标准可能发生改变，即表现为进入检测仪"调零"模式，仪器显示数值仍无法回到"零点"。此时，需要用已知浓度的标准气体（例如含量为 20.9% 的氧气标准气体）对检测报警仪传感器进行标定。调节仪器，使得到的稳定读数与标准气体浓度相同，然后移开标准气体，仪器显示检测值恢复到"零点"，即完成了标定工作。

需要强调的是：当气体检测报警仪更换传感器后，除了需要一定的传感器活化时间外，还必须重新对仪器进行校准。另外，各类气体检测报警仪在第一次使用之前，必须使用标准气体对仪器进行一次检测，以保证仪器准确有效。

（4）采气管和泵系统的检查。对于泵吸式气体检测报警仪，使用前需要对采气系统进行检查。首先，应检查采气管，确保采气管完好，没有被刺穿、割裂的地方，防止检测结果受到影响。其次，应检查机械泵的功能，很多加装机械泵的检测报警仪都有泵流量异常报警功能。检查时，可堵住入口，如果没有气体泄漏，仪器会发出低流速警报。

2. 现场检测

携带合格的检测报警仪到达作业现场后，应按照使用说明书给出的操作方法操作仪器，依据作业规程对有限空间作业环境气体进行检测。

在进入有限空间或进入新的工作面之前，应使用泵吸式气体检测报警仪，将采气管一端与仪器进气口相连，另一端投入到有限空间内需测定的位置，使气体通过采气管进入到检测报警仪中进行检测。在有限空间内作业时，可使用泵吸式气体检测报警仪，将作业人员周围的空气吸入检测报警以内进行检测；也可使用扩散式气体检测报警仪，通过被测气体的自然扩散方式进入到仪器中进行检测。当检测气体浓度超过设定的预警或报警值时，检测报警仪会发出声光报警信号。

在有限空间外进行检测的人员应及时读取检测结果数值并记录。

3. 关机

检测结束后，应将检测报警仪放置在洁净空气中，待检测仪器内的气体全部反应完毕，检测读数重新显示为设定的初始数值时才可关闭，否则会对下次使用产生影响。

4. 维护与保养

（1）定期检定。除按照厂家产品说明书上要求的校准外，检测报警仪使用单位应定期将仪器送至专业计量检验机构进行检定，以保证仪器检测结果的可靠性。《可燃气体检测报警器》（JJG 693-2011）、《硫化氢气体检测仪》（JJG 695-2003）、《一氧化碳检测报警器》（JJG 915-2008）等标准规定，检测报警仪的检定周期一般不超过1年。如果对仪器的检测数据有怀疑或仪器更换了主要部件或修理后应及时送检。

气体检测报警仪长期使用或长期搁置后，仪器的"零点"标准可能会发生改变，因此，需要定期对检测报警仪进行标定。《地下有限空间作业安全技术规范第2部分：气体检测与通风》（DB 11 852.2-2013）中规定，气体检测报警仪每年至少标定1次，标定参数包括零值、预警值、报警值。标定应记录标定时间、标准气规格和标定点等内容。

（2）在检测报警仪传感器的寿命内使用。各类气体传感器都具有一定的使用年限（即寿命）。一般来讲，催化燃烧式可燃气体传感器的寿命较长，一般可以使用3年左右；红外和光离子化检测仪的寿命为3年或更长一些；电化学传感器的寿命相对短一些，寿命取决于其中电解液的干涸时间，一般在1～2年，如果长时间不用，将其放在较低温度的环境中保存可以延长一定的使用寿命；氧气传感器的寿命大概在1年左右。

检测报警仪应在传感器的有效期内使用，一旦失效，应及时更换。

（3）在检测报警仪的浓度测量范围内使用。各类气体检测报警仪都有其固定的检测范围，只有在其测定范围内使用，才能保证仪检测结果的可靠性。线性范围之外的检测结果准确度无法保证。若待测气体浓度超出气体检测报警仪测量范围，应立即使气体检测报警仪脱离检测环境，在洁净空气中待气体检测报警仪指示回零后，方可进行下一次检测。此外，长时间在测定范围以外进行检测，可能对传感器造成永久性的破坏。比如，可燃气体检测报警仪，如果在超过可燃气体爆炸下限的环境中使用，可能彻底烧毁传感器；有毒气体检测报警仪长时间在较高浓度下工作，会造成电解液饱和，导致永久性损坏。所以，一旦便携式气体检测报警仪在使用时发出超限信号（检测报警仪测得气体浓度超过仪器本身最大测量限度发出的报警信号），则之后的检测结果不一定可靠，为保证人员安全，人员应立即离开现场。

表7-2给出了常见气体传感器的检测范围、分辨率、检测的最高浓度（ppm）。

表7-2　常见气体传感器的检测范围、分辨率、最高承受程度

传感器	检测范围 /ppm	分辨率	最高浓度 /ppm
一氧化碳	0 ~ 500	1	1500
硫化氢	0 ~ 100	1	500
二氧化硫	0 ~ 20	0.1	150
一氧化氮	0 ~ 250	1	1000
氨气	0 ~ 50	1	200
氰化氢	0 ~ 100	1	100
氯气	0 ~ 10	0.1	30
挥发性有机化合物	0 ~ 5000	0.1	——

（4）清洗。必要时，应使用柔软而干净的布擦拭仪器外壳，切勿使用溶剂或清洁剂进行清洗。

5. 注意事项

（1）传感器检测的干扰因素。一般而言，每种传感器都对应一种特定气体，当多种气体同时存在时，其他气体可能会对传感器检测待测气体的结果产生影响。因此，在选择一种气体传感器时，应尽可能了解其他气体对该传感器的检测干扰，以对检测结果作出正确判断。比如，一氧化碳传感器对氢气有很大的反应，所以当存在氢气时，很难准确测定一氧化碳的浓度或含量。再如，氧气含量不足的情况下，使用催化燃烧传感器测量可燃气浓度会有较大偏差。

（2）报警设置。便携式气体检测报警仪的重要用途是在危险情况下发出警示信号，提醒人员采取行动，立即离开危险场所或采取其他防护措施。

对于仪器使用者来讲，设定恰当的报警值十分重要。设定的有毒有害气体浓度报警值应在其危险性不足以使作业人员失去自救能力的浓度之下。例如，可燃性气体的浓度超过爆炸下限的10%的环境，爆炸风险极高，一旦发生爆炸，可能引起人员死亡、失去知觉、丧失逃生及自救能力，因此，可燃气体报警值不应高于爆炸下限的10%。

《工作场所有毒气体检测报警装置设置规范》（GBZ/T 223-2009）规定，检测报警仪的报警值设定可以采取分级设定的方式，包括设置预报、警报和高报 3 级，不同级别的报警信号要有明显差异。作业单位应根据有毒气体的毒性及现场情况，至少设定警报值和高报值两级，或者设定预报值和警报值两级。

警报设定可参考的值包括短时间接触容许浓度（PC-STEL）、最大值（MAC）、时间加权平均容许浓度（PC-TWA）等。实际使用过程中，应依据《地下有限空间作业安全技术规范第 2 部分：气体检测与通风》（DB 11/852.2-2013）的要求，以及检测气体不同种类，分别设定气体检测报警仪的预警值和报警值，其中：

①氧气应设定缺氧报警和富氧报警两级检测报警值，缺氧报警值应设定为 19.5%，富氧报警值应设定为 23.5%。

②可燃气体应设定预警值和报警值两级检测报警值。可燃气体预警值应为爆炸下限的 5%，报警值应为爆炸下限的 10%。

③有毒有害气体应设定预警值和报警值两级检测报警值。有毒有害气体预警值应为 GBZ 2.1 规定的最高容许浓度或短时间接触容许浓度的 30%，无最高容许浓度和短时间接触容许浓度的物质，应为时间加权平均容许浓度的30%。有毒有害气体报警值应为 GBZ 2.1 规定的最高容许浓度或短时间接触容许浓度，无最高容许浓度和短时间接触容许浓度的物质，应为时间加权平均容许浓度。

表 7-3 给出了部分有毒有害气体的预警值和报警值。

表 7-3　部分有毒有害气体预警值和报警值

气体名称	预警值		报警值	
	mg/m³	20℃, ppm	mg/m³	20℃, ppm
硫化氢	3	2	10	7
氯化氢	0.22	0.14	0.75	0.49
氰化氢	0.3	0.2	1	0.8
溴化氢	3	0.8	10	2.9
一氧化碳	9	7	30	25
一氧化氮	4.5	3.6	15	12
二氧化碳	5400	2950	18000	9836
二氧化氮	3	1.5	10	5.2
二氧化硫	3	1.3	10	4.4
二硫化碳	3	0.9	10	3.1
苯	3	0.9	10	3
甲苯	30	7.8	100	26
二甲苯	30	6.8	100	22
氨	9	12	30	42
氯	0.3	0.1	1	0.33

气体名称	预警值		报警值	
	mg/m³	20℃，ppm	mg/m³	20℃，ppm
甲醛	0.15	0.12	0.5	0.4
乙酸	6	2.4	20	8
丙酮	135	55	450	185

另外，有限空间内气体浓度的变化可能很快，有时在很短时间内环境状态就会由安全转化为危险。例如，在疏通污水管线过程中，被包裹在污泥中的硫化氢会在瞬间大量释放，引起硫化氢浓度迅速升高，威胁疏通人员生命安全。因此，在设置报警值时还需要考虑到以下几个因素：

（1）工作环境到安全地带的距离。

（2）引发警报时有毒有害气体浓度升高的速度。

（3）引发警报时有毒有害气体对作业人员的影响程度。

作业中气体检测报警仪达到预警值时，未佩戴正压隔绝式呼吸防护用品的作业人员应立即撤离有限空间。任何情况下气体检测报警仪达到报警值时，所有作业人员都应立即撤离有限空间。

（六）便携式气体检测报警仪的发展趋势

随着科学技术的飞速发展，除了计算机技术，快速检测仪器还大量引进如纳米、MEMS、芯片、网络、自动化、免疫学、仿生学、基因工程等等新技术，大大提高了快速检测仪器的多功能、自动化、智能化、网络化、原位、实时、在线、高灵敏度、高通量、高选择性等性能，快速检测仪器的新技术、新产品层出不穷。

面对多种多样的便携式快速检测报警仪，应充分考虑有限空间环境和作业的危险特性、安全需要，以及本单位的经济条件等，做出合理选择。

二、气体检测管装置

（一）组成

气体检测管装置包括气体检测管、采样器、预处理管及其他附件。如图 7-3。

图 7-3 气体检测管装置

1. 气体检测管

是一种填充涂有化学指示剂载体（指示粉）的透明管子，待测气体进入管子，与管子里填装的指示粉发生反应，利用指示粉颜色的变化测定气体的种类或浓度。

2. 采样器

是与检测管配套使用的手动或自动采样装置。

3. 预处理管

用于对样品进行预处理的管子，如过滤管、氧化管、干燥管等。

4. 附件

气体检测管装置中必要的组成部分，包括检测管支架、采样导管、散热导管、浓度标准色阶、标尺和校正表等。

（二）工作原理

气体检测管装置主要依靠气体检测管变色情况判断待测气体种类或浓度。气体检测管内填充有吸附了显色化学试剂的指示粉，当特定气体通过检测管时，有害物质与指示粉迅速发生化学反应而使指示粉颜色发生变化。被测物质的种类和浓度的高低决定指示粉颜色变化的情况。根据指示粉颜色的变化，可对有害物质进行快速的定性和定量分析。如图7-4是气体检测管显色示例。

图7-4 气体检测管显色示例

（三）分类

1. 气体检测管的分类

气体检测管主要可以分为以下几种：
（1）比长式气体检测管：根据指示粉变色部分的长度确定被测组分的浓度值。
（2）比色式气体检测管：根据指示粉的变色色阶确定被测组分的浓度值。
（3）比容式气体检测管：根据产生一定变色长度或变色色阶的采样体积确定被测组分的浓度值。
（4）短时间型气体检测管：用于测定被测组分的瞬时浓度。
（5）长时间型气体检测管：用于测定被测组分的时间加权平均浓度。
（6）扩散型气体检测管：利用气体扩散原理采集样品的气体检测管装置。该类型装置不使用采样器。

2. 采样器分类

采样器可以分为以下几种：
（1）真空式采样器：采样器用真空气体原理，使气体首先通过检测管后再被吸入采样器中。

（2）注入式采样器：采样器采用活塞压气原理，将先吸入采样器内的气体压入检测管。

（3）囊式采样器：采样管采用压缩气囊原理，压缩具有弹簧的气囊达到压缩状态后，通过气囊性状恢复过程，使气体首先通过检测管后再被吸入采样器中。

（四）气体检测管装置的使用

以比长式气体检测管配合真空采样器使用为例，介绍使用气体检测管装置检测气体的方法。

1. 使用前检查

首先，检查检测管是否与待测气体种类、可能的浓度范围相匹配，是否在有效期范围内；观察检测管外观是否完好、有无破裂。

其次，应检查采样器的气密性是否良好。方法：用一只完好、未经使用的检测管堵住采样器进气口，一只手拉动采样器拉杆，使手柄上的红点与采样器后端盖上的红线相对，锁住采样器。停留数秒后解锁松手，拉杆能立即弹回，证明采样器气密性良好。

此外，还需检查采气袋是否完好，并进行清洗。方法：使用惰性气体（无惰性气体时使用洁净空气代替）抽入采气袋，并将采气袋上的密封口封好，挤压，采气袋没有泄漏情况出现，则表示采气袋气密性良好。如果采气袋完好，在使用采气袋之前应使用惰性气体或洁净空气反复冲洗。

2. 使用步骤

（1）将检测管的两端封口在真空采样器的前端小切割孔上折断，如图7-5所示。

图 7-5 操作步骤（1）

（2）检测管插在采样器的进气口上（检测管上的进气箭头指向采样器）。如图7-6所示。

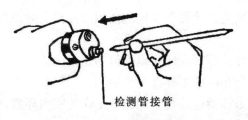

图 7-6 操作步骤（2）

（3）对准所测气体（泵入采气袋内的被测气体），转动采样器手柄，使手柄上的红点与采样器后端盖上的红线相对。如图7-7所示。

图7-7 操作步骤（3）

（4）根据气体检测管上标示的进气量，拉开采样器手柄，抽取所需气量，由采样器上的卡销进行固定。等待2～3 min，当指示粉变色的前端不再往前移动时，取下检测管，根据指示粉变色长度，以及气体检测管上标示的浓度单位、指示粉指示刻度与实际浓度之间的倍率关系，即可得到待测气体的浓度，如图7-8所示。

图7-8 操作步骤（4）

本阶段需要注意的是：一般采样器手柄拉开一半可抽取50 ml气体，全部拉开1次可抽取100 ml气体。当检测管标示的进气量大于100 ml时，不用拔下检测管，可直接再次拉动手柄取气，同时采样器后端的计数器会累计采气次数。如果使用移动计数器，注意使计数器上的数字与红线相对。

（5）测量完毕，转动手柄使红点与红线错开，将手柄缓缓推回原位。

在有限空间外对有限空间内环境进行检测时，应利用采气泵通过采气管将有限空间内的气体抽至采气袋中，按照（1）～（5）所述步骤使用气体检测管进行检测。

3.使用注意事项

（1）检测管和采样器连接时，应注意检测管所标明的箭头指示方向。

（2）作业现场存在有干扰气体时，应首先使用相应的预处理管排除干扰气体，并注意正确的连接方法。

（3）当现场温度超过检测管规定的使用温度范围时，应用温度校正表对测量值进行校准。

（4）对于双刻度检测管应注意刻度值的正确读法。

（5）检测管应与相应的采样器配套使用。

（6）检测管和采样器应放置于阴凉、干燥的室内环境，避光保存。生产厂家有特殊要求的，应按说明书中的要求贮存。

（五）检测管装置的优点及局限性

气体检测管装置具有以下优点：

（1）操作简便，容易掌握。

（2）检测时间短，可在几分钟之内测出工作环境中有害物质的种类或浓度。

（3）灵敏度高，能够检出浓度为 ppm 级的常见有害气体。

（4）采气量小，一般采样体积在几十毫升至几升。

（5）应用范围广，能定性 / 定量测定多种无机和有机气体。

（6）价格较为低廉，体积小巧、便于携带。

但是，气体检测管装置也具有一定的局限性：

（1）不支持实时检测。

（2）不能检测氧含量和可燃气体浓度。

（3）测定有机气体时，由于干扰因素较多，复杂环境中气体的测定结果准确性不高。

（4）在有限空间外测定有限空间内环境时，需要将有限空间内的气体先抽取至采气袋中存放，再使用气体检测管从采气袋中采气检测，采气袋的洁净程度及其对于待测气体的吸附作用等，均可能对检测结果造成影响。

因此，对于有限空间作业的气体检测，气体检测管装置只能在特定情况下，作为便携式气体检测报警仪的一种补充。

第二节　呼吸防护用品

呼吸防护用品也称呼吸器，是防御缺氧环境和空气污染物进入呼吸道的防护用品。

一、呼吸防护用品的分类

呼吸防护方法包括净气法和供气法。

净气法，又称净化法，是使吸入的气体经过滤料去除污染物质获得较清洁的空气供佩戴者使用的方法。供气法，是提供一个独立于作业环境的呼吸气源，通过空气导管、软管或佩戴者自身携带的供气（空气或氧气）装置向佩戴者输送呼吸气体的方法。

根据呼吸防护方法，呼吸防护用品可分为过滤式和隔绝式两大类，见表 7-4。主要类型见图 7-9。

表 7-4　呼吸防护用品分类

过滤式呼吸器			隔绝式呼吸器			
自吸过滤式		送风过滤式	供气式		携气式	
半面罩	全面罩		正压式	负压式	正压式	负压式

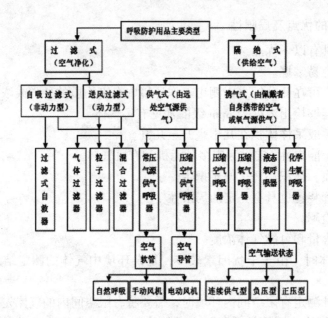

图 7-9 呼吸防护用品的类型

1. 过滤式呼吸器

过滤式呼吸器是能把吸入的作业环境空气通过过滤元件去除其中的有害物质后作为气源的呼吸器。佩戴者呼吸的空气来自其所在的污染环境。

过滤式呼吸器主要由过滤元件和面罩两部分组成，有些还在过滤元件与面罩之间加呼吸管连接。过滤元件的作用是过滤空气中的污染物，主要有防颗粒物类、防气体类和蒸气类，以及防颗粒物、气体和蒸气组合类等种类，每种过滤元件都有各自的适用范围，如果选择不当，呼吸器就起不到防护作用。面罩的作用是将佩戴者的呼吸器官与污染空气隔离，主要有半面罩和全面罩两种。半面罩可罩住口、鼻部分，有的也包括下巴；全面罩可罩住整个面部区域，包括眼睛。

过滤式呼吸器可分为自吸过滤式呼吸器和送风式过滤式呼吸器。自吸过滤式呼吸器靠佩戴者自主呼吸克服过滤元件阻力，吸气时面罩内压力低于环境压力，属于负压呼吸器，具有明显的呼吸阻力。动力送风式过滤式呼吸器靠机械动力或电力克服阻力，将过滤后的空气送到面罩内供佩戴者呼吸，送风量可以大于一定劳动强度下人的呼吸量，吸气过程中面罩内压力可维持高于环境压力，属于正压式呼吸器。

过滤式呼吸器的防护具有一定的局限性。首先，由于过滤式呼吸器不能产生氧气，因此不能在缺氧环境中使用。其次，有些气体和蒸气目前尚无法被任何现有的滤料清除。此外，过滤元件的容量有限，防毒滤料的防护时间会随有害气体浓度升高而缩短，防尘滤料会因粉尘的累积而增加阻力，因此需要定期更换。

有限空间作业环境复杂，一般不推荐在有限空间作业过程中使用过滤式呼吸器。

2. 隔绝式呼吸器

隔绝式呼吸器是将佩戴者的呼吸器官完全与污染环境隔绝，依靠本身携带的气源或依靠导气管引入作业环境以外的洁净气源的呼吸器。

隔绝式呼吸器可分为供气式和携气式呼吸器。供气式呼吸器主要依靠空气导管，将污染环境以外的洁净空气输送给佩戴者呼吸。其中，自主呼吸或送风量低于佩戴者呼吸量的设计，佩戴者吸气时面罩内呈负压，属于自吸式或负压式长管呼吸器，一般不推荐在有限空间作业过程中使用；依靠气泵或高压空气源输送空气的设计，在一定劳动强度下能保持面罩内压力高于环境压力，属于正压式长管呼吸器，是有限空间作业最常用的就是这类正压式长管呼吸器。携气式呼吸器佩戴者呼吸的空气来自其自身携带的气瓶，高压气体经降压后输送到全面罩内供给佩戴人员呼吸，而且能够维持呼吸面罩内的正压，通常用于有限空间应急救援过程。

隔绝式呼吸器为佩戴人员提供作业环境以外的洁净空气，气源不受作业环境内各类有毒气体的影响，适用于各类空气污染物存在的环境。其使用时间主要取决于气源装置。使用风机作为供气装置的送风式长管呼吸器，使用时间由风机的运转时间决定，一般情况下能够保证长时间使用；使用气瓶作为供气装置的呼吸器，使用时间由气瓶容量和佩戴者呼吸情况确定，使用时间较为有限。送风式长管呼吸器在正常运行的情况下，虽然使用时间不受限制，但空气导管会限制使用者的活动范围，且有意外弯折、断裂、破损导致供气中断、有毒气体侵入的风险。相比而言，正压式空气呼吸器在使用时活动范围较大，安全性较高，但设备较重，会对佩戴者增加一定的负担，此外进入狭小空间也会受到一定限制。

二、呼吸防护用品的选择

1. 一般原则

（1）在没有防护的情况下，任何人不应暴露在能够或可能危害健康的空气环境中。

（2）应根据国家的有关职业卫生标准对作业中的空气环境进行评价，识别有害环境性质，判定危害程度。

（3）应首先考虑采取工程措施控制环境中有害物质的浓度。若工程措施因各种原因无法实施，或无法完全消除环境中的有害物质，以及在工程措施未生效期间，仍需在有害环境中作业的，应根据作业环境、作业状况和作业人员特点选择适合的呼吸防护用品。

（4）应选择国家认可的、符合标准要求的呼吸防护用品。

（5）选择呼吸防护用品时还应参照使用说明书的技术规定，符合其适用条件。

（6）若需要使用呼吸防护用品预防有害环境的危害，单位应建立并实施规范的呼吸保护计划。

2. 根据环境危害情况选择呼吸防护用品

（1）识别有害环境性质，判定危害程度。

按照以下方法识别有害环境性质，判定危害程度：

①如果有害环境性质未知，应作为 IDLH（立即威胁生命或健康浓度）环境；

②如果缺氧，或无法确定是否缺氧，应作为 IDLH 环境；

③如果空气污染物浓度未知、达到或超过 IDLH 浓度，只要是其中之一，就应作为 IDLH 环境；

④若空气污染物浓度未超过 IDLH，应根据国家职业卫生标准规定的接触限值，计算危害因数。若同时存在几种空气污染物，应分别计算每种空气污染物的危害因数，取其中最大的数值作为危害因数。

（2）根据危害程度选择呼吸防护用品。

① IDLH 环境适用的呼吸防护用品：

a. 配全面罩的正压式携气式呼吸器；

b. 在配备适合的辅助逃生型呼吸器的前提下，配全面罩或密合型头罩的正压供气式呼吸器。

②非 IDLH 环境适用的呼吸防护用品：

非 IDLH 环境下，应选择指定防护因数（APF）大于危害因数的呼吸防护装备。

各类呼吸防护用品的防护能力存在差异，表 7-5 给出了其相应的指定防护因数（APF）。

表 7-5　各类呼吸防护用品的指定防护因数

呼吸防护用品类型	面罩类型	正压式[1]	负压式[2]
自吸过滤式	半面罩	——	10
	全面罩		100
送风过滤式	半面罩	50	——
	全面罩	> 200 且 < 1000	
	开放型面罩	25	
	送气头罩	> 200 且 < 1000	
长管呼吸器	半面罩	50	10
	全面罩	1000	100
	开放型面罩	25	——
	送气头罩	1000	
携气式呼吸器	半面罩	> 1000	10
	全面罩		100

注：1. 相对于一定的劳动强度，使用者任一呼吸循环过程中，呼吸器面罩内压力均大于环境压力。

2. 相对于一定的劳动强度，使用者任一呼吸循环过程呼吸器面罩内压力在吸气阶段小于环境压力。

需要注意的是，自吸过滤式的全面罩指定防护因数是 100，可用于有毒有害气体浓度不超过职业卫生限值标准 100 倍的环境。但也有一种情况例外，即当污染物 IDLH 浓度低于职业卫生限值标准 100 倍时，不能使用此类呼吸防护用品。例如，根据职业卫生标准，硫化氢最高允许浓度是 10 mg/m³，IDLH 浓度为 430 mg/m³，IDLH

浓度只有职业卫生限值标准的 43 倍，虽然小于自吸过滤式全面罩的指定防护因数 100，但仍然不能使用自吸过滤式全面罩作为呼吸防护用品，而必须使用 IDLH 环境适用的呼吸防护用品。

对呼吸器类型的选择，除了要根据职业卫生标准判断外，还需考虑单位内部的毒物危害暴露控制水平，以及作业环境的其他因素，如现场浓度波动水平，浓度测量的准确性，对具体使用者保护水平的特殊考虑等因素。

（3）根据空气污染物种类选择呼吸防护用品。

①防护有毒气体和蒸气，可选择隔绝式或过滤式呼吸防护用品。若选择过滤式，应注意以下几点：

a. 应根据有害气体和蒸气的种类选择适用的过滤元件（滤毒罐或滤毒盒），对现行标准中未包括的过滤元件种类，应根据呼吸防护用品生产厂商提供的使用说明选择；

b. 对于没有警示性或警示性很差的有毒气体或蒸气，应优先选择有失效指示器的呼吸防护用品或隔绝式呼吸器。

c. 存在窒息性气体的，应使用隔绝式正压式呼吸器。

②防护颗粒物，可选择隔绝式或过滤式呼吸器。若选择过滤式，应注意以下几点：

a. 应根据颗粒物的分散度选择适合的防尘口罩；

b. 若颗粒物为一般性粉尘，应选择过滤效率至少满足《呼吸防护用品自吸过滤式防颗粒物呼吸器》（GB 2626）规定的 KN90 级别的防颗粒物呼吸器；

c. 对于挥发性颗粒物的防护，应选择能够同时过滤颗粒物及其挥发气体的呼吸防护用品；

d. 若颗粒物含石棉，应选择可更换式防颗粒物半面罩或全面罩，过滤效率至少满足 GB 2626 规定的 KN95 级别的防颗粒物呼吸器；

e. 若颗粒物为矽尘、金属粉尘（如铅尘、镉尘）、砷尘、烟（如焊接烟、铸造烟），应选择过滤效率至少满足 GB 2626 规定的 KN95 级别的防颗粒物呼吸器；

f. 若颗粒物为液态或具有油性，应选择能过滤油性颗粒的呼吸防护用品；若颗粒物为致癌性油性颗粒物（如焦炉烟、沥青烟等），则应选择过滤效率至少满足 GB 2626 规定的 KP95 级别的防颗粒物呼吸器；

g. 若颗粒物具有放射性，应选择过滤效率至少满足 GB 2626 规定的 KN100 级别的防颗粒物呼吸器。

③若颗粒物、毒气和蒸气同时存在，可选择隔绝式或过滤式呼吸器。若选择过滤式，应选择有效过滤元件或过滤元件组合。

（4）根据作业状况选择呼吸防护用品。

在符合环境中有害气体呼吸防护要求的前提下，还应考虑作业的特点：

①若空气污染物同时刺激眼睛或皮肤，或可经皮肤吸收，或对皮肤有腐蚀性，应选择全面罩，同时选择的呼吸防护用品应与其他个人防护用品相兼容；

②若有害环境为爆炸性环境，选择的呼吸防护用品应符合相应的防爆要求。若选择携气式呼吸器，只能选择空气呼吸器，不允许选择氧气呼吸器；

③作业环境存在高温、低温或高湿，或存在有机溶剂或其他腐蚀性物质时，应选择耐高温、耐低温或耐腐蚀的呼吸防护用品，或选择能够调节温度、湿度的供气式呼吸器；

④选择供气式呼吸器时，应注意作业地点与气源之间的距离、供气导管对现场其他作业人员的妨碍，以及其他人员的行为、车辆往来等破坏供气导管、妨碍导管供气的情况等，并采取相应预防措施；

⑤若作业强度较大或作业时间较长，应选择呼吸负荷较低的呼吸防护用品；

⑥若有清楚视觉的要求，应选择视野较好的呼吸防护用品；若有语言交流的需要，应选择有适宜通话功能的呼吸防护用品；

⑦若作业中存在可以预见的紧急危险情况，还应根据危险的性质选择适用的逃生型呼吸器，或选择适用于 IDLH 环境的呼吸防护用品。

（5）根据作业人员特点选择呼吸防护用品。

①头面部特征：密合型面罩（半面罩和全面罩）有弹性密封设计，靠施加一定压力，使面罩与使用者面部密合，确保将内外空气隔离。在选择面罩时，应根据脸型大小选择不同型号面罩。同时，应考虑使用者的面部特征，若有疤痕、凹陷的太阳穴、非常突出的颧骨、皮肤褶皱、鼻畸形等影响面部与面罩之间的密合时，应选择与面部特征无关的面罩，如头罩。此外，胡须或过长的头发会影响面罩与面部之间的密合性，使用者应预先刮净胡须，并避免将头发夹在面罩与面部皮肤之间。

②舒适性：应评价作业环境，确定作业人员是否将承受物理因素（如高温）的不良影响，选择能够减轻这种不良影响、佩戴舒适的呼吸防护用品，如选择有降温功能的供气式呼吸防护用品。

③视力矫正：视力矫正眼镜不应影响呼吸防护用品与面部的密合性。若呼吸防护用品提供使用矫正镜片的结构部件，应选用适合的视力矫正镜片，并按照使用说明书要求使用。

三、呼吸防护用品的使用

1. 一般原则

（1）任何呼吸防护用品的防护功能都是有限的，使用前应了解所用呼吸防护用品的局限性，并仔细阅读产品使用说明，严格按要求使用。

（2）应向所有使用人员提供呼吸防护用品使用方法培训。对作业场所内必须配备逃生型呼吸器的，有关人员应接受逃生型呼吸器的使用方法培训。携气式呼吸器应限于受过专门培训的人员使用。

（3）使用前应检查呼吸防护用品的完整性、过滤元件的适用性、气瓶气量、异常报警装置，提供动力的电源电量等，符合有关规定才能使用。密合型面罩应做佩戴气密性检查，以确认密合。橡胶面罩负压气密性的检查方法是：使用者用手将过滤元件进气口堵住，或将进气管弯折阻断气流，缓缓吸气，面罩会向内微微塌陷，面罩边缘紧贴面部，屏住呼吸数秒，若面罩继续保持塌陷状态，说明密合良好，否则应调整面罩位置和头带松紧等，直至没有泄漏感。

（4）应在进入有害环境前佩戴好呼吸防护用品。供气式呼吸器应先通气后佩戴面罩，防止窒息。

（5）在有害环境作业的人员应始终佩戴呼吸防护用品。

（6）逃生型呼吸器只能用于从危险环境中离开，不允许单独佩戴其进入有害环境实施作业。

（7）在使用中感到异味、咳嗽、刺激、恶心等不适症状时，应立即离开有害环境，并检查呼吸防护用品，确定并排除故障，或更换防护用品后方可重新进入有害环境。

（8）若过滤式呼吸防护装备同时使用数个过滤元件，其中任何一个过滤元件达到更换条件时，其他过滤元件也应同时更换。

（9）若新过滤元件在某种场合迅速失效，应重新评价该类过滤元件的适用性。

（10）除通用部件外，在未得到产品制造商认可的前提下，不应将不同品牌的呼吸防护装备的部件拼装或组合使用。

（11）对有心肺系统病史、对狭小空间和呼吸负荷存在严重心理应激反应的人员，应考虑其使用呼吸防护用品的能力。

（12）所有使用者应定期体检，评价是否适合使用呼吸防护用品。

2. 在 IDLH 环境中呼吸防护用品的使用

IDLH 环境中使用呼吸防护用品，除了种类的选择应符合《呼吸防护用品的选择、使用与维护》（GB/T 18664）的要求外，还应注意：在空间允许的情况下，应尽可能由两人同时进入危险环境作业，并配备安全带和救生索；在作业区外应至少留一人，与进入人员保持有效联系，并配备救生和急救设备。

3. 低温环境下呼吸防护用品的使用

（1）全面罩镜片应具有防雾或防霜的能力。

（2）供气式呼吸器或携气式呼吸器使用的压缩空气或氧气应干燥。

（3）使用携气式呼吸器的人员应了解低温环境下的操作注意事项。

4. 过滤式呼吸器过滤元件的更换

（1）颗粒物过滤元件的更换。颗粒物过滤元件的使用寿命受颗粒物浓度、佩戴者呼吸频率、过滤元件规格，以及环境条件的影响。当发生以下情况时，应更换过滤原件：

①使用自吸过滤式呼吸防护用品的人员感觉呼吸阻力显著增加时；

②使用电动送风过滤式防颗粒物呼吸防护用品人员确认电池电量正常，但送风量低于规定的最低限值时；

③使用手动送风过滤式防颗粒物呼吸防护用品人员感觉送风阻力明显增加时。

（2）气体过滤元件的更换。气体过滤元件的使用寿命受空气中的有害气体与蒸气种类、浓度、使用者呼吸频率、环境温度和湿度条件等因素影响。一般按以下要求更换气体过滤原件：

①使用者感觉空气有害气体、蒸气的味道或刺激性时，应立即更换；

②对于常规作业，建议根据经验、实验数据或其他客观方法，确定过滤元件更换时间表，定期更换；

③每次使用后应记录使用时间，帮助确定更换时间；

④普通有机气体过滤元件对低沸点有机化合物的使用寿命通常会缩短，应在每次使用后及时更换；对于其他有机化合物的防护，若两次使用时间相隔数日或数周，重新使用时也应考虑更换。

5. 供气式呼吸器的使用

（1）使用前应检查供气气源质量。气源应清洁无污染，并保证氧含量合格。

（2）供气管接头不允许与作业场所其他气体导管接头通用。

（3）应避免供气管与作业现场其他移动物体相互干扰，不允许碾压供气管。

四、呼吸防护用品的维护

要充分发挥各种呼吸防护用品的功能作用，除了正确选择、使用外，对可重复使用的呼吸防护用品进行维护，保持原有的功能作用也非常重要。

1. 呼吸防护用品的检查与保养

（1）应按照呼吸防护用品使用说明书中有关内容和要求，由受过培训的人员定期实施检查和维护，使用说明书未包括的内容，应向生产者或经销者咨询。

（2）携气式呼吸器使用后应立即更换用完或部分使用的气瓶或呼吸气体发生器，并更换其他过滤部件。更换气瓶时不允许将空气瓶和氧气瓶互换。

（3）应按国家有关规定，在具有相应压力容器检测资格的机构定期检测空气瓶或氧气瓶。

（4）应使用专用润滑剂润滑高压空气或氧气设备。

（5）不允许使用者自行重新装填过滤式呼吸防护用品滤毒罐或滤毒盒内的吸附过滤材料，也不允许采取任何方法自行延长已经失效的过滤元件的使用寿命。

2. 呼吸防护用品的清洗与消毒

（1）个人专用的呼吸防护用品应定期清洗和消毒，非个人专用的，在每次使用后都应清洗和消毒。

（2）过滤元件不允许清洗。对可更换过滤元件的过滤式呼吸防护用品，清洗前应将过滤元件取下。达到过滤器元件标识的使用时间时应更换。

（3）清洗面罩时，应按使用说明书要求拆卸有关部件，使用软毛刷在温水中清洗，或在温水中加入适量中性洗涤剂清洗，清水冲洗干净后在清洁场所蔽日风干。

（4）若需使用广谱消毒剂消毒，在选用消毒剂时，特别是需要预防特殊病菌传播的情形，应先咨询呼吸防护用品生产者和工业卫生专家。应特别注意消毒剂生产者的使用说明，如稀释比例、温度和消毒时间等。

3.呼吸防护用品的储存

（1）呼吸防护用品应保存在清洁、干燥、无油污、无阳光直射和无腐蚀性气体的地方。

（2）若呼吸防护用品不经常使用，建议将呼吸防护用品放入密封袋内储存。储存时应避免面罩变形。

（3）防毒过滤元件不应敞口储存。

（4）所有紧急情况和救援使用的呼吸防护用品应保持待用状态，并置于适宜储存、便于管理、取用方便的地方，并设置醒目标识，不得随意变更存放地点。

五、有限空间作业常用的呼吸防护用品

根据有限空间特点，作业中使用的呼吸防护用品主要有自吸过滤式防毒面具、长管呼吸器、正压式空气呼吸器和紧急逃生呼吸器等。

1.自吸过滤式防毒面具

这种防毒面具靠佩戴者自身的呼吸为动力，将环境中的毒气或有毒蒸气吸入，经滤毒罐或滤毒盒净化清除有害物质，为佩戴者提供洁净的气体进行呼吸。

（1）根据结构不同，可将自吸过滤式防毒面具分为以下两类：

①导管式防毒面具：是由将眼、鼻和口全遮住的全面罩、大型或中型滤毒罐和导气管组成，见图7-10。特点是防护时间较长，一般由专业人员使用。

图7-10 导管式防毒面具用实物

②直接式防毒面具：由全面罩或半面罩直接与小型滤毒罐或滤毒盒相连接，见图7-11和7-12。其特点是体积小，重量轻，便于携带，使用简便。

图7-11 直接式全面罩防毒面具用实物　图7-12 直接式半面罩防毒面具用实物

（2）自吸过滤式防毒面具的防毒原理：

①面具的气密性：在面罩罩体的内侧周边有密合框，它是面罩与佩戴者面部贴合的部分，由橡胶材料制成。密合框可将面罩内部空间与外部空间隔绝，防止有毒有害气体漏入面罩内部空间，确保防毒面具的防护性能。面具的气密性包括眼窗、通话器、过滤罐等接口的气密性，即面罩装配气密性；还包括面罩密合框与人员头面部的密合性，即佩戴气密性。装配气密性应在生产中解决并经严格检验合格。佩戴气密性应在设计和选用材料时考虑密合框与人的头面型的适应性。

②滤毒罐（滤毒盒）的防毒原理：滤毒罐（滤毒盒）依靠其内部的装填物来净化有害物质。装填物由两部分组成：一是装填层，用于过滤有毒气体或蒸气；二是滤烟层，用于过滤有害气溶胶（如毒烟、毒雾、放射性灰尘和细菌等）。

装填层中用的是载有催化剂或化学吸附剂的活性炭。这种活性炭通常称为浸渍活性炭或浸渍炭，或称为防毒炭或催化炭。防毒性能与活性炭的性能和质量有很大关系。浸渍活性炭通过物理吸附、化学吸着和催化三种作用来达到防毒目的。

滤烟层对有害气溶胶的过滤作用取决于滤烟层的材料，目前常用的是玻璃纤维滤烟层。气溶胶微粒通过滤烟层时发生截留效应、惯性效应、扩散效应和静电效应以达到过滤的效果。

（3）过滤件类型及防护对象。

过滤件的防护对象及防护时间见表7-6。

表7-6　各类呼吸防护用品过滤件的防护对象及防护时间

过滤件类型	标色	防护对象举例	测试介质	4级		3级		2级		1级		穿透浓度 ml/m³
				测试介质浓度 mg/L	防护时间 min ≥	测试介质浓度 mg/L	防护时间 min ≥	测试介质浓度 mg/L	防护时间 min ≥	测试介质浓度 mg/L	防护时间 min ≥	
A	褐	苯、苯胺类、四氯化碳、硝基苯、氯化苦	苯	32.5	135	16.2	115	9.7	70	5.0	45	10
B	灰	氯化氰、氢氰酸、氯气	氢氰酸（氯化氰）	11.2 （6）	90 （80）	5.6 （3）	63 （50）	3.4 （1.1）	27 （23）	1.1 （0.6）	25 （22）	10[a]
E	黄	二氧化硫	二氧化硫	26.6	30	13.3	30	8.0	23	2.7	25	5
K	绿	氨	氨	7.1	55	3.6	55	2.1	25	0.76	25	25
CO	白	一氧化碳	一氧化碳	5.8	180	5.8	100	5.8	27	5.8	20	50
Hg	红	汞	汞	—	—	0.01	4800	0.01	3000	0.01	2000	0.1
H₂S	蓝	硫化氢	硫化氢	14.1	70	7.1	110	4.2	35	1.4	35	10

注：1.[a]：C_2N_2 有可能存在于气流中，所以（C_2N_2+HCN）总浓度不能超过 10 mL/m³。

2.穿透浓度，是指在防毒性能测试中，判定过滤器已经失去防护作用时排出气流中的毒气浓度值。

（4）适用条件：

①过滤式防毒面具只能用于氧气含量合格（即氧含量介于19.5%和23.5%之间）的环境。

②一般不推荐在有限空间作业过程中使用过滤式防毒面具，只有在有限空间作业过程中存在或可能产生的有毒有害气体已知、浓度相对稳定，且始终低于IDLH，且有限空间内氧含量合格、作业时间很短的情况下，方可考虑使用具有相应防护功能的过滤式防毒面具。在具体选用时，应根据有限空间内有毒有害气体的危害因数，选择半面罩防毒面具和全面罩防毒面具。

③不同型号的防毒面具，其面罩有不同规格，应根据使用者的头面型进行选配。

④当有限空间中存在的有毒有害气体不止一种，且不属于一种过滤件类型时，应选择复合型的滤毒罐或滤毒盒。

（5）使用方法：

①检查：使用前应检查面罩是否匹配使用者头面特征；外观、视窗、进气阀、呼气阀、头带等部件是否完好有效；密合框是否有破损，面罩气密性是否良好。使用导管式防毒面具时，要特别检查导管的气密性，观察是否有孔洞或裂缝，与面罩和滤毒罐的连接是否密实。还应检查选择的滤毒盒或滤毒罐是否与需防护的有毒气体种类相匹配、是否合格有效。

②连接：打开滤毒罐或滤毒盒封口，将其与面罩上的螺口对齐并旋紧。若使用导管式防毒面具，则面罩通过导气管与滤毒罐相连。

③佩戴：松开面罩的带子，一手持面罩前端，另一手拉住头带，将头带往后拉，罩住头顶部（要确保下巴正确位于下巴罩内），调整面罩，使其与面部达到最佳的贴合程度，确保不松动、不漏气。若使用导管式防毒面具，应将滤毒罐固定在身体上。

（6）注意事项：

佩戴防毒面具作业过程中，若感到异味、刺激、恶心等不适症状时，应立即离开有限空间，检查防毒面具，并对有限空间作业环境进行检测。

2. 长管呼吸器

长管呼吸器是使佩戴者的呼吸器官与周围空气隔绝，并通过长管输送清洁空气供呼吸的防护用品，属于隔绝式呼吸器中的一种。

（1）分类：

根据供气方式不同可以分为自吸式长管呼吸器、连续送风式长管呼吸器和高压送风式长管呼吸器三种。表7-7即长管呼吸器的分类及组成。

表 7-7 长管呼吸器的分类及组成

长管呼吸器种类	系统组成主要部件及次序					供气气源
自吸式长管呼吸器	密合型面罩[a]	导气管[a]	低压长管[a]	低阻过滤器[a]		大气[a]
连续送风式长管呼吸器		导气管[a]+流量阀[a]	低压长管[a]	过滤器[a]	风机[a]	大气[a]
					空压机[a]	
高压送风式长管呼吸器	面罩[a]	导气管[a]+供气阀[b]	中压长管[b]	高压减压器[c]	过滤器[c]	高压气源[c]
所处环境	工作现场环境			工作保障环境		
a 承受低压部件；b 承受中压部件；c 承受高压部件						

①自吸式长管呼吸器：自吸式长管呼吸器结构如图 7-13 所示，由面罩、吸气软管、背带和腰带、导气管、空气输入口（低阻过滤器）和警示板等部分组成。长管的一端固定在空气清新无污染的场所，另一端与面罩连接，需要依靠佩戴者自身的肺动力将清洁的空气经低压长管、导气管吸进面罩内。

这种呼吸器依靠佩戴者自身的肺动力，在呼吸的过程中不能总是维持面罩内为微正压，当面罩内压力下降形成微负压状态时，外部受污染的空气就有可能进入面罩内。

有限空间长期处于封闭或半封闭状态，内部环境很可能氧含量不足或有毒有害气体浓度较高。在有限空间内使用自吸式长管呼吸器，缺氧气体或有毒气体渗入面罩的风险较大，会对佩戴者的身体健康与生命安全造成威胁。此外，由于该类呼吸器依靠佩戴者自身肺动力吸入有限空间外洁净空气，若佩戴者在有限空间内从事重体力劳动，或长时间作业时，可能会给呼吸带来较重负担，使作业人员呼吸不畅。因此，有限空间作业时，不推荐使用自吸式长管呼吸器。

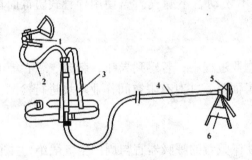

1-面罩；2-吸气软管；3-背带和腰带；4-导气管；5-空气输入口（低阻过滤器）6-警示板

图 7-13 自吸式长管呼吸器示意图

②连续送风式长管呼吸器：根据送风设备动力源不同分为电动送风呼吸器和手动送风呼吸器。手动送风呼吸器无需电源，由人力操作，体力强度大，需要 2 人一组轮换作业，送风量有限，且不稳定，有限空间作业时不推荐使用该类呼吸器。

电动风机送风呼吸器结构如图 7-14 所示，由全面罩、吸气软管、背带和腰带、空气调节袋、流量调节装置、导气管、风量转换开关、电动送风机、过滤器和电源线等部件组成。

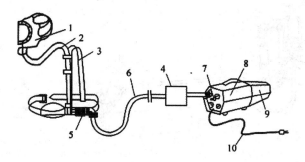

1- 密合面罩；2- 吸气软管；3- 背带和腰带；4- 空气调节袋；5- 流量调节器；

6- 导气管；7- 风量转换开关；8- 电动送风机；9- 过滤器；10- 电源线。

图 7-14　电动送风呼吸器结构示意图

电动送风呼吸器的使用时间不受限制，供气量较大，可以同时供 1~5 人使用，送风量依人数和导气管长度而定。在使用时应将送风机放在有限空间外清洁空气中，保证送入的空气是无污染的清洁空气。

③高压送风式长管呼吸器：高压送风式长管呼吸器是由高压气源（如高压空气瓶）经压力调节装置把高压降为中压后，将气体通过导气管送到面罩供佩戴者呼吸的一种防护用品。

图 7-15 是高压送风式长管呼吸器的示意图，该呼吸器由两个高压空气容器瓶作为气源，当主气源发生意外中断供气时，可切换至备份的供气装置，即小型高压空气容器。

（2）适用条件：

①送风式长管呼吸器的指定防护因数为 1000。在缺氧或有毒有害气体浓度超标时，尤其是在作业过程中可能发生有毒有害气体浓度突然升高的情况下，应使用送风式长管呼吸器这类隔绝式呼吸防护用品。在配备适合的辅助逃生设备的前提下，IDLH 环境下也可选择送风式长管呼吸器。

②有限空间作业中不建议使用自吸式长管呼吸器。只有在连续送风式长管呼吸器气源装置（风机）发生故障，主动气源中断时，才会转换为自吸式长管呼吸器，即一种特殊状态下临时使用的呼吸器。

③在有限空间内长时间作业，应选择可持续供电的连续送风式长管呼吸器。

④在有限空间内短时间作业，或有毒有害气体浓度较高时，可选择高压送风式长管呼吸器。

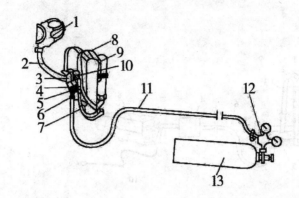

1- 全面罩；2- 吸气管；3- 肺力阀；4- 减压阀；5- 单向阀；6- 软管接合器；7- 高压导管；

8- 着装带；9- 小型高压空气容器；10- 压力指示计；11- 空气导管；12- 减压阀；13- 高压空气容器

图 7-15　高压送风式长管呼吸器示意图

（3）使用方法：

①检查：使用前检查面罩外观、进气阀、呼气阀、头带、视窗等部件是否完好，密合框是否有破损，面罩气密性是否良好；导气管、长管是否有孔洞或裂缝，气路是否通畅。使用连续送风式长管呼吸器的，还应检查送风装置是否能够正常运转；使用高压送风式长管呼吸器的，还应检查气瓶压力是否满足作业需要，报警装置功能是否正常。

②连接：将导气管一端与面罩前端螺口对齐，旋紧，另一端与空气调节带（减压阀）相连；低（高）压长管一端与空气调节带（减压阀）相连，另一端与供气设备（包括风机、空压机、高压气瓶）出气口相连；最后连接电源。

③佩戴：背肩带，调整好肩带位置，扣上腰扣，收紧腰带；打开风机或空压机电源或高压气瓶瓶阀；松开面罩的带子，一手持面罩前端，另一手拉住头带，将头带往后拉罩住头顶部（要确保下巴正确位于下巴罩内），调整面罩，使其与面部达到最佳的贴合程度，收紧面罩的头带；调节空气调节阀、减压阀，调整供气量；连续深呼吸，应感到呼吸顺畅。

（4）注意事项：

①长管必须经常检查，确保无泄漏，气密性良好。

②使用长管式呼吸器必须有专人在现场监护，防止长管被碾压、折弯、破坏。

③呼吸器进气口必须放置在有限空间作业环境外，空气洁净、氧含量合格的地方，宜放置在有限空间出入口的上风向。

④使用空压机作气源时，为保护佩戴者的安全与健康，空压机的出口应设置空气过滤器，内装活性炭、硅胶、泡沫塑料等，以清除气源中的油水和杂质。

3. 正压式空气呼吸器

正压式空气呼吸器又称自给开路式压缩空气呼吸器。该类呼吸器将佩戴者的呼吸器官、眼睛和面部与外界有毒有害空气或缺氧环境完全隔绝，自带压缩空气源，呼出的气体直接排到外部。

（1）组成：

空气呼吸器有面罩总成、供气阀总成、气瓶总成、减压器总成、背托总成五部分。结构见图7-16。

面罩总成有大、中、小三种规格，由头罩、头颈带、吸气阀、口鼻罩、面窗、传声器、面窗密封圈、凹形接口等组成。头罩戴在头顶上；头颈带用以固定面罩；口鼻罩罩住佩戴者的口鼻，提高空气利用率，减少温差引起的面窗雾气；面窗是由高强度的聚碳酸酯材料注塑而成，耐磨、耐冲击，透光性好，视野大，不失真；传声器可为佩戴者提高有效声音传递；面窗密封圈起到密封作用；凹形接口用于连接供气阀总成。

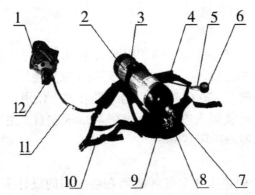

1-面罩；2-气瓶；3-带箍；4-肩带；5-报警哨；6-压力表；7-气瓶阀；
8-减压器；9-背托；10-腰带组；11-快速接头；12-供气阀

图7-16 正压式呼吸器结构示意图

供气阀总成由节气开关、应急充泄阀、凸形接口、插板四部分组成。供气阀的凸形接口与面罩的凹形接口可直接连接，构成通气系统。节气开关外有橡皮罩保护，当佩戴者从脸上取下面罩时，为节约用气，用大拇指按住橡皮罩下的节气开关，会有"嗒"的一声，即关闭供气阀，停止供气，重新戴上面具，开始呼气时，供气阀将自动开启，供给空气。应急充泄阀是一个红色旋钮，当供气阀意外发生故障时，通过手动旋钮旋动1/2圈，即可提供正常的空气流量。此外，应急充泄阀还可利用流出的空气直接冲刷面罩、供气阀内部的灰尘等污物，避免吸入体内。插板用于供气阀与面罩连接后的锁定。

气瓶总成由气瓶和瓶阀组成。气瓶从材质上分钢瓶和复合瓶两种。钢瓶用高强度钢制作；复合瓶是在铝合金内胆外加碳纤维和玻璃纤维等高强度纤维缠绕制成，与钢瓶比具有重量轻、耐腐蚀、安全性好和使用寿命长等优点。气瓶从容积上分有3 L、6 L和9 L三种规格。钢制瓶的空气呼吸器重达14.5 kg，而复合瓶空气呼吸器一般重8~9 kg。瓶阀有两种，即普通瓶阀和欧标手轮瓶阀。无论哪种瓶阀都有安全螺塞，内装安全膜片，瓶内气体超压时安全膜片会自动爆破泄压，从而保护气瓶，避免气瓶爆炸造成危害。欧标手轮瓶阀则带有压力显示和防止意外碰撞而关闭阀门的功能。

减压器总成由压力表、报警器、中压导气管、安全阀、手轮五部分组成。压力表能显示气瓶的压力，并具有夜光显示功能，便于在光线不足的条件下观察；报警器安装在减压器上或压力表处，安装在减压器上的为后置报警器，安装在压力表旁的为前置报警器。当气瓶压力降到 5.5±0.5 MPa 区间时，报警器会发出声响报警，并持续报警到气瓶压力小于 1 MPa 时为止。听到报警器报警，佩戴者应立即撤离有毒有害危险作业场所，否则有生命危险。安全阀是当减压器出现故障时的安全排气装置。中压导气管是减压器与供气阀组成的连接气管，从减压器出来的 0.7 MPa 的空气经供气阀直接进入面罩，供佩戴者使用。手轮用于连接减压器与气瓶。

背托总成包括背架、上肩带、下肩带、腰肩带和瓶箍带五部分。背架是空气呼吸器的支架；上、下肩带和腰带用于将整套空气呼吸器与佩戴者紧密固定；背架上瓶箍带的卡扣用于快速锁紧气瓶。

（2）适用条件：

①正压式空气呼吸器的指定防护因数大于 1000，是有限空间作业使用到的防护级别最高的呼吸防护用品。可以在 IDLH 环境中独立使用。

②使用温度一般在 –30℃ ~60℃，且不能在水下使用。

③正压式空气呼吸器一般供气时间在 40 min 左右，主要用于应急救援，不宜作为作业过程中的呼吸防护用品。

（3）使用方法：

不同厂家生产的正压式空气呼吸器在供气阀的设计上所遵循的原理是一致的，但外形设计却存在差异，使用过程中要认真阅读说明书。以下以供气阀与面罩可分离的正压式空气呼吸器为例，介绍正压式空气呼吸器的使用方法。

①检查：

a. 检查正压式空气呼吸器外观。应检查整体外观是否良好，包括面罩、背托、系带、导气管、阀体、气瓶外观及气瓶检定有效期等。

b. 检查气瓶压力是否满足作业需要。打开气瓶阀，压力表指针显示压力值逐渐上升，观察气瓶压力，气瓶存气量应满足需要。

c. 检查报警设施是否正常。关闭气瓶阀，平缓地按动泄压阀，压力表显示数值逐渐下降，当压力降至 5.5±0.5 MPa 时，蜂鸣报警器发出声响，提醒使用者气瓶压力不足。当报警哨发生"高报"（压力值未到报警区时开始报警）或"低不报"（压力值到报警区后仍不报警）情况时，说明报警设施存在问题，应及时更换。

d. 检查面罩气密性是否良好。将下颚抵住面罩的下颚罩内，把面罩罩好，用手掌心堵住呼吸阀体进出气口，吸气，面罩会向内微微塌陷，面罩边缘紧贴面部，屏住呼吸数秒，维持上述状态无漏气即说明密合良好。存在面罩泄漏情况的应调整头带或更换面罩直至气密良好。

②佩戴：

a. 背起空气呼吸器，使双臂穿在肩带中，气瓶倒置于背部。

b. 调整呼吸器上下位置，扣上腰扣，收紧腰带。

c. 松开面罩的带子，一手持面罩前端，另一手拉住头带，将头带往后拉罩住头顶部（要确保下巴正确位于下巴罩内），调整面罩，使其与面部达到最佳的贴合程度。

d. 两手抓住颈带两端往后拉，收紧颈带；两手抓住头带两端往后拉，收紧头带。

e. 打开瓶阀。

f. 将供气阀与面罩对接，安装供气阀。

g. 连续深呼吸，应感到呼吸顺畅。

（4）注意事项：

①使用者应经过专业培训，熟练掌握空气呼吸器的使用方法及安全注意事项。

②呼吸器应2人协同使用，当1人使用时，应制定安全措施，确保佩戴者的安全。

③呼吸器的气瓶充气应严格按照《气瓶安全监察规程》的规定执行，无充气资质的单位和个人禁止私自充气。

④空气瓶每3年应送至有资质的单位检验1次。使用过程中发现气瓶有严重腐蚀、损伤，或对其安全可靠性有怀疑时，应提前检验。气瓶库存或停用时间超过1个检验周期的，启用前应检验。

⑤每次使用前要确保气瓶压力至少在25 MPa以上。

⑥当报警器起鸣时或气瓶压力低于5.5 MPa时，应立即撤离有毒有害危险作业场所。

⑦充泄阀的开关只能手动，不可使用工具，其阀门转动范围为1/2圈。

⑧平时空气呼吸器应由专人负责保管、保养、检查，未经授权的单位和个人无权拆、修呼吸器。

4. 紧急逃生呼吸器

紧急逃生呼吸器是为保障作业安全，携带进入有限空间，帮助作业者在作业环境发生有毒有害气体突出，或突然性缺氧，或呼吸防护用品供气故障等意外情况时，迅速逃离危险环境的呼吸器。它可以独立使用也可以配合其他呼吸防护用品共同使用。

（1）分类和组成：

根据有限空间的环境特点，应选用隔绝式的紧急逃生呼吸器，如压缩空气逃生器、自生氧气逃生器等。其基本部件有：全面罩或口鼻罩和鼻夹、口具、呼吸软管或压力软管、背具、过滤器件、呼吸袋、气瓶等。

（2）防护原理：

①压缩空气逃生器：自带小型的压缩气瓶，逃生器开启后自动由压缩气瓶向面罩内提供洁净空气。

②自生氧气逃生器：把储存在呼吸袋内的氧气经氧气管、吸气阀等从面罩吸入，呼气则通过呼气管进入净化罐，二氧化碳在此被吸收，氧气再返回呼吸袋中供吸气用。或通过化学药剂发生反应产生氧气，供逃生人员使用。使用的主要化学物质有氧化钾、氧化钠、氯酸钠等。

（3）一般适用条件：

①经有限空间初始环境检测，判定为不存在缺氧窒息、中毒、爆炸危险的环境，即3级作业环境中，作业人员可不佩戴呼吸防护用品。但为防止空间内发生有毒有

害气体突然出现或突然性缺氧的情况，作业人员应携带紧急逃生呼吸器进入有限空间实施作业。

②在IDLH环境中作业时，配合连续送风式长管呼吸器使用，可帮助作业人员在连续送风式长管呼吸器风机故障、输气管发生破损等意外情况导致供气出现问题的紧急情况下逃离危险环境。

③长距离作业，如作业场所纵深距离超过80 m、作业时间与往返时间之和超过40 min时，长管呼吸器及正压式空气呼吸器均不适用，此时应在对有限空间进行充分通风，确保氧气含量合格的情况下，携带紧急逃生呼吸器进入有限空间实施作业。

（4）使用方法：

当作业过程中出现需要使用紧急逃生呼吸器时，迅速打开紧急逃生呼吸器，将面罩或头套完整地遮掩住口、鼻、面部甚至头部，迅速撤离危险环境。

（5）注意事项：

①紧急逃生呼吸器必须随身携带，不可随意放置。

②不同的紧急逃生呼吸器，其供气时间不同，一般在15 min左右，作业人员应根据作业场所距有限空间出口的距离选择种类和携带数量。若供气时间不足以安全撤离危险环境，应增加紧急逃生呼吸器的携带数量。

5. 几种呼吸防护用品的比较

防毒面具、长管呼吸器、正压式长管呼吸器、紧急逃生呼吸器优缺点、适用范围比较情况见表7-8。

表7-8　防毒面具、长管呼吸器、正压式空气呼吸器的比较

呼吸器名称		类型	优点	缺点	适用条件及使用注意事项
大类	小类				
防毒面具	半面罩防毒面具（配滤毒盒）	半面罩自吸过滤式	体积小巧；方便携带；成本低	1. 不能在缺氧环境使用； 2. 有毒有害气体浓度长时间处于较高水平或存在突出现象时，极易发生"击穿"	1. 指定防护因数为10； 2. 氧含量合格； 3. 危害因数 < 10； 4. 有毒有害气体浓度很低且较为稳定，不会产生变化时，短时间作业可以佩戴； 5. 多在有限空间内具备较为良好的通风环境下，为保护涂装、焊接作业人员健康使用
	全面罩防毒面具（配滤毒罐或滤毒盒）	全面罩自吸过滤式	可随身携带；成本低	1. 不能在缺氧环境使用； 2. 有毒有害气体浓度长时间处于较高水平或存在突出现象时，易发生"击穿"	1. 指定防护因数为100； 2. 氧含量合格； 3. 危害因数 < 100； 4. 有毒有害气体浓度很低且较为稳定，不会产生变化时，短时间作业可以佩戴； 5. 多在有限空间内具备较为良好的通风环境下，为保护涂装、焊接作业人员健康使用

续表 7-8

呼吸器名称		类型	优点	缺点	适用条件及使用注意事项
大类	小类				
长管呼吸器	自吸式长管呼吸器	负压供气隔绝式	携带方便；成本较低	1. 靠自身肺动力维持，长距离使用影响正常呼吸；2. 面罩内压力为微正压，易下降为微负压，此时外部有毒有害气体进入面罩内	仅在送风式长管呼吸器送风系统发生故障时，自动切换成自吸式长管呼吸器，短时间暂时性使用
	连续送风式长管呼吸器	正压供气隔绝式	使用时间不受限制；供气量较大，可供多人使用；风量可调；成本适中	1. 要求供气设备置于空气洁净、氧含量合格的位置；2. 长距离使用时，要求有较大的送风量；3. 一旦外界气源中断，切换成自吸式长管呼吸器，可能造成长距离作业人员呼吸困难	1. 指定防护因数为 1000；2. 在缺氧或有毒有害气体浓度超标时使用或可能发生气体浓度突然升高的情况中使用；3. 配有辅助逃生设备的条件下，在 IDLH 环境中使用；4. 使用时要求供气设备及外露长管有专人监护；5. 使用高压送风式长管呼吸器时，要注意气瓶压力，保证充足的返回时间；6. 准入检测为 2 级环境时，优先选择送风式长管呼吸器
	高压送风式长管呼吸器	正压供气隔绝式	气源清洁，供气量较大，可供多人使用；风量可调；高压气源意外中断供气时，有备用高压气瓶供气，气源环境不受影响	1. 设备体积大，不易携带；2. 成本高；3. 需要在有资质的机构进行气瓶充装	1. 指定防护因数为 1000；2. 在缺氧或有毒有害气体浓度超标时使用或可能发生气体浓度突然升高的情况中使用；3. 配有辅助逃生设备的条件下，在 IDLH 环境中使用；4. 使用时要求供气设备及外露长管有专人监护；5. 使用高压送风式长管呼吸器时，要注意气瓶压力，保证充足的返回时间；6. 准入检测为 2 级环境时，优先选择送风式长管呼吸器
正压式空气呼吸器		正压携气隔绝式	较高压送风式长管呼吸器体积小，可随身携带；指定防护因数最高，防护能力最强	1. 气瓶供气时间有限；2. 成本高；3. 需要在有资质的机构进行气瓶充装	1. 指定防护因数 > 1000；2.IDLH 中独立使用；3. 主要用于应急救援；4. 在持续性高浓度有毒有害气体，或可能发生有毒有害气体浓度突然升高的情况下使用；5. 一般使用时间在 40 min 左右，使用时要注意气瓶压力，保证充足的返回时间；6. 准入检测为 2 级环境时，次优（但不建议）选择正压式空气呼吸器
紧急逃生呼吸器	自生氧逃生呼吸器		成本较低；体积较小，易于携带；使用方便	一次性使用	1. 可以独立使用，也可以配合其他呼吸防护用品使用；2. 准入检测为 3 级环境，为保障作业安全，建议携带紧急逃生呼吸器，作业过程中发生意外使用；3. 一般使用时间在 15 min 左右
	正压空气瓶		可反复使用；体积比自生氧逃生呼吸器大，重量较重	1. 成本高；2. 需要在有资质的机构进行气瓶充装	

第三节　防坠落用具

凡在坠落高度基准面 2m 以上（含 2m）有可能坠落的高处进行的作业，都称为高处作业。有限空间作业中常涉及高处作业，当坠落最低高度在 2m 左右时，就有造成人身伤（亡）的可能。为防止作业人员在有限空间作业过程中发生坠落伤害，配备防坠落用具是十分必要的防护措施。

一、防坠落用具简介

有限空间作业中常使用到的防坠落用具主要包含以下几种：

1. 全身式安全带

全身式安全带由织带、带扣及其他金属部件组合而成，与三脚架、建筑预埋挂点等固定装置配合使用。其主要作用是防止高处作业人员发生坠落或发生坠落后将作业人员安全悬挂，是一种可在坠落时保持坠落者正常体位，防止坠落者从安全带内滑脱，还能将冲击力平均分散到整个躯干部份，减少对坠落者下背部伤害的安全带，如图 7-17。全身式安全带有马甲式、交叉式等。

图 7-17　全身式安全带解析

①背部 D 型环：安全带上用于坠落制动的基本挂点。

②D 形环延长带：与背后的 D 形环相连，使 D 形环与绳子的连接更容易，这样用户就可以完全确定挂钩是否完全挂好。

③肩部 D 形环：带有撑杆或 Y 形缓冲减震带的；肩部小 D 形环，用于在有限空间内的救援或逃生。

④胸带：用于连接两个肩带，通过一个连接扣环使身体固定在安全带内。

⑤腿带：扣环式或扣眼式，用户可根据需要和偏好选择腿上的松紧程度。

⑥软垫：柔软、稳固，在工作定位时有助于支撑身体下部。

⑦腰带：一体的腰带，有助于工作定位和放置工具。

⑧下骨盆带：位于臀部以下，有助于工作定位和在坠落时分担受力。

⑨侧面 D 形环：位于侧臀部或紧挨其上部位，用于工作定位和限位。

⑩胸部 D 形环：胸前交叉安全带的 D 形环或圆环，用于爬梯或援救时的定位。

⑪向上箭头指示：箭头用于指示全身安全带连接点方向。向上箭头指全身安全带定位的方向。

⑫侧肋环：加固的带环，用于救援和降落。

2. 自锁器

自锁器是附着在刚性或柔性导轨上，可随使用者的移动沿导轨滑动，由坠落动作引发制动作用的部件。又称导向式防坠器、抓绳器等。

在攀爬时，自锁器可依据使用者速度随着使用者向上移动，一旦发生坠落可瞬时锁止，最大限度地降低坠落给人体带来的冲击力，从而保护作业人员生命安全。自锁器携带方便，安装使用也很便利，拆卸时则需要两个以上的动作才可打开，安全可靠。

3. 速差自控器

速差自控器是安装在挂点上，装有可伸缩长度的绳（带、钢丝绳），串联在系带和挂点之间，在坠落发生时因速度变化引发制动作用的产品，又称速差器、收放式防坠器等。

按速差器安全绳的材料及形式分，速差器可分为织带速差器、纤维绳索速差器和钢丝绳速差器三类。

按速差器功能分，速差器可分为带有整体救援装置和不带整体救援装置两类，如图 7-18。

a）不带整体救援装置　　　　　　b）带有整体救援装置

图 7-18 速差自控器的分类

速差器的标记由产品特征、产品性能两部分组成。

产品特征：以字母 Z 代表织带速差器，以字母 X 代表纤维绳索速差器，以字母 G 代表钢丝绳速差器，以字母 J 代表速差器带有整体救援装置；以阿拉伯数字代表安全绳最大伸展长度。

产品性能：以字母 J 代表基本性能，以字母 G 代表高温性能，以字母 D 代表低温性能，以字母 S 代表浸水性能，以字母 F 代表抗粉尘性能，以字母 Y 代表抗油污性能。

比如具备基本性能的织带速差器，安全绳最大伸展长度为 3m，表示为"Z-J-3"；带有整体救援装置的钢丝绳速差器，同时具备高温、抗粉尘性能和抗油污性能，安全绳最大伸展长度为 10m，表示为"GJ-GFY-10"。

与其他坠落防护用品相比，速差器具有以下特点：

（1）由于速差器的安全绳在正常使用时，是随人体上下而自由伸缩，所以可以大大减少被安全绳绊倒的危险。

（2）速差器是利用物体下坠速度差进行自控，安全绳在内部机构作用下处半紧张状态，使操作人员无牵挂感。万一失足坠落，安全绳拉出速度明显加快时，速差器内部锁止系统即自动锁止，锁止距离小，反应速度快，最大限度的使坠落者接近工作平台，方便救援；另一方面也有效降低了可能由于下坠摇摆幅度过大而撞击其他物体而导致的事故。

（3）速差器的安全绳伸缩长度可达到 30m 甚至更长，这意味着使用者将获得更大的活动空间，有效减少了因防护用品本身长度限制给作业带来的不便，安全绳在不使用的状态下，将自动缩回壳体内，起到了保护安全绳的作用，使速差器寿命更长，可靠性更高。

4. 安全绳

安全绳是在安全带中连接系带与挂点的绳。一般与缓冲器配合使用，起扩大或限制佩戴者活动范围、吸收冲击能量的作用。

安全绳按作业类别分为围杆作业用安全绳、区域限制用安全绳和坠落悬挂用安全绳。

安全绳按材料类别分为织带式安全绳、纤维绳式安全绳、钢丝绳式安全绳和链式安全绳。

5. 缓冲器

缓冲器是串联在系带和挂点之间，发生坠落时吸收部分冲击能量、降低冲击力的部件，如图 7-19。

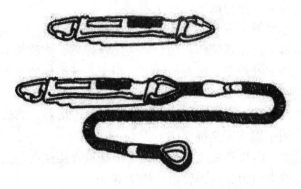

图 7-19 缓冲器

缓冲器按自由坠落距离和制动力不同分为 I 型缓冲器和 II 型缓冲器，见表7-9。

表 7-9 缓冲器分类表

类型	自由坠落距离（m）	制动力（kN）
I	≤ 1.8	≤ 4
II	≤ 4	≤ 6

6. 连接器

连接器是指可以将两种或两种以上元件连接在一起，具有常闭活门的环状零件。连接器一般用于将系带和绳或绳和挂点连接在一起。如图7-20。

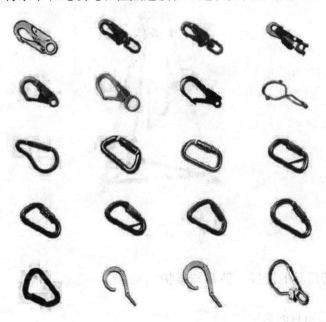

图 7-20 连接器

连接器按照功能可以分为以下几类：

（1）自动关闭连接器：有自动关闭活门的连接器；

（2）基本连接器：用作系统组件的自动关闭连接器，亦称为 B 型连接器；

（3）多用连接器：可置于一定直径轴上、用于系统组件的基本连接器或螺纹连接器，亦称为 M 型连接器；

（4）绳端连接器：系统中只能按预定方向使用的连接器，亦称为 T 型连接器（具有一个连接环眼，用于固定安全绳）；

（5）挂点连接器：能自动关闭，与特定类型挂点直接连在一起的连接器，亦称为 A 型连接器（挂点的类型为螺栓、管道、横梁等）；

（6）螺纹连接器：用于长期或永久地连接，螺纹关闭时活门部分可以承担受力，亦称为 Q 型连接器；

（7）旋转连接器：连接器本体同连接环眼可以相对旋转的 T 型连接器，亦称为 S 型连接器（S 型连接器用于类似速差器等安全绳较长的场合）；

（8）缆用连接器：用于同索（缆）连接的 B 型连接器，亦称为 K 型连接器（K 型连接器一般可以在索（缆）上一定距离内滑动）。

7. 三脚架

三脚架主要应用于竖向有限空间（如地下井）需要防坠或提升装置，但没有可靠挂点的场所。作为临时设置的挂点，作业或救援时，三脚架与绞盘、速差自控器、安全绳、安全带等配合使用，如图 7-21。

图 7-21　三脚架

二、防坠落用具的选择、使用与维护

（一）防坠落用具的选择

（1）首先对安全带进行外观检查，看是否有碰伤、断裂及存在影响安全带技术性能的缺陷。检查织带、零部件等是否有异常情况。

（2）对防坠落用具重要尺寸及质量进行检查。包括规格、安全绳长度、腰带宽度等。

（3）检查安全带上必须具有的标记，如：制造厂名商标、生产日期、许可证编号、LA 标识和说明书中应有的功能标记等。

（4）检查防坠落用具是否有质量保证书或检验报告，并检查其有效性，即出具报告的单位是否是法定单位，盖章是否有效（复印无效），检测有效期、检测结果及结论等。

（5）安全带属特种劳动防护用品，因此应到有生产许可证厂家或有特种防护用品定点经营证的商店购买。

（6）选择的安全带应适应特定的工作环境，并具有相应的检测报告。

（7）选择安全带时一定要选择适合使用者身材的安全带，这样可以避免因安全带过小或过大而给工作造成的不便和安全隐患。

（二）安全带的使用和维护

1. 安全带的穿戴

安全带的正确穿戴对于坠落防护的效果十分重要，现以全身式安全带为例，其正确穿戴步骤见图 7-22。

图 7-22 全身式安全带正确穿戴步骤

2. 挂点的选择

选择挂点时应考虑以下因素：

（1）挂点的强度。挂点的强度至少应承受 22 kN 的力（大约 2 T）。一般情况下，搭建合适的脚手架、建筑物预埋的金属挂点、金属材质的电力及通讯塔架均可作为挂点，但水管、窗框等则不适合作为挂点，如果不能确定挂点的强度应请工程人员进行核实和测试。

（2）挂点的位置。挂点应尽量在作业点的正上方，如果不行，最大摆动幅度不应大于 45°，而且应确保在摆动情况下不会碰到侧面的障碍物（如图 7-23），以免造成伤害；挂点的高度应能避免作业人员坠落后不触及其他障碍物，以免造成二次伤害；如使用的是水平柔性导轨，在确定安全空间的大小时应充分考虑发生坠落时导轨的变形。

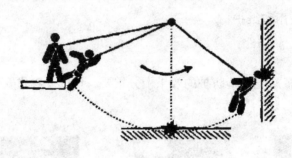

图 7-23 挂点位置

3. 安全带使用注意事项

（1）使用安全带前应检查各部位是否完好无损，安全绳和系带有无撕裂、开线、霉变，金属配件是否有裂纹、是否有腐蚀现象，弹簧弹跳性是否良好，以及其他影响安全带性能的缺陷。如发现存在影响安全带强度和使用功能的缺陷，则应立即更换；

（2）安全带应拴挂于牢固的构件或物体上，应防止挂点摆动或碰撞；

（3）使用坠落悬挂安全带时，挂点应位于工作平面上方，坠落悬挂安全带的安全绳与主带的连接点应固定于佩戴者的后备、后腰或胸前，不应位于腋下、腰侧或腹部；

（4）使用安全带时，安全绳与系带不能打结使用；

（5）高处作业时，如安全带无固定挂点，应将安全带挂在刚性轨道或具有足够强度的柔性轨道上，禁止将安全带挂在移动或带尖锐棱角的或不牢固的物件上；

（6）使用中，安全绳的护套应保持完好，若发现护套损坏或脱落，必须加上新套后再使用；

（7）安全绳（含未打开的缓冲器）不应超过 2m，不应擅自将安全绳接长使用，如果需要使用 2 m 以上的安全绳应采用自锁器或速差自控器；

（8）使用中，不应随意拆除安全带各部件，不得私自更换零部件；

（9）使用连接器时，受力点不应在连接器的活门位置；

（10）安全带应在制造商规定的期限内使用,一般不应超过 5 年,如发生坠落事故,或有影响性能的损伤，则应立即更换；

（11）超过使用期限的安全带, 如有必要继续使用, 则应每半年抽样检验一次,合格后方可继续使用；

（12）如安全带的使用环境特别恶劣, 或使用频率格外频繁, 则应相应缩短其使用期限。

4．安全带的维护与保管

（1）安全带只需用清水冲洗和中性洗涤即可, 洗后挂在阴凉通风处晾干；

（2）如果安全带沾有污渍应予以清理, 避免安全隐患；

（3）安全带不使用时, 应由专人保管。存放时, 不应接触高温、明火、强酸、强碱或尖锐物体, 不应存放在潮湿的地方；

（4）储存时, 应对安全带定期进行外观检查, 发现异常必须立即更换, 检查频次应根据安全带的使用频率确定。

（三）三脚架的使用和维护

1．三脚架的安装与使用

（1）取出三脚架, 解开捆扎带, 并直立放置；

（2）移动三脚架至需施救的井口上（底脚平面着地）。将三支柱适当分开角度,底脚防滑平面着地,用定位链穿过三个底脚的穿孔。调整长度适当后, 拉紧并相互勾挂在一起, 防止三支柱向外滑移。必要时, 可用钢扦穿过底脚插孔, 砸入地下定位底脚；

（3）拔下内外柱固定插销,分别将内柱从外柱内拉出。根据需要选择拔出长度后,将内外柱插销孔对正, 插入插销, 并用卡簧插入插销卡簧孔止退；

（4）将防坠制动器从支柱内侧卡在三脚架任一个内柱上（面对制动器的支柱, 制动器摇把在支柱右侧）, 并使定位孔与内柱上定位孔对正, 将安装架上配备的插销插入孔内固定；

（5）逆时针摇动绞盘手柄, 同时拉出绞盘绞绳, 并将绞绳上的定滑轮挂于架头上的吊耳上（正对着固定绞盘支柱的一个）。

此外, 在使用前, 要对设备各组成部分（速差器、绞盘、安全绳）的外观进行目测检查, 检查连接挂钩和锁紧螺丝的状况、速差器的制动功能。检查必须由使用该设备的人进行。一旦发现有缺陷, 不要使用该设备。

2．使用注意事项

（1）使用前必须检查三脚架安装是否稳定牢固, 保证定位链限位有效, 绞盘安装正确。

（2）在负载情况下停止升降时, 操作者必须握住摇把手柄, 不得松手。

（3）无负载放长绞绳时,必须一人逆时针摇动手柄,一人抽拉绞绳；不放长绞绳时,请勿随意逆时针转动手柄。

（4）使用中绞绳松弛时，绝不允许绞绳折成死结，否则将损毁绞绳，再次使用时将发生事故。

（5）卷回绞绳时，由其在绞绳放出较长时，应适当加载，并尽量使绞绳在卷筒上排列有序，以免再次使用受力时绞绳相互挤压受损。

（6）必须经常检查设备，各零件齐全有效，无松脱、老化、异响；绞绳无断股、死结情况；发现异常，必须及时检修排除。

3. 维护和保养

使用后，要存放在干燥、通风、室温和远离阳光的地方。如果作业中沾染上了污物，应用温水和家用肥皂进行清洗，不推荐使用含酸或碱性的溶剂。清洗后必须风干，而且要远离火源和热源。

第四节 其他防护用品

一、安全帽

安全帽是防冲击时的主要使用的防护用品，主要用来避免或减轻在作业场所发生的高空坠落物、飞溅物体等意外撞击对作业人员头部造成的伤害。安全帽由帽壳、帽衬和下颏带、附件等部分组成。结构见图7-24。

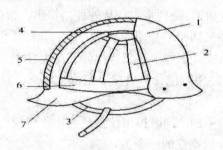

图7-24 安全帽结构示意图

1-帽体；2-帽衬分散条；3-系带；4-帽衬顶带；5-吸收冲击内衬；6-帽衬环形带；7-帽沿

安全帽的帽壳与帽衬之间有 25~50mm 的间隙，当物体打击安全帽时，帽壳不因受力变形而直接影响到头顶部，且通过帽衬缓冲减少的力可达 2/3 以上，起到缓冲减震的作用。国外生物实验证明，人体颈椎骨和成人头盖骨在承受小于 4900N 的冲击力时，不会危及生命，超过此限值，颈椎就会受到伤害，轻者引起瘫痪，重者危及生命。安全帽要起到安全防护的作用，必须能吸收冲击过程的大部分能量，才能使最终作用在人体上的冲击力小于 4900N。

1.在选择安全帽时应注意：

（1）应使用质检部门检验合格的产品。

（2）根据安全帽的性能、尺寸、使用环境等条件，选择适宜的品种。如在易燃易爆环境中作业应选择有抗静电性能的安全帽；有限空间光线相对较暗，应选择颜色明亮的安全帽，以便于发现。

2.在使用安全帽及保养时应注意：

（1）佩戴前，应检查安全帽各配件有无破损、装配是否牢固、帽衬调节部分是否卡紧、插口是否牢靠、绳带是否系紧等。若帽衬与帽壳之间的距离不在 25~50mm 之间，应用顶绳调节到规定的范围，确信各部件完好后方可使用。

（2）根据使用者头的大小，将帽箍长度调节到适宜位置（松紧适度）。高处作业者佩戴的安全帽，要有下颏带和后颈箍并应拴牢，以防帽子滑落与脱掉。

（3）安全帽在使用时受到较大冲击后，无论是否发现帽壳有明显的断裂纹或变形，都应停止使用，更换受损的安全帽。一般安全帽使用期限不超过 3 年。

（4）安全帽不应储存在有酸碱、高温（50℃以上）、阳光、潮湿等处，避免重物挤压或尖物碰刺。

（5）帽壳与帽衬可用冷水、温水（低于 50℃）洗涤。不可放在暖气片上烘烤，以防帽壳变形。

二、防护服

防护服是替代或穿在个人衣服外，用于防止一种或多种危害的衣服，是安全作业的重要防护部分，是用于隔离人体与外部环境的一个屏蔽。根据外部有害物质性质的不同，防护服的防护性能、材料、结构等也会有所不同。我国防护服按用途分为：（1）一般作业工作服，用棉布或化纤织物制作，适于没有特殊要求的一般作业场所使用。（2）特殊作业工作服，包括隔热服、防辐射服、防寒服、防酸服、抗油拒水服、防化学污染服、防 X 射线服、防微波服、中子辐射防护服、紫外线防护服、屏蔽服、防静电服、阻燃服、焊接服、防砸服、防尘服、防水服、医用防护服、高可视性警示服、消防服等。

1.选用防护服时应注意：

（1）必须选用符合国家标准，并具有《产品合格证》的防护服。

（2）根据有限空间危险有害因素进行选择。例如在有硫化氢、氨气等强刺激性气体的作业环境中作业时，应穿着防毒服;在易燃易爆场所作业时，不准穿化纤防护服，应穿着防静电防护服等。表 7-10 列举了几种有限空间作业常见的作业环境及选择的防护服种类。

表 7-10 有限空间作业常见的作业环境及选择的防护服种类

作业类别		可以使用的防护用品	建议使用的防护用品
编号	环境类型		
1	存在易燃易爆气体 / 蒸气或可燃性粉尘	化学品防护服 阻燃防护服 防静电服 棉布工作服	防尘服 阻燃防护服
2	存在有毒气体 / 蒸气	化学防护服	
3	存在一般污物	一般防护服 化学品防护服	防油服
4	存在腐蚀性物质	防酸（碱）服	
5	涉水	防水服	

2. 使用、保养防护服时应注意：

（1）化学品防护服：

①使用前应检查化学品防护服的完整性及与之配套装备的匹配性，在确认完好后方可使用。

②进入化学污染环境前，应先穿好化学品防护服；在污染环境中的作业人员，不得脱卸化学品防护服及装备。

③化学品防护服被化学物质持续污染时，应在规定的防护性能（标准透过时间）内更换。有限次数使用的化学品防护服已被污染时应弃用。

④脱除化学品防护服时，宜使内面翻外，减少污染物的扩散，且宜最后脱除呼吸防护用品。

⑤由于许多抗油拒水防护服及化学品防护服的面料采用的是后整理技术，即在表面加入了整理剂，一般须经高温才能发挥作用，因此在穿用这类服装时要根据制造商提供的说明书经高温处理后再穿用。

⑥穿用化学品防护服时应避免接触锐器，防止受到机械损伤。

⑦严格按照产品使用与维护说明书的要求进行维护，修理后的化学品防护服应满足相关标准的技术性能要求。

⑧受污染的化学品防护服应及时洗消，以免影响化学品防护服的防护性能。

⑨化学品防护服应储存在避光、温度适宜、通风合适的环境中，应与化学物质隔离储存。

⑩已使用过的化学品防护服应与未使用的化学品防护服分开储存。

（2）防静电工作服

①凡是在正常情况下，爆炸性气体混合物连续地、短时间频繁地出现或长时间存在的场所及爆炸性气体混合物有可能出现的场所，可燃物的最小点燃能量在 0.25mJ 以下时，应穿防静电服。

②由于摩擦会产生静电，因此在火灾爆炸危险场所禁止穿、脱防静电服。

③为了防止尖端放电，在火灾爆炸危险场所禁止在防静电服上附加或佩带任何金属物件。

④对于导电型的防护服，为了保持良好的电气连结性，外层服装应完全遮盖住内层服装。分体式上衣应足以盖住裤腰，弯腰时不应露出裤腰，同时应保证服装与接地体的良好连接。

⑤在火灾爆炸危险场所穿用防静电服时必须与 GB 4385 中规定的防静电鞋配套穿用。

⑥防静电服应保持清洁，保持防静电性能，使用后用软毛刷、软布蘸中性洗涤剂刷洗，不可损伤服装材料纤维。

⑦穿用一段时间后，应对防静电服进行检验，若防静电性能不能符合标准要求，则不能再以防静电服使用。

（3）防水服

①防水服的用料主要是橡胶，使用时应严禁接触各种油类（包括机油、汽油等）、有机溶剂、酸、碱等物质。

②洗后不可暴晒、火烤，应晾干。

③存放时应尽量避免折叠、挤压，要远离热源，通风干燥，如需折叠，应撒滑石粉，避免粘合。

④使用中应避免与锐利物质接触，以免影响防水效果。

三、防护手套

手是完成工作的人体技能的部位，在作业过程中接触到机械设备、腐蚀性和毒害性的化学物质，可能会对手部造成伤害。为防止作业人员的手部伤害，作业过程中应佩戴合格有效的手部防护用品。防护手套的种类有绝缘手套、耐酸碱手套、焊工手套、橡胶耐油手套、防水手套、防毒手套、防机械伤害手套、防静电手套、防振手套、防寒手套、耐火阻燃手套、电热手套、防切割手套等。

有限空间常使用的是耐酸碱手套、绝缘手套及防静电手套。

使用、保养防护手套的过程中要注意以下几点：

（1）根据作业环境需要选择合适的防护手套，并定期更换。

（2）使用前要进行检查，看有无破损、是否被磨蚀。对于防化手套可以使用充气法进行检查，即向手套内充气，用手捏紧套口，用力压手套，观察是否漏气，若漏气则不能使用；对于绝缘手套应检查电绝缘性，不符合规定的不能使用。

（3）摘取手套一定要注意方法，防止将手套上沾染的有害物质接触到皮肤和衣服上，造成二次污染。

（4）橡胶、塑料等防护手套用后应冲洗干净、晾干，保存时避免高温，并在手套上撒上滑石粉以防粘连。

（5）带电绝缘手套要用低浓度的中性洗涤剂清洗。

（6）橡胶绝缘手套必须保存在没有阳光、湿气、臭氧、热气、灰尘、油、药品的地方。

要选择较暗的阴凉场所进行保管。

四、防护鞋

为防止作业人员足部受到物体的砸伤、刺割、灼烫、冻伤、化学性酸碱灼伤及触电等伤害,作业人员应穿着有针对性的防护鞋(靴)。防护鞋(靴)主要有:防刺穿鞋、防砸鞋、电绝缘鞋、防静电鞋、导电鞋、耐化学品的工业用橡胶靴、耐化学品的工业用塑料模压靴、耐油防护鞋、耐寒防护鞋、耐热防护鞋等。

有限空间作业中需根据作业环境需要进行选择,如存在酸、碱腐蚀性物质的环境中作业需穿着耐酸碱的胶靴;在有易燃易爆气体的环境中作业需穿着防静电鞋等。

使用及保养防护鞋时应注意:

(1)使用前要检查防护鞋是否完好,自行检查鞋底、鞋帮处有无开裂,出现破损后不得再使用。对于绝缘鞋应检查电绝缘性,不符合规定的不能使用。

(2)对非化学防护鞋,在使用中应避免接触到腐蚀性化学物质,一旦接触后应及时清除。

(3)防护鞋应定期进行更换。

(4)使用后清洁干净,放置于通风干燥处,避免阳光直射、雨淋及受潮,不得与酸、碱、油及腐蚀性物品存放在一起。

五、防护眼镜

防护眼镜是防止化学飞溅物、有毒气体和烟雾、金属飞屑、电磁辐射、激光等对眼睛伤害的防护用品。防护眼镜有安全护目镜和遮光护目镜。安全护目镜主要防有害物质对眼睛的伤害,如防冲击眼镜、防化学眼镜;遮光护目镜主要防有害辐射线对眼睛的伤害,如焊接护目镜。

在有限空间内进行冲刷和修补、切割等作业时,沙粒或金属碎屑等异物进入眼内或冲击面部,焊接作业时的焊接弧光,可能引起眼部的伤害;清洗反应釜等作业时,其中的酸碱液体、腐蚀性烟雾进入眼中或冲击到面部皮肤,可能引起角膜或面部皮肤的烧伤。为防止有毒刺激性气体、化学性液体对眼睛的伤害,需佩戴封闭性护目镜或安全防护面罩。

第五节　安全器具

一、通风设备

有限空间作业情况比较复杂,一般要求在有毒有害气体浓度检测合格的情况下才能进行作业。但由于吸附在清理物中的有毒有害物质在搅拌、翻动中被释放出来,如污水井中翻动污泥时大量硫化氢释放;或进行作业过程中产生有毒有害物质,如涂刷油漆、电焊等自身会散发出有毒有害物质。因此在有限空间作业中，应配备通风机对作业场所进行通风换气，使作业场所的空气始终处于良好状态。对存在易燃易爆可能的场所，所使用的通风机应采用防爆型风机（如图 7-25 所示），以保证安全。

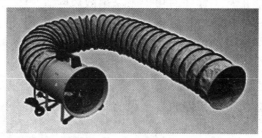

图 7-25 防爆风机

选择风机的时候必须确保能够提供作业场所所需的气流量。这个气流必须能够克服整个系统的阻力，包括通过抽风罩、支管、弯管机连接处的压损。过长的风管、风管内部表面粗糙、弯管等都会增大气体流动的阻力，对风机风量的要求也会更高。

另外需要注意，在使用前还需要检查风管是否有破损，风机叶片是否完好，电线是否有裸露，插头是否有松动，风机是否能正常运转等；使用过程中，风机应该放置在洁净的气体环境中，应尽量远离有限空间的出入口，以防止捕集到有害的气体，通入有限空间，加重有限空间的危害。此外，也需注意避免捕集到腐蚀性气体或蒸气，或者任何会造成磨损的粉尘对风机造成损害。

根据北京市地方标准《地下有限空间作业安全技术规范第 2 部分：气体检测与通风》（DB 11 852.2-2013）的规定，有限空间通风应达到区横断面平均风速不小于 0.8 m/s 或通风换气次数不小于 20 次 /h 的要求。

二、小型移动发电设备

在有限空间作业过程中，经常需要临时性的通风、排水、供电、照明等，这些设备往往是由小型移动发电设备保障供电，作为现场电源供应。如图 7-26。

图 7-26 小型移动发电设备

1. 使用前的检查

（1）检查油箱中的机油是否充足，若机油不足，则发电机不能正常启动；若机油过量，发电机也不能正常工作还有可能带来事故风险。

（2）检查油路开关和输油管路是否有漏油渗油现象。

（3）检查各部分接线是否裸露，插头有无松动，接地线是否良好。

2. 使用中的注意事项

（1）使用前，必须将底架停放在平稳的基础上，运转时不准移动，且不得使用帆布等物遮盖。

（2）发电机外壳应有可靠接地，并应加装漏电保护器，防止工作人员发生触电。

（3）启动前需断开输出开关，将发电机空载启动，运转平稳后再接电源带负载。

（4）运行中的发电机应密切注意发动机声音，观察各种仪表指示是否在正常范围内，检查运转部分是否正常，发电机温升是否过高。

（5）应在通风良好的场所使用，禁止在有限空间内使用。

三、照明设备

有限空间作业环境常常是在容器、管道、井坑等光线黑暗的场所，因此应携带照明灯具才能进入作业。这些场所潮湿且可能存在易燃易爆物质，所以照明灯具的安全性显得十分重要。按照有关规定在这些场所使用的照明灯具应用 24V 以下的安全电压；在潮湿容器、狭小容器内作业应用 12V 以下的安全电压；在有可能存在易燃易爆物质的作业场所，还必须配备达到防爆等级的照明器具，如防爆手电筒、防爆照明灯，如图 7-27 等。

图 7-27 便携式防爆工作灯

四、通讯设备

在有限空间作业，有时监护者与作业者因距离或转角而无法直接面对，监护者无法了解和掌握作业者情况，因此必须配备必要的通讯器材，与作业者保持定时联系。若场所内可能存在或产生易燃易爆物质，则配置的通讯器材应选用防爆型的，如防爆电话、防爆对讲机等，如图7-28所示。

图 7-28 防爆对讲机

五、安全梯

安全梯是用于作业者上下地下井、坑、管道、容器等的通行器具，也是事故状态下逃生的通行器具。根据作业场所的具体情况，应配备相适应的安全梯。有限空间作业，一般利用直梯、折梯或软梯。安全梯从制作材质上分为竹制的、木制的、金属制的和绳木混合制的；从梯子的形式上分为移动直梯、移动折梯、移动软梯，见图7-29、7-30、7-31。使用安全梯时应注意：

图 7-29 移动直梯　　　　　图 7-30 移动折梯

（1）使用前必须对梯子进行安全检查。首先检查竹、木、绳、金属类梯子的材质是否发霉、虫蛀、腐烂、腐蚀等情况；其次检查梯子是否有损坏、缺档、磨损等情况，对不符合安全要求的梯子应停止使用；有缺陷的应修复后使用。对于折梯，还应检查连接件，铰链和撑杆（固定梯子工作角度的装置）是否完好，如不完好应修复后使用。

（2）使用时，梯子应加以固定，避免接触油、蜡等易打滑的材料，防止滑倒；也可设专人扶挡。

（3）在梯子上作业时，应设专人安全监护。梯子上有人作业时不准移动梯子。

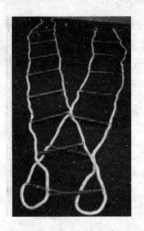

图 7-31 移动软梯

（4）除非专门设计为多人使用，否则梯子上只允许 1 人在上面作业。

（5）折梯的上部第二踏板为最高安全站立高度，应涂红色标志。梯子上第一踏板不得站立或超越。

第八章
有限空间作业安全管理

安全管理工作应当以预防为主，通过采取有效的管理和技术手段，防止人的不安全行为和物的不安全状态出现，从而降低事故发生的概率。本章重点讲述预防有限空间作业生产安全事故应采取的主要管理手段。

第一节　有限空间作业安全生产管理措施

一、安全管理机构的设立

有限空间作业单位的安全生产管理应有组织上的保障，否则安全生产管理工作就无从谈起。所谓组织保障，主要包括两方面：一是安全生产管理机构的保障；二是安全生产管理人员的保障。

安全生产管理机构是有限空间作业单位中专门负责单位安全生产监督管理工作的内设机构，安全生产管理人员是在单位从事安全生产管理工作的专职或兼职人员。安全生产管理机构和安全生产管理人员的作用是落实国家、地方有关安全生产的法律法规，以及单位的各项安全生产管理制度，组织单位内部各种安全检查、安全生产宣传教育活动，督促各类事故隐患及时整改，推动单位改善安全生产条件，落实安全生产责任制等。

对于生产经营单位安全生产管理机构的设置和安全生产管理人员的配备原则，《中华人民共和国安全生产法》第二十一条，矿山、金属冶炼、建筑施工、道路运输单位和危险物品的生产、经营、储存单位，应当设置安全生产管理机构或者配备专职安全生产管理人员。其他生产经营单位，从业人员超过一百人的，应当设置安全生产管理机构或者配备专职安全生产管理人员；从业人员在一百人以下的，应当配备专职或者兼职的安全生产管理人员。

二、安全生产责任制的建立

安全生产责任制是根据我国的安全生产方针"安全第一，预防为主，综合治理"和安全生产法律法规要求建立的，各级领导、职能部门、工程技术人员、岗位操作人员在生产过程中对生产安全层层负责的制度。它是搞好安全生产的关键，是单位保障安全生产的最基本、最重要的管理制度。

《中华人民共和国安全生产法》和《北京市安全生产条例》都明确规定，生产经营单位应当建立健全安全生产责任制。

有限空间作业场所的管理单位或作业单位必须明确单位负责人、管理人员、作业现场负责人、监护者、作业者等相关人员以及各职能部门的岗位安全生产责任制，将安全生产责任层层分解落实到各有限空间作业场所、环节、人员，做到横向到边、纵向到底。只有每个部门、每个人员都明确了安全职责，并严格落实，有限空间作业安全才能够得到保障。

三、安全生产规章制度的建立

安全生产规章制度是安全生产的行为规范，是搞好安全生产的有效手段。

《中华人民共和国安全生产法》和《北京市安全生产条例》均明确规定生产经营单位应建立安全生产规章制度和安全操作规程。

有限空间作业场所的管理单位或作业单位应根据本单位的实际情况，建立并完善有限空间作业场所安全管理制度、有限空间作业审批制度、安全教育培训制度、安全检查制度、劳动防护用品配备和管理制度、安全生产奖励和惩罚制度、有限空间事故报告和处理制度，以及其他保障安全生产的规章制度，有限空间作业单位还应根据本单位有限空间作业特点制定作业安全规程。

四、安全生产教育培训

安全生产教育培训是安全管理的一项最基本的工作，也是确保安全生产的前提条件。通过安全教育培训，可提高从业人员的安全防护技能，强化从业人员的安全防范意识。安全生产管理工作应当对安全生产教育培训加强重视。

有限空间作业场所的管理单位或施工作业单位应给予从事有限空间作业的相关人员关于有限空间作业安全知识的教育培训和考核，确保其明确了解有限空间作业过程中存在的危害，并掌握必需的安全防护技术知识。按照《北京市安全生产条例》的规定，新招用的从业人员上岗前需接受不少于 24 学时的安全生产教育和培训；单位主要负责人、安全生产管理人员、从业人员每年还应接受不少于 8 学时的在岗安全生产教育和培训；若存在换岗，或离岗 6 个月以上再次回到岗位的，再上岗前应接受不少于 4 学时的安全生产教育培训；若单位采用了新工艺、新技术、使用新设备，则相关人员在使用这些新工艺、新技术、新设备前，也应接受相应的安全知识教育培训，培训学时不得少于 4 学时。

对于有限空间作业现场监护人员，北京市 2010 年发布《北京市安全生产监督管理局关于地下有限空间作业现场监护人员必须持证上岗的通告》（京安监发〔2010〕68 号），2011 年发布《北京市安全生产监督管理局关于扩大地下有限空间作业现场监护人员特种作业范围的通告》（京安监发〔2011〕59 号），将化粪池（井）、粪井、排水管道及其附属构筑物（含污水井、雨水井、提升井、闸井、格栅间、集水池等）运行、保养、维修、清理作业的现场监护人员，以及电力电缆井、燃气井、热力井、自来水井、有线电视及通信井等地下有限空间运行、保养、维护作业的现场监护人员纳为特种作业进行管理。《中华人民共和国安全生产法》规定，特种作业人员必须按照国家有关规定，经过专门的安全生产教育培训并考核合格，取得特种作业操作资格证书后，方可上岗作业。因此，地下有限空间作业现场监护人员必须经专门的安全技术培训，取得特种作业操作资格证书，持证上岗。

五、有限空间作业安全防护设备设施管理

有限空间作业安全防护设备设施应得到妥善管理，确保其功能正常，防护性能有效。因此，有限空间作业场所的管理单位或作业单位应开展以下工作：

（1）建立台账，将相关设备设施造册登记，记录使用、保养、检定、维修等情况。

（2）建立登记、清查、使用、保管等管理制度并严格执行。

（3）设置专人负责其维护、保养、计量、检定、维修、更换等工作。

（4）定期检查和维护安全防护设备设施，检查发现安全防护设备设施损坏，影响安全防护效果的，及时修复或更换。

（5）安全防护设备设施技术资料、说明书、维修记录、计量检定报告等应建档保存，并确保易于随时查阅。

六、有限空间事故应急管理

有限空间易积聚有害气体，或存在缺氧窒息的危害，作业过程中发生生产安全事故的风险较高，此外，有限空间进出口有限，出入不便，一旦发生事故，救援困难。为了在发生紧急情况的时候能够迅速反应，采取正确的救援措施，有限空间作业场所的管理、施工作业单位应做好应急管理。

（一）有限空间作业安全事故应急救援预案的编制

《中华人民共和国安全生产法》第三十七条规定，生产经营单位对重大危险源应当登记建档，进行定期检测、评估、监控，并制定应急预案，告知从业人员和相关人员在紧急情况下应当采取的应急措施。《中华人民共和国职业病防治法》也要求："用人单位应当建立、健全工作场所职业病危害事故应急救援预案。"《北京市安全生产条例》第七十六条明确规定："生产经营单位应当根据本单位生产经营的特点，制定生产安全事故应急救援预案，对生产经营活动中容易发生生产安全事故的领域和环节进行监控，建立应急救援组织或者配备应急救援人员，储备必要的应急救援设备、器材，按照国家有关规定在作业区域设置救生舱等紧急避险救生设施。"

事故应急救援预案，是指生产经营单位通过预测本单位危险源、危险目标可能发生的生产安全事故和灾害的类别、危害程度，针对可能发生的重大事故和灾害，在一旦突发事故时，如何组织抢险和救援而制定的方案。制定预案的目的是为了发生事故时，能以最快的速度发挥最大的效能，有序实施救援，尽快控制事态发展，降低事故造成的危害，减少事故损失。在预案的制定要遵循"以防为主，防救结合"的原则，并充分考虑现有物资、人员、危险源的具体条件以及针对各危险源和危险

目标现有的应急措施，及时、有效地指导应急救援工作。

有限空间作业相关单位必须依据国家法律、地方政府法规、规章以及标准，全面辨识本单位有限空间作业中可能遇到的危险有害因素、可能发生的紧急情况，对每一紧急情况充分考虑本单位的应急能力，编制科学、合理、可行、有效的事故应急救援预案。预案编写参照《生产经营单位安全生产事故应急预案编制导则》（AQT 9002–2006）。

应急预案的主要内容应包括：应急救援组织及其职责；危险目标及其潜在危险性评估；应急救援预案启动程序；紧急处置措施方案；应急救援组织的训练和演习计划；应急救援设备器材的储备；经费保障；预案的更新等。

（二）有限空间作业安全事故应急救援预案的培训和演练

应急预案的培训和演练是救援人员熟悉救援程序，掌握救援技能的必要手段。通过应急演练，可提高救援人员对事故的处理能力、应变能力和响应速度，检验全体人员的协调配合能力，以及预案的完整性、可行性。

有限空间作业相关单位应按照《北京市安全生产条例》的要求，每年至少组织从业人员开展一次事故应急救援预案的演练，在演练中不断地发现预案存在的问题，充实完善预案内容，确保预案切实可行、有效，同时不断提高救援人员的救援能力，确保事故发生后能迅速反应、正确应对。

（三）应急救援器材的配备和管理

应急救援的安全、顺利进行，离不开应急救援器材的保障。

1. 应急救援器材的配备

根据北京市地方标准《地下有限空间作业安全技术规范第3部分：防护设备设施配置》的规定，有限空间作业、施工单位配备急救援设备设施应符合以下要求：

（1）作业点400米范围内应配置1套应急救援设备设施；

（2）应急救援设备设施种类和数量至少应符合以下要求：

①至少配备1套围挡设施；

②尽可能配备1台泵吸式检测报警仪；

③至少配备1台强制送风设备；

④在每个有限空间救援出入口处配备1套三脚架（含绞盘）；

⑤至少配备1套正压式空气呼吸器或高压送风式呼吸器；

⑥每名救援者至少配备1套全身式安全带、安全绳；

⑦每名救援者至少配备1顶安全帽。

（3）为有限空间作业配置的防护设备设施符合应急救援要求的，可作为应急救援设备设施使用。

2. 应急救援器材的管理

应急救援设备设施应随时处于完好状态，确保发生紧急情况时可立即投入使用。

因此有限空间作业单位应指定专人，负责急救援设备设施的日常检查、维护、保养、计量、检定和维修、更换，确保设备设施随时处于完好状态；应急救援设备设施使用后应立即检查其使用情况，及时补充损耗材料，一旦发现器材损坏，不能满足安全要求的情况，应立即维修或更换。应急救援设备设施的技术资料、说明书、维修记录、计量检定报告等应妥善保存，并易于查阅。

第二节　有限空间作业单位与管理单位的安全职责

一、有限空间管理单位安全职责

有限空间管理单位是指对有限空间具有管理权的单位。其安全职责包括：

（1）指定管理机构或配备专、兼职管理人员，负责有限空间作业的安全管理事务；

（2）建立健全有限空间安全生产规章制度；

（3）给予有限空间作业管理人员有关职业知识的培训；

（4）辨识本单位存在的有限空间，确定有限空间的数量、位置以及存在的危害因素等，建立有限空间基本情况台账，并及时更新；

（5）在有限空间外设置警示标识，告知有限空间的位置和所存在的危害；

（6）采取有效措施防止无关人员进入有限空间；

（7）审查实施有限空间作业的单位的作业安全条件，确保其具备与所实施的作业有关的安全防护能力；

（8）如实向作业单位提供有限空间类型、内部设施、外部环境、可能存在的危害等基本信息；

（9）监督有限空间作业单位的作业情况，及时制止、纠正不安全行为，并督促作业单位进行整改；

（10）发生有限空间作业安全事故的，协助和督促作业单位保护事故现场，及时报告本地安全生产监管部门，并配合事故调查。

二、有限空间作业单位安全职责

有限空间作业单位是指进入有限空间实施作业的单位。其安全职责包括：

（1）指定管理机构或配备专、兼职管理人员，负责有限空间作业的安全生产相关事务；

（2）制定有限空间作业安全生产责任制、安全生产规章制度和操作规程、应急预案；

（3）制定有限空间作业危害防护控制计划、有限空间作业进入许可程序和作业安全规程，并保证相关人员能随时得到计划、程序和规程；

（4）配备与所实施作业的安全防护需求相匹配的安全防护设备、个体防护用品、应急救援装备等，并确保功能正常；

（5）对有限空间作业管理人员、现场负责人员、监护者、作业者进行安全生产知识和技能培训和考核，确保考核合格后方才上岗作业；

（6）确定有限空间作业负责人、监护者和作业者，明确各人员职责；

（7）评估有限空间可能存在的危害、危害程度，审查作业安全条件，确定是否许可作业；

（8）如实告知作业人员有关作业内容、作业方案、主要危险有害因素、作业安全要求、应急处置方案等内容；

（9）在有限空间外设置警示标识，告知有限空间的位置、存在的危害及作业单位信息；

（10）采取有效措施，防止未经允许的劳动者或无关人员进入有限空间；

（11）作业过程中严格落实各项安全措施，保障作业者的安全。

（12）发生有限空间作业安全事故的，尽快寻求或组织救援，保护事故现场，及时报告本地安全生产监管部门，并配合事故调查。

三、有限空间管理单位与作业单位安全职责的区别

有限空间管理单位是具有对有限空间管理权限的单位，大多管理单位自身并不进入有限空间实施作业，而是发包给专门实施该项作业的单位实施，此类单位主要安全职责在于审查承包单位的安全生产条件，监督承包单位作业过程的安全防护情况。也有部分管理单位出于企业整体安全考虑，对于发包的作业会承担现场作业安全审批和作业监护的职责。还有一些管理单位自身也会进入有限空间实施作业，此时，管理单位兼有作业单位的职责，不仅要做好管理、监督的工作，还要做好作业过程的安全防护工作。

管理单位无论是否进入有限空间实施作业，均对其所管辖的有限空间的作业安全承担主体责任。

有限空间作业单位是进入到有限空间内实际实施作业的单位。此类单位不一定对其实施作业的有限空间具有管理权。作业单位直接接触有限空间内的各类危害，其安全职责主要在于作业的安全防护工作，需要着重做好作业安全防护能力的建设、作业前的安全评估和作业全过程安全措施的落实等工作。

作业单位对其实施的有限空间作业安全承担直接责任。

第三节　有限空间作业相关人员的安全职责

有限空间作业单位每次组织开展有限空间作业前，应合理安排人员，并明确各自职责。

一、作业负责人安全职责

（1）接受有限空间作业安全技术培训、考核，合格后上岗；

（2）确认作业者、监护者及负责气体检测的人员的安全培训及上岗资格；

（3）应完全掌握作业内容，了解整个作业过程中存在的危险、有害因素；

（4）确认作业环境、作业程序、安全防护设备、个体防护用品及应急救援设备符合要求、作业人员防护到位后，授权批准作业；

（5）及时掌握作业过程中可能发生的条件变化，当作业条件不符合安全要求时，立即终止作业；

（6）对未经许可试图进入或已进入有限空间者进行劝阻或责令退出；

（7）发生紧急情况时，及时启动应急预案，组织救援。

二、监护者安全职责

（1）接受有限空间作业安全技术培训、考核，持特种作业操作证上岗；

（2）全过程掌握作业者作业期间的情况，保证在有限空间外持续监护，与作业者进行有效的信息沟通；

（3）检测有限空间内氧气、可燃性气体和有毒有害气体浓度，如实记录检测数据；

（4）发生紧急情况时向作业者发出撤离警告，必要时呼叫应急救援服务，并在有限空间外实施紧急救援工作；

（5）对未经许可靠近或者试图进入有限空间者予以警告并劝离。

三、作业者安全职责

（1）接受有限空间作业安全技术培训、考核，合格后上岗；

（2）遵守有限空间作业安全操作规程，正确使用有限空间作业安全防护设备与个人防护用品；

（3）应与监护者进行有效的操作作业、报警、撤离等信息沟通；

（4）服从作业负责人安全管理，接受现场安全监督；

（5）发现影响作业安全的异常情况或听到作业负责人、监护者撤出信号时立即撤离。

第四节　有限空间作业发包安全管理要求

有调查显示，有限空间作业承发包现象较为常见。开展有限空间作业的发包安全管理需着重做好承包单位安全生产条件的审查、安全协议的签订、作业过程的监督等工作。

一、安全生产条件的审查

《中华人民共和国安全生产法》第四十六条规定："生产经营单位不得将生产经营项目、场所、设备发包或者出租给不具备安全生产条件或者相应资质的单位或者个人"。《中华人民共和国职业病防治法》也明确规定："任何单位和个人不得将产生职业病危害的作业转移给不具备职业病防护条件的单位和个人。不具备职业病防护条件的单位和个人不得接受产生职业病危害的作业"。因此，不具备安全生产条件或具备条件但欲发包整个或部分有限空间作业项目的生产管理单位在发包有限空间作业时，一定要查验施工或承包单位相关的安全生产条件，确保施工单位或承包单位具备相应的安全防护能力后，方可将作业发包给该单位实施。

审查的内容应至少包括有限空间作业安全设备设施的配备情况、安全管理制度的制定情况和监护人员的特种作业操作资格证书情况等三方面。

1. 有限空间作业安全设备设施

承包有限空间作业的单位应至少配备以下安全防护设备设施和个体防护用品：

（1）围挡设施、安全警示标志或具有双向警示功能的安全告知牌；

（2）气体检测分析仪，应能测定硫化氢、一氧化碳等有毒有害气体，以及氧气、可燃气体的含量，应至少有1台为泵吸式；

（3）强制送风设备；

（4）正压式空气呼吸器或长管呼吸器等正压隔绝式呼吸防护器、正压隔绝式逃生呼吸器等；

（5）应急通讯工具；

（6）安全帽、全身式安全带、安全绳、三角架（含绞盘）等；

（7）照明设备、通讯设备等。

有限空间存在可燃性气体和爆炸性粉尘时，检测、照明、通讯设备应符合防爆要求安全防护设备设施和个体防护用品的配备数量应与作业需求相匹配。

2. 有限空间作业安全管理制度

承包有限空间作业的单位应至少制定有以下管理制度：

（1）有限空间作业安全生产责任制；

（2）有限空间作业安全操作规程；

（3）有限空间作业审批制度；

（4）有限空间安全教育培训制度；

（5）有限空间事故应急救援预案。

3. 特种作业操作资格证书

承包化粪池（井）、排水管道及其附属构筑物（含污水井、雨水井、提升井、闸井、格栅间、集水池等）运行、保养、维修、清理等地下有限空间作业活动，以及电力电缆井、燃气井、热力井、自来水井、有线电视及通信井等地下有限空间运行、保养、维护作业活动的有限空间作业单位应配备有现场监护人员，且监护人员应持有有效的地下有限空间现场监护人员特种作业操作资格证书。

二、签订安全协议

发包单位在与承包单位签订委托合同时，必须同时签订《有限空间作业安全生产管理协议》，对各自的安全生产管理职责进行约定。安全管理协议应当包括以下内容：

（1）明确双方安全管理的职责分工；

（2）明确双方在承发包过程中的权利义务；

（3）明确应急救援设备设施的提供方和管理方；

（4）明确、细化应对突发事件的应急救援职责分工、程序，以及各自应当履行的义务；

（5）其他需其他要明确的安全事项。

对于承发包有限空间作业项目，发包单位应对其承担有限空间管理单位的全部安全职责，履行安全监督义务。承包单位应承担有限空间作业单位的全部安全职责，履行安全作业的义务。

三、北京市关于有限空间作业承发包的安全管理要求

1. 严格源头审查把控

各部门和单位通过招投标或政府购买服务方式发包项目或出租场所时，应充分考虑安全生产危险有害因素和安全风险关键点，重点将承包、承租单位应当具备的资质、法定的安全生产条件和应当履行的安全生产主体责任内容等，纳入招投标文件和签订合同的前置性重要项目内容或承诺保证。可以借助相关领域的第三方社会组织或行业协会等专业机构力量，查验承包、承租单位的生产经营范围、资质和有关人员资格，确保企业有相应资质、人员有相应资格，并且均在有效期内。不得将项目、场所发包或出租给不具备安全生产条件或者相应资质的单位或者个人。

2. 签订安全生产管理协议

各部门和单位将项目发包或场所出租，在签订承包（含承揽，下同）合同或租赁合同时，应当明确双方安全管理责任，依法依规签订专门的、细化的安全生产管理协议。未签订安全生产管理协议的，不得进行施工作业，不得在出租场所开展任何生产经营活动。在发包项目或出租场所过程中，如果存在两个以上企业在同一作业区域内进行作业或活动，可能危及对方生产安全的，各部门和单位应当要求企业双方依法依规签订安全生产管理协议，并要求双方各自指定专职安全生产管理人员进行日常协调管理和安全检查，并做好记录。

安全生产管理协议由合同双方根据具体情况协商签订，不具有强制性，一般包括以下内容：一是双方安全生产管理职责、各自管理的区域范围；二是作业场所、设备设施安全生产管理；三是作业人员安全生产管理；四是在安全生产方面各自享有的权利和承担的义务；五是安全生产事故应急救援；六是安全生产事故报告、配合调查处理的约定；七是安全生产管理奖惩等其他应当约定的内容。

3. 认真履行安全生产日常管理责任

各部门和单位应当在项目发包或场所出租过程中主要履行下列安全生产日常管理责任：一是应当向承包方或承租方提供项目实施所涉及的有关资料，并保证资料的真实、准确、完整。二是不得对承包方或承租方提出不符合安全生产法律、法规和强制性标准规定的要求，不得压缩合同约定的项目工期。三是不得明示或者暗示承包方或承租方购买、租赁、使用不符合安全施工要求的安全防护用具、机械设备、施工机具及配件、消防设施和器材。四是统一协调、管理承包单位、承租单位的安全生产工作。定期进行安全检查，发现安全问题的，应当及时督促整改。

4. 切实督促加强危险作业安全管理

承包、承租单位从事涉及爆破、挖掘、吊装、高处悬吊、有限空间、危险场所动火、临近高压输电线路等危险作业的，发包、出租部门和单位应当督促承包、承租单位建立危险作业审批制度，严格执行安全管理制度和操作规程；确保承包、承租单位安排专门人员进行危险作业现场安全管理，落实各项安全措施。发包、出租部门和单位应当留存承包、承租单位的危险作业方案、安全操作规程、应急预案等资料。

第九章
事故应急救援

有限空间作业过程中，由于作业空间比较狭窄，通风条件差，易聚集有毒有害气体，导致发生急性中毒、缺氧窒息等事故。培养一支良好的应急救援队伍，可以在发生突发事件时进行及时有效地救援，降低事故危害程度。

统计显示，有限空间事故致死的人员中约 60% 以上为救援人员，其主要原因主要有：

（1）由于事发紧急，营救人员易有紧张情绪以致失误；

（2）冒险、侥幸等不安全心理因素作用；

（3）不了解该有限空间的危害情况；

（4）事先未制订针对性的应急救援方案；

（5）缺乏有限空间事故应急救援训练，救援人员未掌握救援技能。

因此，有限空间作业场所的管理单位或作业单位应根据本单位有限空间作业可能发生的事故类型和造成的危害制订应急救援预案，明确救援人员及职责，配备救援设备器材，并对相关作业人员或救援人员进行培训和训练，使其掌握事故处置程序和方法，提高对突发事件的反应速度和应急处置能力，将突发事件所导致的损失降至最低程度，并防止救援不当造成人员伤亡扩大。

第一节　应急救援基本事项

一、应急救援的原则

发生事故后应立即拨打 119 和 110、120，以尽快得到消防队员和急救专业人员的救助。如消防和急救人员不能及时到达事故现场，自行组织救援时，应遵守以下原则：

尽可能施行非进入救援；

救援人员未经批准，不得进入有限空间进行救援；

以下情况采取最高级别防护措施后方可进入救援：

（1）有限空间内环境危害性质未知；

（2）有限空间缺氧，或无法确定是否缺氧；

（3）有限空间内空气污染物浓度未知，或已经达到甚至超过 IDLH 浓度。

（4）根据有限空间的类型和可能遇到的危害，决定需要采用的应急救援方案。

二、应急救援的方式

有限空间事故应急救援可分为自救、非进入式救援和进入式救援三种救援方式。

（一）自救

三种救援方式中，自救是最佳的选择。在有限空间内的作业者对周围环境和自身状况的感知最为直接和快速，呼吸防护用品出现问题、气体环境发生变化等紧急情况发生时，通过自救方式撤离有限空间比等待其他人员的救援更快速、更有效。同时，自救的方式不需要救援人员进入有限空间，从而可避免救援人员伤亡。

实施自救的前提条件是有足够的逃离时间以及有一定的个体防护设备。例如，当作业者实施作业时，随身携带的气体检测报警仪发出预警或警报，但有毒有害气体浓度上升速度比较慢，作业者距离有限空间出入口又较近时，作业者有机会实施自救。或者，作业者携带紧急逃生呼吸器进入有限空间，一旦发生紧急情况，紧急逃生呼吸器一般可以为作业者安全自救提供 10~15min 的洁净气体的支持，提高其逃生成功的几率。

（二）非进入式救援

当条件具备时，救援人员可在有限空间外，借助相关的设备与器材，安全快速地将在有限空间内发生意外的人员拉出有限空间。由于救援人员不用进入有限空间，可防止人员伤亡的扩大。非进入式救援是一种安全的应急救援方式，但只有同时满足了以下条件，才能实施非进入式救援：

（1）有限空间内发生意外的人员身上佩戴了全身式安全带，且通过安全绳与有限空间外的某一挂点可靠连接；

（2）发生意外的人员所处位置与有限空间出入口之间通畅、无障碍物阻挡。

（三）进入式救援

进入式救援需要救援人员进入到有限空间才能实施救援。此种救援方式通常用于有限空间内发生意外的人员未佩戴安全带，也无安全绳与有限空间外部挂点连接，或发生意外的人员所处位置无法实施非进入式救援时的救援。由于救援人员需要进入到发生紧急情况的有限空间，直接暴露于危害较大的环境中，因此，进入式救援是一种风险较大的救援方式，容易导致人员伤亡的扩大。

实施进入式救援，要求救援人员能够得到足够的防护，确保救援的安全。同时，救援人员应经过专业防护器具和救援技巧的培训，能够熟练使用防护用品和救援工具。此外，由于事故环境危险、时间紧迫，救援人员容易发生错误和疏漏，因此要求现场救援人员必须具备沉着冷静的处置能力。若救援人员未得到足够防护，不能保障自身安全，则不得进入有限空间实施救援。

无论采取何种方式实施救援，发生紧急情况后，均应同步采取通风、隔离等技术控制措施，确保救援工作安全顺利进行。

第二节 紧急救护基础知识

在作业现场发生生产安全事故以后，如果能在第一时间及时采取科学、正确的现场急救方法，就可以大大地降低受伤人员的死亡率，也可以免除受伤人员伤愈的后遗症。因此，相关作业人员都应熟悉并掌握现场急救的简单方法，以便在事故发生以后进行自救、互救。

现场急救的基本原则是"先救命后治伤"。事故发生后，应首先考虑挽救受伤害人员的生命。受到伤害的人员脱离有限空间后，急救人员在呼救的同时，应尽快采取一些正确、有效的救护方法对伤者进行急救，为挽救生命、减少伤残争取时间。但必须注意：伤者必须转移到安全、空气新鲜处后才能进行现场急救，以保障伤者和急救人员在救援过程中的安全。

以下介绍几种常见的现场急救方法：

一、心肺复苏术

对心跳、呼吸骤停采取的急救措施，简称心肺复苏术。对于心跳呼吸骤停的伤员，心肺复苏成功与否的关键是时间。在心跳呼吸骤停后 4min 之内开始正确的心肺复苏，8min 内开始高级生命支持的伤员，生存希望大。2010 版心肺复苏指南强调胸外心脏按压，对未经培训的普通目击者，鼓励在专业急救人员电话指导下仅做胸外心脏按压的心肺复苏。

1. 心肺复苏操作程序

步骤一：判断。轻拍受伤人员的双肩，并高声呼喊，判断受伤人员是否还有意识。急救人员在检查受伤人员的反应时，应同时快速检查呼吸，如果没有或不能正常呼吸（即无呼吸或仅仅是喘息），则施救者应怀疑发生心脏骤停。心脏骤停后早期濒死喘息，经常会与正常呼吸混淆，即使是受过培训的施救者单独检查脉搏也常不可靠，而且需要额外的时间。因此假如受伤人员无反应、没有呼吸或呼吸不正常，施救者应立即实施心肺复苏术。

步骤二：高声呼救，寻求帮助。打电话求救时应说清以下几点：所在位置、呼救人员的电话、事件简要情况、受伤人数、伤员情况、正在进行的急救措施等。

步骤三：将伤病员翻成仰卧姿势，放在坚硬的平面上（见图 8-1）。

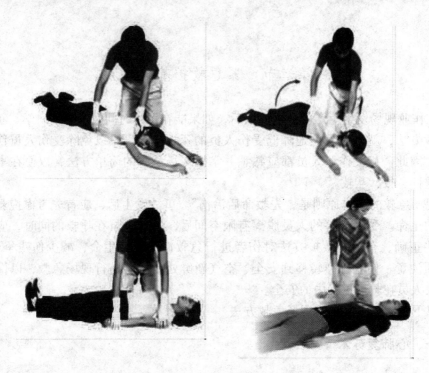

图 8-1 将伤患翻成仰卧位

步骤四：胸外心脏按压

按压部位：胸部正中两乳连接水平。

按压方法：

①施救人员用一手中指沿伤病员一侧肋弓向上滑行至两侧肋弓交界处，食指、中指并拢排列，另一手掌根紧贴食指置于伤病员胸部（见图 8-2）。

图 8-2 胸外按压位置判断

②施救人员双手掌根同向重叠，十指相扣，掌心翘起，手指离开胸壁，双臂伸直，上半身前倾，以膝关节为支点，垂直向下、用力、有节奏地按压 30 次（见图 8-3）。

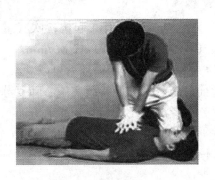

图 8-3 胸外按压方法

③按压与放松的时间相等，下压深度至少 5cm，放松时保证胸壁完全回弹，按压频率至少 100 次 /min。同时胸外按压应最大限度地减少中断。

步骤五：清除口中异物，打开气道。成人：用仰头举颏法打开气道，使下颌角与耳垂连线垂直于地面 90°，怀疑外伤时，用托颌法（见图 8-4）。

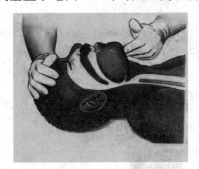

图 8-4 打开气道

a. 仰头举颏法；b. 托颌法

步骤六：口对口人工呼吸

根据现代急救科学理论，建议使用呼吸球对伤患进行人工呼吸，如情况紧急不具备条件，可选择使用口对口人工呼吸。施救人员将放在伤病员前额的手的拇指、食指捏紧伤病员的鼻翼，吸一口气，用双唇包严伤病员口唇，缓慢持续将气体吹入（见图 8-5）。

图 8-5 人工呼吸

吹气时间为 1s 以上。观察病人胸廓有无起伏，吹气量 500~600ml，避免大潮气量和用强力，避免过度通气，呼吸频率为 10~12 次 /min。

注意：按压与通气之比为 30:2，做 5 个循环后可以观察一下伤病员的呼吸和脉搏。在伤患被专业抢救者接管前，施救人员应持续实施心肺复苏术。

如果施救人员及周围旁观者没有经过心肺复苏术培训，可以提供只有胸外按压的心肺复苏术，即"用力按，快速按"，在胸部中心按压，直至伤患被专业抢救者接管；训练有素的救援人员，应该至少为被救者提供胸外按压。

2. 心肺复苏有效指征

（1）伤病员面色、口唇由苍白、青紫变红润；
（2）恢复自主呼吸及脉搏搏动；
（3）眼球活动，手足抽动，呻吟。

二、复原（侧卧）位

心肺复苏成功后或无意识但恢复呼吸及心跳的伤病员，将其翻转为复原（侧卧）位。

步骤一：救护员位于伤病员一侧，将靠近自身的伤病员的手臂肘关节屈曲成 90°，置于头部侧方。

步骤二：另一手肘部弯曲置于胸前（见图 8-6）。

图 8-6 手肘部弯曲置于胸前

步骤三：将伤病员远离救护员一侧的下肢屈曲，救护员一手抓住伤病员膝部，另一手扶住伤病员肩部，轻轻将伤病员翻转成侧卧姿势（见图 8-7）。

图 8-7 翻转成侧卧姿势

步骤四：将伤病员置于胸前的手掌心向下，放在面颊下方，将气道轻轻打开（见图 8-8）。

图 8-8 翻转后

三、创伤救护

创伤是各种致伤因素造成的人体组织损伤和功能障碍。轻者造成体表损伤，引起疼痛或出血；重者导致功能障碍、残疾，甚至死亡。

创伤救护包括止血、包扎、固定、搬运四项技术。

遇到出血、骨折的伤病员，救护人员首先要保持镇静，做好自我保护，迅速检查伤情，快速处理伤病员，同时呼叫急救电话。

1. 止血技术

出血，尤其是大出血，属于外伤的危重急症，若抢救不及时，伤病人会有生命危险。止血技术是外伤急救技术之首。

现场止血方法常用的有四种，使用时根据创伤情况，可以使用一种，也可以将几种止血方法结合一起应用，以达到快速、有效、安全的止血目的。

（1）指压止血法

指压止血法（见图 8-9）可分为两种：

直接压迫止血：用清洁的敷料盖在出血部位上，直接压迫止血。

间接压迫止血：用手指压迫伤口近心端的动脉，阻断动脉血运，能有效达到快速止血的目的。

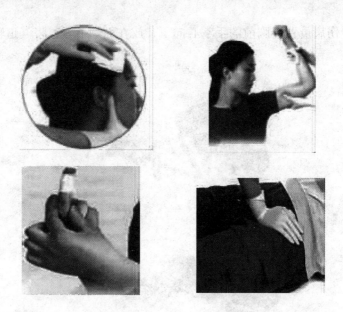

图 8-9　指压止血法

（2）加压包扎止血法

用敷料或其他洁净的毛巾、手绢、三角巾等覆盖伤口，加压包扎达到止血目的（见图 8-10）。

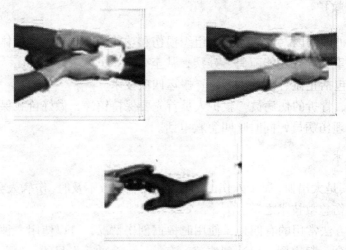

图 8-10　加压包扎止血法

（3）填塞止血法

用消毒纱布、敷料（如果没有，用干净的布料替代）填塞在伤口内（见图 8-11），再用加压包扎法包扎。

图 8-11 填塞止血法

注意：救护员和施救人员只能填塞四肢的伤口。

（4）止血带止血法

上止血带的部位在上臂上 1/3 处、大腿中上段（见图 8-12），此法为止血的最后一种方法，操作时要注意使用的材料、止血带的松紧程度、标记时间等问题。

图 8-12 止血带止血法

注意：施救人员如遇到有大出血的伤病人，一定要立即寻找防护用品，做好自我保护。迅速用较软的棉质衣物等直接用力压住出血部位，然后，拨打急救电话。

2. 包扎技术

快速、准确地将伤口用自粘贴、尼龙网套、纱布、绷带、三角巾或其他现场可以利用的布料等包扎，是外伤救护的重要环节。它可以起到快速止血、保护伤口、防止污染，减轻疼痛的作用，有利于转运和进一步治疗。

（1）绷带包扎

①手部"8"字包扎（见图 8-13）：它也同样适用于肩、肘、膝关节、踝关节的包扎。

图 8-13 "8" 字包扎

②螺旋包扎（见图 8-14）：适用于四肢部位的包扎，对于前臂及小腿，由于肢体上下粗细不等，采用螺旋反折包扎，效果会更好。

图 8-14 螺旋字包扎

（2）三角巾包扎

①头顶帽式包扎（见图 8-15）：适用于头部外伤的伤员。

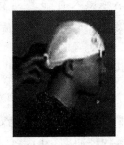

图 8-15 头顶帽式包扎

②肩部包扎（见图 8-16）：适用于肩部有外伤的伤员。

图 8-16　肩部包扎

③胸背部包扎（见图 8-17）：适用于前胸或后背有外伤的伤员。

图 8-17　肩部包扎

④腹部包扎（见图 8-18）：适用于腹部或臀部有外伤的伤员。

图 8-18　腹部包扎

⑤手（足）部包扎（见图 8-19）：适用于手或足有外伤的伤员，包扎时一定要将指（趾）分开。

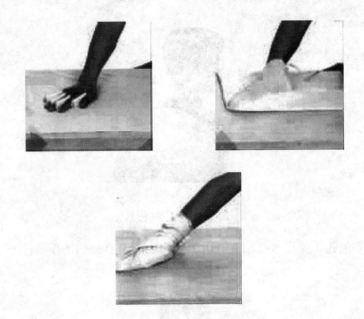

图 8-19 肩部包扎

⑥膝关节包扎（见图 8-20）：同样适用于肘关节的包扎，比绷带包扎更省时，包扎面积大且牢固。

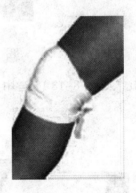

图 8-20 肩部包扎

注意：在事发现场，施救人员遇到有人受伤时，应尽快选择合适的材料对伤病员进行简单包扎，然后呼叫 120 或 999。

3. 特殊伤的处理

（1）颅脑伤

颅脑损伤脑组织膨出时，可用保鲜膜、软质的敷料盖住伤口，再用干净碗扣住脑组织，然后包扎固定，伤员取仰卧位，头偏向一侧，保持气道通畅。

（2）开放性气胸

应立即封闭伤口，防止空气继续进入胸腔，用不透气的保鲜膜、塑料袋等敷料盖住伤口，再垫上纱布、毛巾包扎，伤员取半卧位。

（3）异物插入

无论异物插入眼球还是插入身体其他部位，严禁将异物拔除，应将异物固定好，再进行包扎。

注意：对于特殊伤的处理，施救人员一定要掌握好救护原则，不增加伤员的损伤及痛苦，严密观察伤病人的生命体征（意识、呼吸、心跳），迅速拨打120或999。

4、骨折固定技术

骨折固定可防止骨折端移动，减轻伤病员的痛苦，也可以有效地防止骨折端损伤血管、神经。

尽量减少对伤病员的搬动，迅速对伤病员进行固定，尽快呼叫120或999，以便他们在最短时间内赶到现场处理伤病员。

骨折现场固定法：

（1）前臂骨折固定

利用夹板固定或利用身边可取到的方便器材固定（见图8-21）。

图 8-21 前臂骨折固定

（2）小腿骨折固定方法

小腿骨折可利用健肢进行固定（见图8-22）。

图 8-22 小腿骨折固定

（3）骨盆骨折固定（见图8-23）

图8-23 小腿骨折固定

5.搬运技术

经现场必要的止血、包扎和固定后，方能搬运和护送伤员，按照伤情严重者优先，中等伤情者次之，轻伤者最后的原则搬运。

搬运伤员可根据伤病员的情况，因地制宜，选用不同的搬运工具和方法。在搬运全过程中，要随时观察伤病员的表情，监测其生命体征，遇有伤病情恶化的情况，应该立即停止搬运，就地救治。

搬运方法：可选用单人搬运、双人搬运及制作简易担架搬运，担架可选用椅子、门板、毯子、衣服、大衣、绳子、竹竿、梯子等代替（见图8-24）。

图8-24 搬运

对怀疑有脊柱骨折的伤病员必须采用"圆木"原则进行搬运，使脊柱保持中立（见图8-25）。

图 8-25 "圆木"原则搬运

　　紧急救护技术是一门专业性较强的技术，施救人员正确实施救护能对伤员起到积极的帮助，如果施救不当可能增加伤患的痛苦并对救护工作起到负面作用，因此建议有限空间作业单位邀请专业培训机构对员工进行培训或指派专人去专业培训机构接受培训。

第十章 实际操作

训练一　作业前准备

技术要求：

（1）熟记作业前准备的关键环节；

（2）正确辨识不同有限空间的主要危险有害因素；

（3）正确选择并设置警示设施；

（4）明确安全交底、安全检查内容。

训练内容：

1.作业审批

（1）作业人员应携带经过生产经营单位相关负责人签字审批的有限空间作业审批单。

（2）查看作业点周边环境。

（3）了解作业现场周边环境，检查是否接近污水管线、燃气管线或其他重要地下设施。

（4）有限空间危险有害因素辨识。

（5）根据作业环境，辨识有限空间是否存在缺（富）氧、中毒、燃爆及其他危险有害因素。

2.设置警示设施

（1）在作业现场周边至少1m的距离处设置锥筒，拉设警戒线，或使用护栏作为警示围挡，且将作业设备设施纳入其围挡范围内。

（2）根据作业现场可能存在的危险有害因素设置警示标识或有限空间安全告知牌。其中，警示标识包括："当心缺氧""当心爆炸""当心中毒""当心坠落""注意安全""注意通风""必须系安全带""必须戴防毒面具""禁止入内"等。设置的警示标识或安全告知牌要能对作业区域周边无关人员和作业人员起到警示作用。

（3）设置信息公示牌，内容包括：作业单位名称与注册地址，主要负责人姓名与联系方式，现场负责人姓名与联系方式，现场作业的主要内容。

3. 安全交底

明确作业具体任务、作业程序、作业分工、作业中可能存在的危险因素及应采取的防护措施等内容，交底人员与被交底人双方签字确认。

4. 安全检查

检查作业、防护、应急设备是否齐备、安全有效。

训练二　气体检测

技术要求：

（1）熟练掌握气体检测设备的选择、检查、仪器操作方法；
（2）按照正确的检测时机、检测位置进行检测；
（3）正确记录及评估数据。

训练内容：

1. 根据模拟场景，选择气体检测设备

（1）根据教师提示，判断环境中可能存在的有毒有害气体的种类。
（2）选择适当的气体检测设备，如测氧气、硫化氢、一氧化碳、甲烷等气体的单一式检测报警仪、复合式检测报警仪和检测管装置等。气体检测设备要与环境中有毒有害气体种类、数量相匹配。
（3）作业前，选用泵吸式气体检测报警仪。作业期间，有限空间外实时监测选用泵吸式气体检测报警仪；有限空间内部选择泵吸式/扩散式气体检测报警仪均可。

2. 检查气体检测设备

使用气体检测报警仪：
（1）检查仪器外观是否完好，配件是否齐备。
（2）检查仪器是否经过计量部门计量及是否已过计量的有效期。
（3）在洁净的环境下开机自检，之后检查仪器是否有电，若发现电量不足，应立即在安全的环境中更换电池或启用另一台检测报警仪。
（4）调零。观察可燃气体及有毒气体浓度所显示的数字是否为"0"，氧气浓度所显示的数字是否为"20.9"。为"0"或"20.9"可继续使用；不为"0"或"20.9"，但读数在最小分辨率上下波动，可视为正常，继续使用；不为"0"或"20.9"且数值波动较大，需要根据说明书提示的方法进行测试调零。

检查气体检测管装置：

（1）如果待测气体已知，检查所选气体检测管是否与待测气体匹配。

（2）检测管两端是否完好，是否在有效期范围内。

（3）采样器气密性检查。用一只完整的检测管堵住采样器进气口，一只手拉动采样器拉杆，使手柄上的红点与采样器后端盖上的红线相对。停留数秒后松手，拉杆立即弹回。

（4）检查采气袋密封性。

3. 掌握气体检测报警仪设置方法

根据仪器使用说明书所示，熟练完成菜单项设置。

4. 按操作规程熟练操作检测设备进行气体检测

（1）使用单一式气体检测报警仪时要注意气体检测顺序，在保证一定氧含量的情况下检测可燃气体、有毒气体。

（2）初始环境检测时，根据有毒有害气体可能积聚在有限空间不同高度，应在有限空间上部、中部、下部，或近端、远端等位置设置检测点，分别进行检测。

（3）作业期间，进行实时检测。

（4）使用时，不能在易燃易爆环境中更换电池或进行充电。

5. 读取并记录气体浓度

（1）使用泵吸式气体检测报警仪检测时，要注意泵吸时间，保证读取的数据能够真实反映有限空间内气体浓度。

（2）使用检测管时，待被测气体与检测管内显色剂反应完全后才能读数，并注意检测管上的倍率及浓度单位。

（3）检测数据应如实进行记录，包括浓度、时间、位置、检测人等信息。

6. 关机

在洁净空气中，待气体检测报警仪数值恢复至"零点"时，关闭仪器。

7. 检测结果的评估

获得检测数据后，根据作业环境危险性分级标准进行分级评估。

训练三 安全器具的选择及使用

技术要求：

（1）正确选择通风设备，并熟练掌握其组装和使用方法；
（2）熟练掌握照明设备的选择和使用方法；
（3）熟练掌握通讯设备的选择和使用方法。

训练内容：

1. 正确选择、使用通风设备

（1）易燃易爆环境，选择防爆型风机。
（2）检查风管是否有破损，风机叶片是否完好，发电机油料是否充足，是否能正常发电，电线是否有裸露，插头是否有松动。
（3）正确连接风机、风管及发电机，在发电机正常运转前不得加装负载，即先启动发电机再连接风机。
（4）将风管投至有限空间下部或作业面。
（5）风机与发电设备分开，风机放置在空气新鲜、氧含量合格的地点。
（6）开机通风。
（7）送风机：风管一端与风机出风口相连，另一端放置在有限空间中下部，风机进风口放置在有限空间外上风向；排风机：风管一端与风机进风口相连，另一端放置在有毒有害物质排放点（污染物排放点）附近，风机出风口放置在有限空间外下风向。

2. 正确选择、使用照明设备

（1）易燃易爆环境，选择防爆型灯具。
（2）检查灯具外观，是否有破损，开机检查是否有电。
（3）照明灯具必须安置在能为作业者提供足够光线强度的位置。
（4）手持照明设备应选择安全电压，优先选择电压不大于24V的照明设备，在积水、结露的地下有限空间作业，手持照明电压应不大于12V，超过安全电压的应采取有效的漏电保护及绝缘措施。
（5）照明设备电量不足的，在安全场所（有限空间外）更换电池。

3. 正确选择、使用通讯设备

（1）易燃易爆环境，选择防爆型通讯设备。

（2）检查设备外观，是否有破损，开机检查是否有电，通话是否通畅。

（3）作业过程中要定期进行信息沟通，包括作业环境情况、气体检测浓度、需立即撤离的信息等。

（4）通话期间出现信号中断，作业者立即撤离。

训练四　防护用品的选择及佩戴

技术要求：

根据作业环境正确选择防护用品，熟练掌握佩戴、使用方法。

训练内容：

1. 正确使用呼吸防护用品

（1）正确选择呼吸防护用品，应符合下表要求。

表 10-1　正确使用呼吸防护用品相关要求

环境条件		可以选用的呼吸防护用品	建议选用的呼吸防护用品
全部合格		隔绝式紧急逃生呼吸器	
IDLH 环境		①正压式空气呼吸器 ②配有辅助逃生设施的送风式长管呼吸器	
非 IDLH 环境	危害因数 < 10	半面罩防毒面具	送风式长管呼吸器
	危害因数 < 100	全面罩防毒面具	送风式长管呼吸器
救援环境		正压式空气呼吸器、高压送风式长管呼吸器	

使用防毒面罩时需正确选择滤毒罐（盒），就符合下表要求。

表 10-2　正确选择滤毒罐（盒）

过滤件类型	标色	防护对象举例
A	褐	苯、苯胺类、四氯化碳、硝基苯、氯化苦
B	灰	氯化氰、氢氰酸、氯气
E	黄	二氧化硫
K	绿	氨
CO	白	一氧化碳

续表 10-2

过滤件类型	标色	防护对象举例
Hg	红	汞
H_2S	蓝	硫化氢

（2）检查呼吸防护用品完好性。包括：

①面罩外观、气密性是否完好。

②导气管是否有破损漏气的地方。

③过滤件是否与有限空间内有毒有害气体相匹配，过滤件是否过期。

④气源是否充足，气源气压报警是否正常。

（3）正确连接呼吸防护用品各组件，包括面罩与滤件、导气管；导气管与阀体；导气管与气源。

（4）正确佩戴呼吸防护用品，应符合下表要求。

表 10-3 佩戴注意事项

呼吸护用品	佩戴注意事项
半面罩防毒面具	滤毒盒与面罩连接要牢固。 面罩与作业者面部应贴合紧密无空隙。
全面罩防毒面具	滤毒罐、面罩、导气管间连接要牢固。 面罩与作业者面部应贴合紧密无空隙。
送风式长管呼吸器	调整肩带、扣紧腰带。 面罩与导气管、导气管与阀体及导气管与气源出气口间连接要牢固。 面罩与作业者面部应贴合紧密无空隙。 风机送风装置应放置在有限空间外，空气新鲜，氧含量合格的地方。
正压式空气呼吸器	调整肩带、扣紧腰带。 面罩与作业者面部应贴合紧密无空隙。 注意气瓶气压，预留足够的返回时间，听到报警音立即撤离。
紧急逃生呼吸器	各部件连接完好后带入有限空间。 面罩型：面罩与作业者面部应贴合紧密无空隙。 头罩型：头罩密闭性。

2. 正确使用防坠落用具

（1）涉及有限空间高处作业时，应选择安全带、安全绳、三脚架、绞盘、连接器、速差式自控器等防坠落用具。

（2）穿全身式安全带

①检查安全带、连接器是否安好。

②双臂分别穿过两个肩带。

③系好腿带、胸带、腰带。

④活动身体，调整安全带的松紧程度。

（3）架设三脚架。

①取出三脚架上的固定螺栓，根据作业需要及外部环境拉伸三根支架至合适的长度，然后重新插入固定用螺栓。

②支起架子，三脚支点间用链条或绳带进行连接固定。

③将绞盘安装在三脚架的一根架子上，并将导轨的连接器与三脚架顶部挂点相连，绞盘内绳索绕过导轨垂直于地面，连接器与安全带背部 D 型环相连。无绞盘的，则使用符合要求的安全绳代替。

④将速差式自控器安装在三脚架顶部挂点上，绳索连接器与安全带背部 D 型环相连。

⑤检查三脚架、绞盘、速差式自控器的牢固程度和有效性。

（4）使用三脚架

①作业状态下，速差式自控器、绞盘绳索均与作业者相连。

②救援状态下，速差式自控器与救援人员安全带 D 型环相连，绞盘绳索与被救人员安全带 D 型环相连。

（5）挂安全绳（适合于无绞盘/速差式自控器时使用）

①检查安全绳是否完好。

②将安全绳一端的连接器挂在全身式安全带背部上，另一端绕过三脚架顶部挂点，固定在牢固位置。

3. 正确使用其他个体防护用品

根据作业环境需要，正确选择佩戴安全帽、防护服、防护手套、防护鞋、防护眼镜等。

（1）可能存在物体打击的作业环境应佩戴安全帽。

①检查安全帽是否完好。

②戴上安全帽后拉紧系带，以防掉落。

（2）作业环境中存在易燃易爆气体/蒸气或爆炸性粉尘时，应穿着防静电服、防静电鞋、防静电手套。作业过程中不得随意脱换。

（3）作业环境中存在刺激性、腐蚀性化学物质时，应穿着化学防护服，耐化学品的工业用橡胶靴、耐酸碱手套。作业过程中不得随意脱换。

训练五 不同作业环境级别下进入作业

技术要求：

根据作业环境，采取相应防护措施安全进入有限空间作业。

训练内容：

1. 评估检测结果为 1 级或 2 级，且准入检测为 2 级的环境，相应防护措施包括：

（1）作业者穿戴全身式安全带、正压式隔绝式呼吸器（首选为送风式长管呼吸器，其次为正压式空气呼吸器）。

（2）检查踏步安全后进入有限空间作业。

（3）作业过程中作业者和监护者实时检测。

（4）作业过程中全程机械通风。

2. 评估检测结果为 1 级或 2 级，且准入检测结果为 3 级的环境，相应防护措施包括：

（1）作业者穿戴全身式安全带、紧急逃生呼吸器、安全帽，佩戴便携式气体检测报警仪。

（2）检查踏步安全后进入有限空间作业。

（3）作业过程中作业者实时检测。

（4）作业过程中全程机械通风。

3. 评估检测结果和准入检测结果均为 3 级，相应防护措施包括：

（1）作业者穿戴全身式安全带、紧急逃生呼吸器、安全帽，佩戴便携式气体检测报警仪。

（2）检查踏步安全后进入有限空间作业。

（3）作业过程中作业者实时检测。

训练六　作业期间安全监护

技术要求：

（1）确保全程持续监护；

（2）确保沟通信息真实、有效。

训练内容：

（1）作业者进入有限空间前，监护者对安全防护措施进行确认，包括确认安全防护措施和作业者个体防护措施是否符合准入检测结果所判定危险级别的安全要求。

（2）了解作业环境气体浓度。

（3）采取有效方式与作业者进行沟通。

（4）紧急情况发出撤离警告，或启动应急预案，开展救援工作。

训练七 作业后现场清理与恢复

安全技术要求：

（1）熟练掌握作业后现场清理程序；

（2）防止物品遗失。

训练内容：

（1）出离有限空间前,清点携带进入的设备,防止将工具、仪器遗忘在有限空间内。

（2）关闭有限空间出入口盖板前清点人员、设备。

（3）关闭有限空间出入口盖板。

（4）整理设备。

（5）撤掉警戒设施。

（6）清扫作业周边环境。

训练八 防护设备设施配置

技术要求：

掌握不同作业环境危险级别及应急救援状态下安全防护设备设施配置种类、数量。

训练内容：

1. 评估检测结果为 1 级或 2 级，且准入检测结果为 2 级的环境，必须配置的有：

（1）1 套围挡设施、1 套安全标志、警示标识或 1 个具有双向警示功能的安全告知牌。

（2）作业前,每个作业者进入有限空间的入口应配置 1 台泵吸式气体检测报警仪。作业中，每个作业面应至少有 1 名作业者配置 1 台泵吸式或扩散式气体检测报警仪，监护者应配置 1 台泵吸式气体检测报警仪。

（3）1 台强制送风设备。

（4）照明设备。

（5）每名作业者应配置 1 套正压隔绝式呼吸器。

（6）每名作业者应配置 1 套全身式安全带、安全绳。

（7）每名作业者应配置 1 个安全帽。

根据作业现场情况宜配置的有：

（1）通讯设备。

（2）每个有限空间出入口宜配置1套三脚架（含绞盘）。

2.评估检测结果为1级或2级，且准入检测结果为3级的环境，必须配置的有：

（1）1套围挡设施、1套安全标志、警示标识或1个具有双向警示功能的安全告知牌。

（2）作业前,每个作业者进入有限空间的入口应配置1台泵吸式气体检测报警仪。作业中，每个作业面应至少配置1台气体检测报警仪。

（3）1台强制送风设备。

（4）照明设备。

（5）每名作业者应配置1套全身式安全带、安全绳。

（6）每名作业者应配置1个安全帽。

根据作业现场情况宜配置的有：

（1）通讯设备。

（2）每个有限空间出入口宜配置1套三脚架（含绞盘）。

（3）每名作业者宜配置1套正压隔绝式逃生呼吸器。

3.评估检测结果和准入检测结果均为3级，必须配置的有：

（1）1套围挡设施、1套安全标志、警示标识或1个具有双向警示功能的安全告知牌。

（2）作业前,每个作业者进入有限空间的入口应配置1台泵吸式气体检测报警仪。作业中，每个作业面应至少配置1台气体检测报警仪。

（3）照明设备。

（4）每名作业者应配置1套全身式安全带、安全绳。

（5）每名作业者应配置1个安全帽。

根据作业现场情况宜配置的有：

（1）1台强制送风设备。

（2）通讯设备。

（3）每名作业者宜配置1套全身式安全带、安全绳。

（4）每个有限空间出入口宜配置1套三脚架（含绞盘）。

（5）每名作业者宜配置1套正压隔绝式逃生呼吸器。

4.准入检测结果为1级，必须配置的有：

（1）1套围挡设施、1套安全标志、警示标识或1个具有双向警示功能的安全告知牌。

（2）作业前,每个作业者进入有限空间的入口应配置1台泵吸式气体检测报警仪。作业中，每个作业面应至少配置1台气体检测报警仪。

5.救援过程中，必须配置的有：

（1）至少配置1套围挡设施。

（2）至少配置1台强制送风设备。

（3）每个有限空间救援出入口应配置1套三脚架（含绞盘）。

（4）每名救援者应配置1套正压式空气呼吸器或高压送风式呼吸器。

（5）每名救援者应配置1套全身式安全带、安全绳。

（6）每名救援者应配置1个安全帽。

（7）根据作业现场情况宜配置泵吸式气体检测报警仪。

训练九 应急救援

技术要求：

熟练掌握三种应急救援方式的适用条件、救援设备的选择和使用方法，以及不同事故情况下的救援措施。

训练内容：

（一）自救过程

（1）为保障作业安全，进入有限空间时携带紧急逃生呼吸器。

（2）作业过程中进行实时检测。

（3）作业过程中检测报警仪报警、作业者身体不适或使用的呼吸防护用品失效。

（4）作业者迅速打开紧急逃生设备，撤离危险环境。

（二）无需进入的救援

1. 实施竖向作业

受困人员进入有限空间前穿着全身式安全带，安全绳一端与安全带D型环相连，另一端在有限空间外与三脚架相连或固定在牢固位置，并且作业者活动区域在以挂点为中心夹角不超过45°的范围内。一旦发生事故，监护者迅速将受困人员安全拉出有限空间。

2. 实施横向作业

受困人员与有限空间出口间无明显障碍物，受困位置距出口距离较短，受困人员进入有限空间前穿着全身式安全带，安全绳一端与安全带D型环相连，另一端在有限空间外（固定在牢固位置或置于监护者手中），一旦发生事故，监护者迅速将受困人员安全拖出有限空间。

（三）进入有限空间实施救援

1. 危险因素控制

（1）因泄漏导致事故的，要及时切断泄漏源。

（2）有限空间内存在或涌入大量积水、污泥或其他危险有害物质时，要及时清除。如抽水、排淤。

（3）使用大功率风机强制通风。

（4）条件允许的情况下，实时对事故环境进行检测。

2. 实施救援措施

（1）竖向作业（已设置三脚架）

①地面救援人员架设三脚架。

架设三脚架，安装脚链、速差式自控器、绞盘等配件，检查三脚架及各部件安全性。

②救援人员佩戴安全带。

选择全身式安全带。检查安全带是否完好，包括部件无缺失、无断股、无霉变、无锈蚀等。

正确穿着安全带并调整安全带松紧程度。安全绳 / 速差式自控器绳索一端与安全带 D 形环相连，另一端固定在可靠位置（三脚架）。

③救援人员使用呼吸防护用品。

应急救援时应选择正压式空气呼吸器，可独立使用。

确认正压式空气呼吸器气压满足救援需要（25MPa 以上）；使用前，确认正压式空气呼吸器背托、系带、导管、气瓶等外观整体无损坏；确认低压报警正常；确认面罩气密性良好。

使用时，背好正压式空气呼吸器，扣紧腰带；打开气源，保证呼吸顺畅。

④进入救援。

救援人员持救生索（绞盘缆绳）、安全带，携带应急通讯设备及照明设备，使用防坠器，沿踏步或设置好的安全梯进入有限空间。

将受困人员移动至竖向作业面距有限空间出入口最近处，为受困人员佩戴安全带和救生索（绞盘缆绳）。

有限空间外救援人员将受困人员救出有限空间。

救援过程中，救援人员应保持与外界人员的信息沟通顺畅，随时通报救援情况。

如果环境内有可燃气体，救援过程中要实时检测可燃气体浓度，一旦超标，救援人员应立即撤离。

现场负责人根据情况适时对救援方案作出调整，如增加救援人员或立即撤离，以保证救援人员安全，防止事故扩大。

（2）横向作业（不设置三脚架）

①救援人员佩戴正压式空气呼吸器。

应急救援时应选择正压式空气呼吸器，可独立使用。

确认正压式空气呼吸器气压满足救援需要（25MPa 以上）；使用前，确认正压式空气呼吸器背托、系带、导管、气瓶等外观整体无损坏；确认低压报警正常；确认面罩气密性良好。

使用时，背好正压式空气呼吸器，扣紧腰带；打开气源，保证呼吸顺畅。

②进入救援。

救援人员携带应急通讯设备及照明设备进入有限空间，救援人员将受困人员移动至有限空间出入口，由外部人员接应。

救援人员保持与外界人员的信息沟通顺畅，随时通报救援情况。

如果环境内有可燃气体，救援过程中要实时检测可燃气体浓度，一旦超标，救援人员应立即撤离。

现场负责人根据情况适时对救援方案做出调整，如需要增设救援人员或立即撤离，以保证救援人员安全。

（四）将受困人员解救出来后，进行妥善安置并采取合理的急救措施。

（1）将受伤人员安置在自然通风好、平坦、较为阴凉的地方。

（2）及时拨打急救电话，等待专业医疗救援人员到达现场进行进一步救治。

（3）解开受伤人员衣领口，使其保持呼吸通畅。

（4）对心跳呼吸骤停的受伤人员进行心肺复苏。

附录

附录1　相关法规及标准

一、《特种作业人员安全技术培训考核管理规定》（国家安全生产监督管理总局令第30号）

二、《工贸企业有限空间作业安全管理与监督暂行规定》（国家安全生产监督管理总局令第59号）

三、《关于在污水井等有限空间作业现场设置警示标志的通知》（京安监发〔2009〕152号）

四、《关于加强有限空间作业承发包安全管理的通知》（京安监发〔2011〕30号）

五、《关于在有限空间作业现场设置信息公示牌的通知》（京安监发〔2012〕30号）

六、《关于进一步加强地下有限空间作业安全生产工作的通知》（京安办通〔2017〕2号）

七、《北京市安全生产委员会办公室关于进一步加强有限空间作业安全生产工作的通知》（京安办发〔2018〕13号）

八、《地下有限空间作业安全技术规范第1部分：通则》（DB11/852.1-2012）

九、《地下有限空间作业安全技术规范第2部分：气体检测与通风》（DB11/852.2-2013）

十、《地下有限空间作业安全技术规范第3部分：防护设备设施配置》（DB11/852.3-2014）

十一、《供热管线有限空间高温高湿作业安全技术规程》（DB 11/1135-2014）

十二、《缺氧危险作业安全规程》（GB 8958-2006）

十三、《密闭空间作业职业危害防护规范》（GBZ/T 205-2007）

十四、《化学品生产单位受限空间作业安全规范》（AQ 3028-2008）

十五、《城镇排水管道维护安全技术规程》（CJJ 6-2009）

一、《特种作业人员安全技术培训考核管理规定》(国家安全生产监督管理总局令第 30 号)

(2010 年 5 月 24 日国家安全监管总局令第 30 号公布,根据 2013 年 8 月 29 日国家安全监管总局令第 63 号第一次修正,根据 2015 年 5 月 29 日国家安全监管总局令第 80 号第二次修正)

第一章　总则

第一条 为了规范特种作业人员的安全技术培训考核工作,提高特种作业人员的安全技术水平,防止和减少伤亡事故,根据《安全生产法》《行政许可法》等有关法律、行政法规,制定本规定。

第二条 生产经营单位特种作业人员的安全技术培训、考核、发证、复审及其监督管理工作,适用本规定。

有关法律、行政法规和国务院对有关特种作业人员管理另有规定的,从其规定。

第三条 本规定所称特种作业,是指容易发生事故,对操作者本人、他人的安全健康及设备、设施的安全可能造成重大危害的作业。特种作业的范围由特种作业目录规定。

本规定所称特种作业人员,是指直接从事特种作业的从业人员。

第四条 特种作业人员应当符合下列条件:

(一)年满 18 周岁,且不超过国家法定退休年龄;

(二)经社区或者县级以上医疗机构体检健康合格,并无妨碍从事相应特种作业的器质性心脏病、癫痫病、美尼尔氏症、眩晕症、癔病、震颤麻痹症、精神病、痴呆症以及其他疾病和生理缺陷;

(三)具有初中及以上文化程度;

(四)具备必要的安全技术知识与技能;

(五)相应特种作业规定的其他条件。

危险化学品特种作业人员除符合前款第一项、第二项、第四项和第五项规定的条件外,应当具备高中或者相当于高中及以上文化程度。

第五条 特种作业人员必须经专门的安全技术培训并考核合格,取得《中华人民共和国特种作业操作证》(以下简称特种作业操作证)后,方可上岗作业。

第六条 特种作业人员的安全技术培训、考核、发证、复审工作实行统一监管、分级实施、教考分离的原则。

第七条 国家安全生产监督管理总局(以下简称安全监管总局)指导、监督全国特种作业人员的安全技术培训、考核、发证、复审工作;省、自治区、直辖市人民政府安全生产监督管理部门指导、监督本行政区域特种作业人员的安全技术培训工作,负责本行政区域特种作业人员的考核、发证、复审工作;县级以上地方人民政府安全生产监督管理部门负责监督检查本行政区域特种作业人员的安全技术培训和持证上岗工作。

国家煤矿安全监察局（以下简称煤矿安监局）指导、监督全国煤矿特种作业人员（含煤矿矿井使用的特种设备作业人员）的安全技术培训、考核、发证、复审工作；省、自治区、直辖市人民政府负责煤矿特种作业人员考核发证工作的部门或者指定的机构指导、监督本行政区域煤矿特种作业人员的安全技术培训工作，负责本行政区域煤矿特种作业人员的考核、发证、复审工作。

省、自治区、直辖市人民政府安全生产监督管理部门和负责煤矿特种作业人员考核发证工作的部门或者指定的机构（以下统称考核发证机关）可以委托设区的市人民政府安全生产监督管理部门和负责煤矿特种作业人员考核发证工作的部门或者指定的机构实施特种作业人员的考核、发证、复审工作。

第八条 对特种作业人员安全技术培训、考核、发证、复审工作中的违法行为，任何单位和个人均有权向安全监管总局、煤矿安监局和省、自治区、直辖市及设区的市人民政府安全生产监督管理部门、负责煤矿特种作业人员考核发证工作的部门或者指定的机构举报。

第二章 培训

第九条 特种作业人员应当接受与其所从事的特种作业相应的安全技术理论培训和实际操作培训。

已经取得职业高中、技工学校及中专以上学历的毕业生从事与其所学专业相应的特种作业，持学历证明经考核发证机关同意，可以免予相关专业的培训。

跨省、自治区、直辖市从业的特种作业人员，可以在户籍所在地或者从业所在地参加培训。

第十条 对特种作业人员的安全技术培训，具备安全培训条件的生产经营单位应当以自主培训为主，也可以委托具备安全培训条件的机构进行培训。

不具备安全培训条件的生产经营单位，应当委托具备安全培训条件的机构进行培训。

生产经营单位委托其他机构进行特种作业人员安全技术培训的，保证安全技术培训的责任仍由本单位负责。

第十一条 从事特种作业人员安全技术培训的机构（以下统称培训机构），应当制定相应的培训计划、教学安排，并按照安全监管总局、煤矿安监局制定的特种作业人员培训大纲和煤矿特种作业人员培训大纲进行特种作业人员的安全技术培训。

第三章 考核发证

第十二条 特种作业人员的考核包括考试和审核两部分。考试由考核发证机关或其委托的单位负责；审核由考核发证机关负责。

安全监管总局、煤矿安监局分别制定特种作业人员、煤矿特种作业人员的考核标准，并建立相应的考试题库。

考核发证机关或其委托的单位应当按照安全监管总局、煤矿安监局统一制定的考核标准进行考核。

第十三条 参加特种作业操作资格考试的人员，应当填写考试申请表，由申请人或者申请人的用人单位持学历证明或者培训机构出具的培训证明向申请人户籍所在地或者从业所在地的考核发证机关或其委托的单位提出申请。

考核发证机关或其委托的单位收到申请后，应当在 60 日内组织考试。

特种作业操作资格考试包括安全技术理论考试和实际操作考试两部分。考试不及格的，允许补考 1 次。经补考仍不及格的，重新参加相应的安全技术培训。

第十四条 考核发证机关委托承担特种作业操作资格考试的单位应当具备相应的场所、设施、设备等条件，建立相应的管理制度，并公布收费标准等信息。

第十五条 考核发证机关或其委托承担特种作业操作资格考试的单位，应当在考试结束后 10 个工作日内公布考试成绩。

第十六条 符合本规定第四条规定并经考试合格的特种作业人员，应当向其户籍所在地或者从业所在地的考核发证机关申请办理特种作业操作证，并提交身份证复印件、学历证书复印件、体检证明、考试合格证明等材料。

第十七条 收到申请的考核发证机关应当在 5 个工作日内完成对特种作业人员所提交申请材料的审查，作出受理或者不予受理的决定。能够当场作出受理决定的，应当当场作出受理决定；申请材料不齐全或者不符合要求的，应当当场或者在 5 个工作日内一次告知申请人需要补正的全部内容，逾期不告知的，视为自收到申请材料之日起即已被受理。

第十八条 对已经受理的申请，考核发证机关应当在 20 个工作日内完成审核工作。符合条件的，颁发特种作业操作证；不符合条件的，应当说明理由。

第十九条 特种作业操作证有效期为 6 年，在全国范围内有效。

特种作业操作证由安全监管总局统一式样、标准及编号。

第二十条 特种作业操作证遗失的，应当向原考核发证机关提出书面申请，经原考核发证机关审查同意后，予以补发。

特种作业操作证所记载的信息发生变化或者损毁的，应当向原考核发证机关提出书面申请，经原考核发证机关审查确认后，予以更换或者更新。

第四章　复审

第二十一条 特种作业操作证每 3 年复审 1 次。

特种作业人员在特种作业操作证有效期内，连续从事本工种 10 年以上，严格遵守有关安全生产法律法规的，经原考核发证机关或者从业所在地考核发证机关同意，特种作业操作证的复审时间可以延长至每 6 年 1 次。

第二十二条 特种作业操作证需要复审的，应当在期满前 60 日内，由申请人或者申请人的用人单位向原考核发证机关或者从业所在地考核发证机关提出申请，并提交下列材料：

（一）社区或者县级以上医疗机构出具的健康证明；

（二）从事特种作业的情况；

（三）安全培训考试合格记录。

特种作业操作证有效期届满需要延期换证的，应当按照前款的规定申请延期复审。

第二十三条 特种作业操作证申请复审或者延期复审前，特种作业人员应当参加必要的安全培训并考试合格。

安全培训时间不少于 8 个学时，主要培训法律、法规、标准、事故案例和有关新工艺、新技术、新装备等知识。

第二十四条 申请复审的，考核发证机关应当在收到申请之日起 20 个工作日内完成复审工作。复审合格的，由考核发证机关签章、登记，予以确认；不合格的，说明理由。

申请延期复审的，经复审合格后，由考核发证机关重新颁发特种作业操作证。

第二十五条 特种作业人员有下列情形之一的，复审或者延期复审不予通过：

（一）健康体检不合格的；

（二）违章操作造成严重后果或者有 2 次以上违章行为，并经查证确实的；

（三）有安全生产违法行为，并给予行政处罚的；

（四）拒绝、阻碍安全生产监管监察部门监督检查的；

（五）未按规定参加安全培训，或者考试不合格的；

（六）具有本规定第三十条、第三十一条规定情形的。

第二十六条 特种作业操作证复审或者延期复审符合本规定第二十五条第二项、第三项、第四项、第五项情形的，按照本规定经重新安全培训考试合格后，再办理复审或者延期复审手续。

再复审、延期复审仍不合格，或者未按期复审的，特种作业操作证失效。

第二十七条 申请人对复审或者延期复审有异议的，可以依法申请行政复议或者提起行政诉讼。

第五章 监督管理

第二十八条 考核发证机关或其委托的单位及其工作人员应当忠于职守、坚持原则、廉洁自律，按照法律、法规、规章的规定进行特种作业人员的考核、发证、复审工作，接受社会的监督。

第二十九条 考核发证机关应当加强对特种作业人员的监督检查，发现其具有本规定第三十条规定情形的，及时撤销特种作业操作证；对依法应当给予行政处罚的安全生产违法行为，按照有关规定依法对生产经营单位及其特种作业人员实施行政处罚。

考核发证机关应当建立特种作业人员管理信息系统，方便用人单位和社会公众查询；对于注销特种作业操作证的特种作业人员，应当及时向社会公告。

第三十条 有下列情形之一的，考核发证机关应当撤销特种作业操作证：

（一）超过特种作业操作证有效期未延期复审的；

（二）特种作业人员的身体条件已不适合继续从事特种作业的；

（三）对发生生产安全事故负有责任的；

（四）特种作业操作证记载虚假信息的；

（五）以欺骗、贿赂等不正当手段取得特种作业操作证的。

特种作业人员违反前款第四项、第五项规定的，3年内不得再次申请特种作业操作证。

第三十一条 有下列情形之一的，考核发证机关应当注销特种作业操作证：

（一）特种作业人员死亡的；

（二）特种作业人员提出注销申请的；

（三）特种作业操作证被依法撤销的。

第三十二条 离开特种作业岗位6个月以上的特种作业人员，应当重新进行实际操作考试，经确认合格后方可上岗作业。

第三十三条 省、自治区、直辖市人民政府安全生产监督管理部门和负责煤矿特种作业人员考核发证工作的部门或者指定的机构应当每年分别向安全监管总局、煤矿安监局报告特种作业人员的考核发证情况。

第三十四条 生产经营单位应当加强对本单位特种作业人员的管理，建立健全特种作业人员培训、复审档案，做好申报、培训、考核、复审的组织工作和日常的检查工作。

第三十五条 特种作业人员在劳动合同期满后变动工作单位的，原工作单位不得以任何理由扣押其特种作业操作证。

跨省、自治区、直辖市从业的特种作业人员应当接受从业所在地考核发证机关的监督管理。

第三十六条 生产经营单位不得印制、伪造、倒卖特种作业操作证，或者使用非法印制、伪造、倒卖的特种作业操作证。

特种作业人员不得伪造、涂改、转借、转让、冒用特种作业操作证或者使用伪造的特种作业操作证。

第六章 罚则

第三十七条 考核发证机关或其委托的单位及其工作人员在特种作业人员考核、发证和复审工作中滥用职权、玩忽职守、徇私舞弊的，依法给予行政处分；构成犯罪的，依法追究刑事责任。

第三十八条 生产经营单位未建立健全特种作业人员档案的，给予警告，并处1万元以下的罚款。

第三十九条 生产经营单位使用未取得特种作业操作证的特种作业人员上岗作业的，责令限期改正，可以处5万元以下的罚款；逾期未改正的，责令停产停业整顿，并处5万元以上10万元以下的罚款，对直接负责的主管人员和其他直接责任人员处1万元以上2万元以下的罚款。

煤矿企业使用未取得特种作业操作证的特种作业人员上岗作业的，依照《国务院关于预防煤矿生产安全事故的特别规定》的规定处罚。

第四十条 生产经营单位非法印制、伪造、倒卖特种作业操作证，或者使用非法印制、伪造、倒卖的特种作业操作证的,给予警告,并处 1 万元以上 3 万元以下的罚款;构成犯罪的,依法追究刑事责任。

第四十一条 特种作业人员伪造、涂改特种作业操作证或者使用伪造的特种作业操作证的,给予警告,并处 1000 元以上 5000 元以下的罚款。

特种作业人员转借、转让、冒用特种作业操作证的,给予警告,并处 2000 元以上 1 万元以下的罚款。

第七章 附则

第四十二条 特种作业人员培训、考试的收费标准,由省、自治区、直辖市人民政府安全生产监督管理部门会同负责煤矿特种作业人员考核发证工作的部门或者指定的机构统一制定,报同级人民政府物价、财政部门批准后执行,证书工本费由考核发证机关列入同级财政预算。

第四十三条 省、自治区、直辖市人民政府安全生产监督管理部门和负责煤矿特种作业人员考核发证工作的部门或者指定的机构可以结合本地区实际,制定实施细则,报安全监管总局、煤矿安监局备案。

第四十四条 本规定自 2010 年 7 月 1 日起施行。1999 年 7 月 12 日原国家经贸委发布的《特种作业人员安全技术培训考核管理办法》(原国家经贸委令第 13 号)同时废止。

附件:

特种作业目录

1 电工作业

指对电气设备进行运行、维护、安装、检修、改造、施工、调试等作业(不含电力系统进网作业)。

1.1 高压电工作业

指对 1 千伏(kV)及以上的高压电气设备进行运行、维护、安装、检修、改造、施工、调试、试验及绝缘工、器具进行试验的作业。

1.2 低压电工作业

指对 1 千伏(kV)以下的低压电器设备进行安装、调试、运行操作、维护、检修、改造施工和试验的作业。

1.3 防爆电气作业

指对各种防爆电气设备进行安装、检修、维护的作业。

适用于除煤矿井下以外的防爆电气作业。

2 焊接与热切割作业

指运用焊接或者热切割方法对材料进行加工的作业(不含《特种设备安全监察条

例》规定的有关作业）。

2.1 熔化焊接与热切割作业

指使用局部加热的方法将连接处的金属或其他材料加热至熔化状态而完成焊接与切割的作业。

适用于气焊与气割、焊条电弧焊与碳弧气刨、埋弧焊、气体保护焊、等离子弧焊、电渣焊、电子束焊、激光焊、氧熔剂切割、激光切割、等离子切割等作业。

2.2 压力焊作业

指利用焊接时施加一定压力而完成的焊接作业。

适用于电阻焊、气压焊、爆炸焊、摩擦焊、冷压焊、超声波焊、锻焊等作业。

2.3 钎焊作业

指使用比母材熔点低的材料作钎料，将焊件和钎料加热到高于钎料熔点，但低于母材熔点的温度，利用液态钎料润湿母材，填充接头间隙并与母材相互扩散而实现连接焊件的作业。

适用于火焰钎焊作业、电阻钎焊作业、感应钎焊作业、浸渍钎焊作业、炉中钎焊作业，不包括烙铁钎焊作业。

3 高处作业

指专门或经常在坠落高度基准面 2 米及以上有可能坠落的高处进行的作业。

3.1 登高架设作业

指在高处从事脚手架、跨越架架设或拆除的作业。

3.2 高处安装、维护、拆除作业

指在高处从事安装、维护、拆除的作业。

适用于利用专用设备进行建筑物内外装饰、清洁、装修，电力、电信等线路架设，高处管道架设，小型空调高处安装、维修，各种设备设施与户外广告设施的安装、检修、维护以及在高处从事建筑物、设备设施拆除作业。

4 制冷与空调作业

指对大中型制冷与空调设备运行操作、安装与修理的作业。

4.1 制冷与空调设备运行操作作业

指对各类生产经营企业和事业等单位的大中型制冷与空调设备运行操作的作业。

适用于化工类（石化、化工、天然气液化、工艺性空调）生产企业，机械类（冷加工、冷处理、工艺性空调）生产企业，食品类（酿造、饮料、速冻或冷冻调理食品、工艺性空调）生产企业，农副产品加工类（屠宰及肉食品加工、水产加工、果蔬加工）生产企业，仓储类（冷库、速冻加工、制冰）生产经营企业，运输类（冷藏运输）经营企业，服务类（电信机房、体育场馆、建筑的集中空调）经营企业和事业等单位的大中型制冷与空调设备运行操作作业。

4.2 制冷与空调设备安装修理作业

指对 4.1 所指制冷与空调设备整机、部件及相关系统进行安装、调试与维修的作业。

5 煤矿安全作业

5.1 煤矿井下电气作业

指从事煤矿井下机电设备的安装、调试、巡检、维修和故障处理,保证本班机电设备安全运行的作业。

适用于与煤共生、伴生的坑探、矿井建设、开采过程中的井下电钳等作业。

5.2 煤矿井下爆破作业

指在煤矿井下进行爆破的作业。

5.3 煤矿安全监测监控作业

指从事煤矿井下安全监测监控系统的安装、调试、巡检、维修,保证其安全运行的作业。

适用于与煤共生、伴生的坑探、矿井建设、开采过程中的安全监测监控作业。

5.4 煤矿瓦斯检查作业

指从事煤矿井下瓦斯巡检工作,负责管辖范围内通风设施的完好及通风、瓦斯情况检查,按规定填写各种记录,及时处理或汇报发现的问题的作业。

适用于与煤共生、伴生的矿井建设、开采过程中的煤矿井下瓦斯检查作业。

5.5 煤矿安全检查作业

指从事煤矿安全监督检查,巡检生产作业场所的安全设施和安全生产状况,检查并督促处理相应事故隐患的作业。

5.6 煤矿提升机操作作业

指操作煤矿的提升设备运送人员、矿石、矸石和物料,并负责巡检和运行记录的作业。

适用于操作煤矿提升机,包括立井、暗立井提升机,斜井、暗斜井提升机以及露天矿山斜坡卷扬提升的提升机作业。

5.7 煤矿采煤机(掘进机)操作作业

指在采煤工作面、掘进工作面操作采煤机、掘进机,从事落煤、装煤、掘进工作,负责采煤机、掘进机巡检和运行记录,保证采煤机、掘进机安全运行的作业。

适用于煤矿开采、掘进过程中的采煤机、掘进机作业。

5.8 煤矿瓦斯抽采作业

指从事煤矿井下瓦斯抽采钻孔施工、封孔、瓦斯流量测定及瓦斯抽采设备操作等,保证瓦斯抽采工作安全进行的作业。

适用于煤矿、与煤共生和伴生的矿井建设、开采过程中的煤矿地面和井下瓦斯抽采作业。

5.9 煤矿防突作业

指从事煤与瓦斯突出的预测预报、相关参数的收集与分析、防治突出措施的实施与检查、防突效果检验等,保证防突工作安全进行的作业。

适用于煤矿、与煤共生和伴生的矿井建设、开采过程中的煤矿井下煤与瓦斯防突作业。

5.10 煤矿探放水作业

指从事煤矿探放水的预测预报、相关参数的收集与分析、探放水措施的实施与检查、效果检验等，保证探放水工作安全进行的作业。

适用于煤矿、与煤共生和伴生的矿井建设、开采过程中的煤矿井下探放水作业。

6 金属非金属矿山安全作业

6.1 金属非金属矿井通风作业

指安装井下局部通风机，操作地面主要扇风机、井下局部通风机和辅助通风机，操作、维护矿井通风构筑物，进行井下防尘，使矿井通风系统正常运行，保证局部通风，以预防中毒窒息和除尘等的作业。

6.2 尾矿作业

指从事尾矿库放矿、筑坝、巡坝、抽洪和排渗设施的作业。

适用于金属非金属矿山的尾矿作业。

6.3 金属非金属矿山安全检查作业

指从事金属非金属矿山安全监督检查，巡检生产作业场所的安全设施和安全生产状况，检查并督促处理相应事故隐患的作业。

6.4 金属非金属矿山提升机操作作业

指操作金属非金属矿山的提升设备运送人员、矿石、矸石和物料，及负责巡检和运行记录的作业。

适用于金属非金属矿山的提升机，包括竖井、盲竖井提升机，斜井、盲斜井提升机以及露天矿山斜坡卷扬提升的提升机作业。

6.5 金属非金属矿山支柱作业

指在井下检查井巷和采场顶、帮的稳定性，撬浮石，进行支护的作业。

6.6 金属非金属矿山井下电气作业

指从事金属非金属矿山井下机电设备的安装、调试、巡检、维修和故障处理，保证机电设备安全运行的作业。

6.7 金属非金属矿山排水作业

指从事金属非金属矿山排水设备日常使用、维护、巡检的作业。

6.8 金属非金属矿山爆破作业

指在露天和井下进行爆破的作业。

7 石油天然气安全作业

7.1 司钻作业

指石油、天然气开采过程中操作钻机起升钻具的作业。

适用于陆上石油、天然气司钻（含钻井司钻、作业司钻及勘探司钻）作业。

8 冶金（有色）生产安全作业

8.1 煤气作业

指冶金、有色企业内从事煤气生产、储存、输送、使用、维护检修的作业。

9 危险化学品安全作业

指从事危险化工工艺过程操作及化工自动化控制仪表安装、维修、维护的作业。

9.1 光气及光气化工艺作业

指光气合成以及厂内光气储存、输送和使用岗位的作业。

适用于一氧化碳与氯气反应得到光气，光气合成双光气、三光气，采用光气作单体合成聚碳酸酯，甲苯二异氰酸酯（TDI）制备，4,4'－二苯基甲烷二异氰酸酯（MDI）制备等工艺过程的操作作业。

9.2 氯碱电解工艺作业

指氯化钠和氯化钾电解、液氯储存和充装岗位的作业。

适用于氯化钠（食盐）水溶液电解生产氯气、氢氧化钠、氢气，氯化钾水溶液电解生产氯气、氢氧化钾、氢气等工艺过程的操作作业。

9.3 氯化工艺作业

指液氯储存、气化和氯化反应岗位的作业。

适用于取代氯化，加成氯化，氧氯化等工艺过程的操作作业。

9.4 硝化工艺作业

指硝化反应、精馏分离岗位的作业。

适用于直接硝化法，间接硝化法，亚硝化法等工艺过程的操作作业。

9.5 合成氨工艺作业

指压缩、氨合成反应、液氨储存岗位的作业。

适用于节能氨五工艺法（AMV），德士古水煤浆加压气化法、凯洛格法，甲醇与合成氨联合生产的联醇法，纯碱与合成氨联合生产的联碱法，采用变换催化剂、氧化锌脱硫剂和甲烷催化剂的"三催化"气体净化法工艺过程的操作作业。

9.6 裂解（裂化）工艺作业

指石油系的烃类原料裂解（裂化）岗位的作业。

适用于热裂解制烯烃工艺，重油催化裂化制汽油、柴油、丙烯、丁烯，乙苯裂解制苯乙烯，二氟一氯甲烷（HCFC-22）热裂解制得四氟乙烯（TFE），二氟一氯乙烷（HCFC-142b）热裂解制得偏氟乙烯（VDF），四氟乙烯和八氟环丁烷热裂解制得六氟乙烯（HFP）工艺过程的操作作业。

9.7 氟化工艺作业

指氟化反应岗位的作业。

适用于直接氟化，金属氟化物或氟化氢气体氟化，置换氟化以及其他氟化物的制备等工艺过程的操作作业。

9.8 加氢工艺作业

指加氢反应岗位的作业。

适用于不饱和炔烃、烯烃的三键和双键加氢，芳烃加氢，含氧化合物加氢，含氮化合物加氢以及油品加氢等工艺过程的操作作业。

9.9 重氮化工艺作业

指重氮化反应、重氮盐后处理岗位的作业。

适用于顺法、反加法、亚硝酰硫酸法、硫酸铜触媒法以及盐析法等工艺过程的操作作业。

9.10 氧化工艺作业

指氧化反应岗位的作业。

适用于乙烯氧化制环氧乙烷，甲醇氧化制备甲醛，对二甲苯氧化制备对苯二甲酸，异丙苯经氧化–酸解联产苯酚和丙酮，环己烷氧化制环己酮，天然气氧化制乙炔，丁烯、丁烷、C4 馏分或苯的氧化制顺丁烯二酸酐，邻二甲苯或萘的氧化制备邻苯二甲酸酐，均四甲苯的氧化制备均苯四甲酸二酐，苊的氧化制 1,8– 萘二甲酸酐，3– 甲基吡啶氧化制 3– 吡啶甲酸（烟酸），4– 甲基吡啶氧化制 4– 吡啶甲酸（异烟酸），2– 乙基已醇（异辛醇）氧化制备 2– 乙基已酸（异辛酸），对氯甲苯氧化制备对氯苯甲醛和对氯苯甲酸，甲苯氧化制备苯甲醛、苯甲酸，对硝基甲苯氧化制备对硝基苯甲酸，环十二醇 / 酮混合物的开环氧化制备十二碳二酸，环己酮 / 醇混合物的氧化制己二酸，乙二醛硝酸氧化法合成乙醛酸，以及丁醛氧化制丁酸以及氨氧化制硝酸等工艺过程的操作作业。

9.11 过氧化工艺作业

指过氧化反应、过氧化物储存岗位的作业。

适用于双氧水的生产，乙酸在硫酸存在下与双氧水作用制备过氧乙酸水溶液，酸酐与双氧水作用直接制备过氧二酸，苯甲酰氯与双氧水的碱性溶液作用制备过氧化苯甲酰，以及异丙苯经空气氧化生产过氧化氢异丙苯等工艺过程的操作作业。

9.12 胺基化工艺作业

指胺基化反应岗位的作业。

适用于邻硝基氯苯与氨水反应制备邻硝基苯胺，对硝基氯苯与氨水反应制备对硝基苯胺，间甲酚与氯化铵的混合物在催化剂和氨水作用下生成间甲苯胺，甲醇在催化剂和氨气作用下制备甲胺，1– 硝基蒽醌与过量的氨水在氯苯中制备 1– 氨基蒽醌，2,6– 蒽醌二磺酸氨解制备 2,6– 二氨基蒽醌，苯乙烯与胺反应制备 N– 取代苯乙胺，环氧乙烷或亚乙基亚胺与胺或氨发生开环加成反应制备氨基乙醇或二胺，甲苯经氨氧化制备苯甲腈，以及丙烯氨氧化制备丙烯腈等工艺过程的操作作业。

9.13 磺化工艺作业

指磺化反应岗位的作业。

适用于三氧化硫磺化法，共沸去水磺化法，氯磺酸磺化法，烘焙磺化法，以及亚硫酸盐磺化法等工艺过程的操作作业。

9.14 聚合工艺作业

指聚合反应岗位的作业。

适用于聚烯烃、聚氯乙烯、合成纤维、橡胶、乳液、涂料粘合剂生产以及氟化物聚合等工艺过程的操作作业。

9.15 烷基化工艺作业

指烷基化反应岗位的作业。

适用于 C– 烷基化反应，N– 烷基化反应，O– 烷基化反应等工艺过程的操作作业。

9.16 化工自动化控制仪表作业

指化工自动化控制仪表系统安装、维修、维护的作业。

10 烟花爆竹安全作业

指从事烟花爆竹生产、储存中的药物混合、造粒、筛选、装药、筑药、压药、搬运等危险工序的作业。

10.1 烟火药制造作业

指从事烟火药的粉碎、配药、混合、造粒、筛选、干燥、包装等作业。

10.2 黑火药制造作业

指从事黑火药的潮药、浆硝、包片、碎片、油压、抛光和包浆等作业。

10.3 引火线制造作业

指从事引火线的制引、浆引、漆引、切引等作业。

10.4 烟花爆竹产品涉药作业

指从事烟花爆竹产品加工中的压药、装药、筑药、褙药剂、已装药的钻孔等作业。

10.5 烟花爆竹储存作业

指从事烟花爆竹仓库保管、守护、搬运等作业。

11 安全监管总局认定的其他作业

二、工贸企业有限空间作业安全管理与监督暂行规定（国家安全生产监督管理总局令 第 59 号）

（2013 年 5 月 20 日国家安全监管总局令第 59 号公布，根据 2015 年 5 月 29 日国家安全监管总局令第 80 号修正）

第一章　总则

第一条 为了加强对冶金、有色、建材、机械、轻工、纺织、烟草、商贸企业（以下统称工贸企业）有限空间作业的安全管理与监督，预防和减少生产安全事故，保障作业人员的安全与健康，根据《中华人民共和国安全生产法》等法律、行政法规，制定本规定。

第二条 工贸企业有限空间作业的安全管理与监督，适用本规定。本规定所称有限空间，是指封闭或者部分封闭，与外界相对隔离，出入口较为狭窄，作业人员不能长时间在内工作，自然通风不良，易造成有毒有害、易燃易爆物质积聚或者氧含量不足的空间。工贸企业有限空间的目录由国家安全生产监督管理总局确定、调整并公布。

第三条 工贸企业是本企业有限空间作业安全的责任主体，其主要负责人对本企业有限空间作业安全全面负责，相关负责人在各自职责范围内对本企业有限空间作业安全负责。

第四条 国家安全生产监督管理总局对全国工贸企业有限空间作业安全实施监督管理。

县级以上地方各级安全生产监督管理部门按照属地监管、分级负责的原则，对本行政区域内工贸企业有限空间作业安全实施监督管理。省、自治区、直辖市人民政府对工贸企业有限空间作业的安全生产监督管理职责另有规定的，依照其规定。

第二章 有限空间作业的安全保障

第五条 存在有限空间作业的工贸企业应当建立下列安全生产制度和规程：

（一）有限空间作业安全责任制度；

（二）有限空间作业审批制度；

（三）有限空间作业现场安全管理制度；

（四）有限空间作业现场负责人、监护人员、作业人员、应急救援人员安全培训教育制度；

（五）有限空间作业应急管理制度；

（六）有限空间作业安全操作规程。

第六条 工贸企业应当对从事有限空间作业的现场负责人、监护人员、作业人员、应急救援人员进行专项安全培训。专项安全培训应当包括下列内容：

（一）有限空间作业的危险有害因素和安全防范措施；

（二）有限空间作业的安全操作规程；

（三）检测仪器、劳动防护用品的正确使用；

（四）紧急情况下的应急处置措施。

安全培训应当有专门记录，并由参加培训的人员签字确认。

第七条 工贸企业应当对本企业的有限空间进行辨识，确定有限空间的数量、位置以及危险有害因素等基本情况，建立有限空间管理台账，并及时更新。

第八条 工贸企业实施有限空间作业前，应当对作业环境进行评估，分析存在的危险有害因素，提出消除、控制危害的措施，制定有限空间作业方案，并经本企业安全生产管理人员审核，负责人批准。

第九条 工贸企业应当按照有限空间作业方案，明确作业现场负责人、监护人员、作业人员及其安全职责。

第十条 工贸企业实施有限空间作业前，应当将有限空间作业方案和作业现场可能存在的危险有害因素、防控措施告知作业人员。现场负责人应当监督作业人员按照方案进行作业准备。

第十一条 工贸企业应当采取可靠的隔断（隔离）措施，将可能危及作业安全的设施设备、存在有毒有害物质的空间与作业地点隔开。

第十二条 有限空间作业应当严格遵守"先通风、再检测、后作业"的原则。检测指标包括氧浓度、易燃易爆物质（可燃性气体、爆炸性粉尘）浓度、有毒有害气体浓度。检测应当符合相关国家标准或者行业标准的规定。

未经通风和检测合格，任何人员不得进入有限空间作业。检测的时间不得早于作业开始前 30 分钟。

第十三条 检测人员进行检测时，应当记录检测的时间、地点、气体种类、浓度等信息。检测记录经检测人员签字后存档。

检测人员应当采取相应的安全防护措施，防止中毒窒息等事故发生。

第十四条 有限空间内盛装或者残留的物料对作业存在危害时，作业人员应当在作业前对物料进行清洗、清空或者置换。经检测，有限空间的危险有害因素符合《工作场所有害因素职业接触限值 第一部分化学有害因素》（GBZ 2.1）的要求后，方可进入有限空间作业。

第十五条 在有限空间作业过程中，工贸企业应当采取通风措施，保持空气流通，禁止采用纯氧通风换气。

发现通风设备停止运转、有限空间内氧含量浓度低于或者有毒有害气体浓度高于国家标准或者行业标准规定的限值时，工贸企业必须立即停止有限空间作业，清点作业人员，撤离作业现场。

第十六条 在有限空间作业过程中，工贸企业应当对作业场所中的危险有害因素进行定时检测或者连续监测。

作业中断超过 30 分钟，作业人员再次进入有限空间作业前，应当重新通风、检测合格后方可进入。

第十七条 有限空间作业场所的照明灯具电压应当符合《特低电压限值》（GB/T 3805）等国家标准或者行业标准的规定；作业场所存在可燃性气体、粉尘的，其电气设施设备及照明灯具的防爆安全要求应当符合《爆炸性环境第一部分：设备通用要求》（GB 3836.1）等国家标准或者行业标准的规定。

第十八条 工贸企业应当根据有限空间存在危险有害因素的种类和危害程度，为作业人员提供符合国家标准或者行业标准规定的劳动防护用品，并教育监督作业人员正确佩戴与使用。

第十九条 工贸企业有限空间作业还应当符合下列要求：

（一）保持有限空间出入口畅通；

（二）设置明显的安全警示标志和警示说明；

（三）作业前清点作业人员和工器具；

（四）作业人员与外部有可靠的通讯联络；

（五）监护人员不得离开作业现场，并与作业人员保持联系；

（六）存在交叉作业时，采取避免互相伤害的措施。

第二十条 有限空间作业结束后，作业现场负责人、监护人员应当对作业现场进行清理，撤离作业人员。

第二十一条 工贸企业应当根据本企业有限空间作业的特点，制定应急预案，并配备相关的呼吸器、防毒面罩、通讯设备、安全绳索等应急装备和器材。有限空间作业的现场负责人、监护人员、作业人员和应急救援人员应当掌握相关应急预案内容，定期进行演练，提高应急处置能力。

第二十二条 工贸企业将有限空间作业发包给其他单位实施的，应当发包给具备国家规定资质或者安全生产条件的承包方，并与承包方签订专门的安全生产管理协议或者在承包合同中明确各自的安全生产职责。工贸企业应当对承包单位的安全生产工作统一协调、管理，定期进行安全检查，发现安全问题的，应当及时督促整改。

工贸企业对其发包的有限空间作业安全承担主体责任。承包方对其承包的有限空间作业安全承担直接责任。

第二十三条 有限空间作业中发生事故后，现场有关人员应当立即报警，禁止盲目施救。应急救援人员实施救援时，应当做好自身防护，佩戴必要的呼吸器具、救援器材。

第三章 有限空间作业的安全监督管理

第二十四条 安全生产监督管理部门应当加强对工贸企业有限空间作业的监督检查，将检查纳入年度执法工作计划。对发现的事故隐患和违法行为，依法作出处理。

第二十五条 安全生产监督管理部门对工贸企业有限空间作业实施监督检查时，应当重点抽查有限空间作业安全管理制度、有限空间管理台账、检测记录、劳动防护用品配备、应急救援演练、专项安全培训等情况。

第二十六条 安全生产监督管理部门应当加强对行政执法人员的有限空间作业安全知识培训，并为检查有限空间作业安全的行政执法人员配备必需的劳动防护用品、检测仪器。

第二十七条 安全生产监督管理部门及其行政执法人员发现有限空间作业存在重大事故隐患的，应当责令立即或者限期整改；重大事故隐患排除前或者排除过程中无法保证安全的，应当责令暂时停止作业，撤出作业人员；重大事故隐患排除后，经审查同意，方可恢复作业。

第四章 法律责任

第二十八条 工贸企业有下列行为之一的，由县级以上安全生产监督管理部门责令限期改正，可以处5万元以下的罚款；逾期未改正的，处5万元以上20万元以下的罚款，其直接负责的主管人员和其他直接责任人员处1万元以上2万元以下的罚款；情节严重的，责令停产停业整顿：

（一）未在有限空间作业场所设置明显的安全警示标志的；

（二）未按照本规定为作业人员提供符合国家标准或者行业标准的劳动防护用品的。

第二十九条 工贸企业有下列情形之一的，由县级以上安全生产监督管理部门责令限期改正，可以处5万元以下的罚款；逾期未改正的，责令停产停业整顿，并处5万元以上10万元以下的罚款，对其直接负责的主管人员和其他直接责任人员处1万元以上2万元以下的罚款：

（一）未按照本规定对有限空间的现场负责人、监护人员、作业人员和应急救援人员进行安全培训的；

（二）未按照本规定对有限空间作业制定应急预案，或者定期进行演练的。

第三十条 工贸企业有下列情形之一的，由县级以上安全生产监督管理部门责令限期改正，可以处 3 万元以下的罚款，对其直接负责的主管人员和其他直接责任人员处 1 万元以下的罚款：

（一）未按照本规定对有限空间作业进行辨识、提出防范措施、建立有限空间管理台账的；

（二）未按照本规定对有限空间作业制定作业方案或者方案未经审批擅自作业的；

（三）有限空间作业未按照本规定进行危险有害因素检测或者监测，并实行专人监护作业的。

第五章　附则

第三十一条 本规定自 2013 年 7 月 1 日起施行。

三、《关于在污水井等有限空间作业现场设置警示标志的通知》（京安监发〔2009〕152 号）

今年北京市连续发生多起有限空间急性中毒窒息事故，给人民群众生命财产造成了严重损失。为进一步加强有限空间作业现场安全管理，有效提醒、警示现场作业人员认清危险，避免事故发生，依据《中华人民共和国安全生产法》第 28 条"生产经营单位应当在有较大危险因素的生产经营场所和有关设施、设备上，设置明显的安全警示标志"的规定，参照国家相关标准规范，现就设置有限空间警示标志的有关要求通知如下：

（一）警示标志设置范围

有限空间主要存在硫化氢、甲烷、一氧化碳、二氧化碳等危险有害因素，极易造成缺氧和中毒。生产经营单位应在下列有限空间作业现场设置警示标志，重点包括污水井（池）、化粪池、电力井、燃气井、热力井、电信井、地下室、沼气池、密闭垃圾站等。此外，各单位可根据本单位的生产经营性质在其他具有较大危险因素的有限空间设置警示标志。

（二）警示标志设置内容

设置警示标志应根据有限空间存在的主要危害，选择相应的禁止标志、警告标志、指令标志和警示用语，例如：当心中毒、当心坠落、必须系安全带、必须戴防毒面具、注意通风等。

（三）警示标志设置要求

各生产经营单位应严格按照《安全标志及其使用导则》（GB 2894-2008）要求的规格和形式进行制作和设置警示标志应设置在醒目位置，密闭设备应在设备上设置警示标志；地上有限空间应在入口 1m 范围内竖立专用标志牌；地下有限空间应在从事有限空间作业时，在现场周围设置护栏和安全告知牌。安全告知牌内容包括警示标志、作业现场危险性、安全操作注意事项、危险有害因素浓度要求、应急电话等。

密闭设备、地上有限空间警示标志由各产权单位或管理单位进行设置。地下有限空间警示标志由从事有限空间作业的生产经营单位进行设置。警示标志牌应采用坚固耐用的金属材料或 PVC 等材料制作,并具有良好的昼夜视认性能以及防腐、防潮性能,保证其具有 5 年以上的使用寿命。

(四)工作要求

1. 高度重视,严格执行

在有较大危险因素的生产经营场所设置明显的安全警示标志,是生产经营单位应履行的义务,是安全生产管理工作的重要内容,也是提高作业人员安全意识,防范事故发生的有效手段。各单位要高度重视,确保资金投入,严格按照安全生产有关法律和国家标准的规定执行。

2. 认真核查,摸清底数

各生产经营单位要对本单位内存在有毒有害、通风不良的有限空间,认真识别,逐一排查,摸清底数,建立台帐,切实做好警示标志设置工作。对长期废弃的检查井应及时采取措施,进行封堵或填埋,避免意外事故发生。

3. 加强管理,及时维护

各生产经营单位应加强警示标志使用、维护和管理工作,建立安全警示标志档案,并将其列入日常检查内容,如发现有变形、破损、褪色等不符合要求的标志应及时修整或更换。

4. 督促落实,强化监督

安全监管部门应将警示标志设置情况作为日常安全监管的重要内容,对没有设置警示标志的生产经营单位,应依据《中华人民共和国安全生产法》《北京市安全生产条例》的有关规定给予行政处罚。

警示标志的设置应在 2010 年 2 月底前完成。市安全监管局将组织有关部门对警示标志设置情况进行抽查。

各区县安全监管局要将此通知迅速转发至各生产经营单位。

四、《关于加强有限空间作业承发包安全管理的通知》(京安监发〔2011〕30 号)

各区县安委会办公室,市安委会各成员单位,有关单位:

近日,根据全市"打非治违"工作总体部署,市安委会办公室对部分行业有限空间作业现场进行了安全生产执法检查。检查中发现,有限空间作业的承发包管理普遍存在安全责任划分不明、承包单位安全条件不合要求、发包单位未实现有效安全监管等问题。为进一步规范有限空间作业承发包行为,强化承发包单位的安全责任意识,现就加强有限空间作业承发包管理有关要求通知如下:

（一）严格审查承包单位安全条件

各单位需委托其他生产经营单位进行有限空间作业时，应依据《缺氧危险作业安全规程》《北京市有限空间作业安全生产规范》《关于在污水井等有限空间作业现场设置警示标志的通知》的相关要求，严格审查承包单位是否具备以下安全生产条件，如不符合条件，不得发包。

1. 有限空间作业安全设备设施

（1）硫化氢、一氧化碳等有毒有害气体，氧气，可燃气体检测分析仪；
（2）机械通风设备；
（3）正压式空气呼吸器或长管面具等隔离式呼吸保护器具；
（4）应急通讯工具；
（5）安全绳、安全带、三脚架、安全梯等；
（6）安全护栏及警示标志牌；
（7）有限空间存在可燃性气体和爆炸性粉尘时，检测、照明、通讯设备应符合防爆要求。

2. 有限空间作业安全管理制度

（1）有限空间作业安全生产责任制；
（2）有限空间作业安全操作规程；
（3）有限空间作业审批制度；
（4）有限空间安全教育培训制度；
（5）有限空间生产安全事故应急救援预案。

3. 特种作业操作资格证书

委托从事化粪池（井）、粪井、排水管道及其附属构筑物（含污水井、雨水井、提升井、闸井、格栅间、集水池等）运行、保养、维修、清理等地下有限空间作业活动时，发包单位应审查承包单位是否具备地下有限空间现场监护人员特种作业资格操作证书。

（二）签订协议明确双方安全责任

发包单位在与承包单位签订委托合同时，必须同时签订《有限空间作业安全生产管理协议》，对各自的安全生产管理职责进行约定。安全管理协议应当包括以下内容：
（一）明确双方安全管理的职责分工；
（二）明确双方在承发包过程中的权利义务；
（三）明确应急救援设备设施的提供方和管理方；
（四）明确、细化应对突发事件的应急救援职责分工、程序，以及各自应当履行的义务；
（五）其他需要明确的安全事项。

（三）强化有限空间作业现场管理

发包单位应对承包单位的安全生产工作进行统一协调、管理，承发包单位在作业前要签署作业审批单，双方签字确认后方可开展作业；发包单位要加强对有限空间作业现场的安全管理，督促承包单位严格按照国家法律法规标准要求进行作业，发现各类违章现象，要及时予以制止和纠正，发现事故隐患，要及时采取措施加以整改。同时要与承包单位做好安全交底工作，防止因安全交底不清而引发事故。

（四）加强对发包行为的监督检查

各部门、各区县要高度重视有限空间作业承发包的安全监管（管理），进一步增强企业的责任主体意识；要加大有限空间作业承发包的管理力度，组织本行业、本辖区生产经营单位在 6~7 月开展自查整改工作，督促指导企业认真查找承发包管理上存在的问题，及时完善承发包管理制度上的漏洞，坚决将资质不全、不具备安全生产条件的单位拒之门外。市安全生产委员会办公室将结合 7~8 月"直击安全现场"专项执法行动，把承发包管理情况作为重点内容进行检查，发现违法违规行为将依法给予行政处罚，并通过媒体进行曝光。

五、《关于在有限空间作业现场设置信息公示牌的通知》（京安监发〔2012〕30 号）

为进一步加强有限空间作业安全监管，落实有限空间作业单位安全主体责任，市安委会办公室决定在全市范围内推行有限空间作业现场设置信息公示牌制度，现将有关事项通知如下：

（一）充分认识设置信息公示牌必要性

设置信息公示牌有利于加强有限空间作业单位信息公开，提高安全责任意识；有利于明确有限空间作业主体，为执法部门提供执法检查依据；有利于接受社会监督、举报，制止违法作业行为。

（二）信息公示牌设置与内容

作业单位在进行有限空间作业前，应在作业现场设置作业单位信息公示牌。信息公示牌应与警示标志一同放置现场外围醒目位置。同时，作业人员应佩戴包含信息公示牌相关内容的工作证件，现场监护人员应持有限空间特种作业操作证上岗，并佩戴标有"有限空间作业现场监护"字样的袖标。信息公示牌内容：作业单位名称与注册地址，主要负责人姓名与联系方式，现场负责人姓名与联系方式，现场作业的主要内容。

（三）有关要求

（1）高度重视，严格执行。在作业现场设置信息公示牌，是作业单位安全生产管理工作的重要内容，是提高有限空间作业责任意识、接受安全监管部门及社会监督的有效手段。各单位要高度重视，确保投入，严格执行。

（2）加强管理，及时维护。公示牌应采用坚固耐用的材料制作，并具有良好的昼夜识别功能和防腐、防潮性能。各有限空间作业单位应加强信息公示牌使用、维护和管理工作，并将其列入日常检查内容，如发现变形、破损等现象应及时修整或更换。

（3）督促落实，强化监督。各区县应将有限空间作业现场信息公示牌的设置情况作为有限空间日常监督检查的重要内容，督促各作业单位认真落实主体责任，确保作业安全。各行业部门应督促本行业内涉及有限空间作业的单位按照要求设置信息公示牌，并强化监督检查。有限空间作业发包单位应对有限空间作业承包单位设置信息公示牌情况进行明确规定及要求，并检查落实情况，强化有限空间作业承发包管理。

各单位要将此通知迅速转发至本地区、本行业各有限空间作业单位。公示牌的设置应在 2012 年 6 月底前完成。

六、关于进一步加强地下有限空间作业安全生产工作的通知（京安办通〔2017〕2 号）

随着天气转暖，地下有限空间作业进入频繁期，为进一步强化地下有限空间安全监管，预防和控制地下有限空间事故，为"一带一路"高峰论坛和十九大的胜利召开创造稳定的安全生产环境，现就做好 2017 年地下有限空间作业安全监管工作，通知如下：

一、充分认清加强地下有限空间作业的重要性和复杂性

近几年在各部门和单位的共同努力下，我市地下有限空间监管工作形成了市安委会办公室统筹协调、有关相关部门各司其职，齐抓共管的监管模式，地下有限空间监管工作取得了一定成效，但地下有限空间仍是事故高发领域。2016 年我市共发生地下有限空间事故 4 起，死亡 6 人，伤 5 人，特别是丰台区发生了 1 起死亡 3 人的较大事故，这说明地下有限空间安全管理工作还存在着薄弱环节和盲区，部分作业单位对地下有限空间作业安全生产工作不重视，作业制度不健全；从业人员风险辨识能力不足，还存在"习惯性"违章作业；事故发生后，还存在盲目施救导致人员伤亡扩大等问题。

2017 年将召开党的十九大，还将举行"一带一路"高峰论坛，维护安全稳定的社会环境是重要政治任务，安全生产工作不能有任何闪失。各区、各有关部门和企业要从首都的发展战略和维护首都安全稳定的大局出发，充分认识地下有限空间安全生产工作的重要性和复杂性，要始终牢记"发展决不能以牺牲人的生命为代价，这一条不可逾越的红线"的要求，狠抓风险防控，消除各类事故隐患，有针对性地加强重点行业领域和城市运行风险研判，从源头上防范地下有限空间安全生产事故发生，确保首都的城市安全运行。

二、各企业要严格落实安全生产主体责任

各相关企业主要负责人作为安全生产第一责任人，要牢固树立"安全第一"的工作理念，将地下有限空间作业安全管理纳入安全生产管理的重要工作内容，从源头上把关，采取有力措施，全面提升地下有限空间作业安全管理水平。

（一）加强承发包管理，消除源头隐患。严格落实市安办印发《关于加强有限空间作业承发包安全管理的通知》（京安办发〔2011〕30号），发包单位不得将地下有限空间作业项目发包给安全生产设备设施不齐备、安全管理制度不健全、监护人员无特种作业证的单位。招标单位和发包单位务必将有限空间作业单位的安全生产条件纳入招投标和发包的条件；签订业务合同时，双方务必签订安全生产协议，明确双方安全生产责任。要坚决将资质不全、不具备安全生产条件的单位拒之门外，从"源头"消除隐患，有效遏制地下有限空间作业安全生产事故发生。

（二）强化从业人员培训，提升"实操"水平。严格落实《地下有限空间作业安全技术规范第1部分：通则》《地下有限空间作业安全技术规范 第2部分：气体检测与通风》的要求，根据本单位地下有限空间作业的特点，通过开展有限空间安全培训大课堂、专题讲座和实际操作等多种形式，有针对性地对作业人员指导和培训，不断提高从业人员对地下有限空间作业场所风险的认识，确保作业人员熟知标准的要求，熟练使用仪器设备，熟练掌握作业要求和规程，发生事故进行科学施救，杜绝盲目施救。

（三）加大安全生产投入，提高"技防"能力。严格落实《地下有限空间作业安全技术规范第3部分：防护设备设施配置》的要求，对一线作业队伍的防护设备设施进行排查和核对，按照"缺什么，补什么的原则"，为一线班组配备合格的检测、通风、长管呼吸器、安全绳等防护设备。积极引进、研发地下有限空间作业监管和施工的设施设备，利用远程设施、机械设备进行监控和作业，减少从业人员作业强度和频次。

（四）强化安全管理，督促一线作业队伍"规范"作业。各单位要严格落实地下有限空间系列标准和操作规程，结合本单位作业情况，加强对作业现场监管检查力度，制定严格的奖惩机制，推行"把隐患当事故处理"的管理模式，严肃处理违章作业的一线作业和人员。严格要求从业人员遵守有限空间作业未经审批，严禁作业；作业场所未经检测和通风，严禁作业；作业现场无监护人员，严禁作业；无应急救援设备，严禁盲目施救，"四个严禁"的作业要求。确保一线作业队伍作业过程中，严格遵守操作规程。

三、各区、各行业部门严格履行监督管理责任

各区安委会办公室充分发挥统筹协调作用，推进有限空间安全管理各项工作的贯彻落实。各部门要把安全发展理念贯穿到行业发展和企业生产经营全过程，按照"管行业必须管安全、管业务必须管安全"的要求，进一步加强对本行业有限空间的安全管理。

（一）查违章作业，加大对地下有限空间作业的日夜巡查力度。各区、各相关行业部门，结合"一带一路"高峰论坛和党的十九大的保障任务，制定地下有限空间专项检查方案。在重点时段，集中人力、物力加大对重点地区的不定期巡查和夜查力度，检查要点面结合、突出重点，把主要精力放在有限空间作业的重点时段、重点行业、重点企业、重点场所监管的薄弱环节，加大对违章作业单位的行政处罚、通报和媒体曝光力度，按照"问题不解决不放过、整改不到位不放过"的要求，确

保查出问题得到彻底解决，实现有限空间作业"闭环"安全管理。

（二）补管理短板，进一步完善修订作业管理规范。2014年的昌平"1·11"事故和通州"10·29"事故，导致事故发生的有毒有害气体呈现复杂性。各部门指导所属企业进一步修订和完善本行业的地下有限空间作业安全管理规范，根据《地下有限空间作业安全技术规范》，明确"作业环境复杂时，应委托具有相应检测能力的单位对作业场所进行检测，并制定专项地下有限空间作业方案，方可进行有限空间作业"，要把此项规定作为一项硬性规定写入行业作业规范，并在一线作业队伍严格落实。

（三）提升安全技能，继续开展有限空间作业大比武活动。各区、行业部门和企业集团要充分认识开展有限空间作业大比武活动的重要意义，按照"交叉举办，相互补充"的要求，把大比武活动作为每年安全培训和演练的一项常态工作，确保基层一线作业队伍和人员全部参加大比武，做到人人参与活动、人人受到教育、人人得到提高，使作业人员掌握安全知识，强化安全意识，提高自救互救能力。

七、北京市安全生产委员会办公室关于进一步加强有限空间作业安全生产工作的通知（京安办发〔2018〕13号）

2017年全市共发生有限空间中毒窒息事故9起，死亡17人，其中较大事故2起，死亡7人，事故起数和死亡人数双上升。事故发生的领域和原因也呈现复杂性和多样性，充分暴露了有限空间安全管理工作还存在着薄弱环节和盲区，有限空间监管工作还面临长期性、艰巨性、复杂性、反复性的严峻形势。为有效遏制有限空间事故高发态势，切实保障人民群众生命安全，推动我市安全生产形势持续稳定好转，现就做好2018年有限空间作业安全监管工作，通知如下：

一、切实提高政治站位，增强工作使命感和责任感

首都安全无小事，维护首都安全是首要的政治责任，是深入落实首都城市战略定位，加强"四个中心"功能建设，履行好"四个服务"职责的必然要求。我们要进一步提高政治站位，强化"四个意识"，坚决贯彻习近平总书记关于安全生产工作的一系列重要指示精神，牢固树立安全发展理念，牢牢守住安全生产这条红线，时刻保持清醒头脑，始终保持高度警觉。各区、各部门、各单位要充分认识做好有限空间作业安全生产工作的重要性、紧迫性，认真吸取近年来本市有限空间事故教训，剖析事故的规律和特点。增强抓好有限空间作业安全生产工作的紧迫感和责任感，切实把安全管理的责任落实到位，树立"强融合"的工作理念，加强部门的协调沟通，加强监管、管理、培训和宣传，形成监管合力，坚决遏制事故高发态势，确保首都城市安全运行。

二、各区、各部门严格履行属地和行业有限空间监管责任

各区安委会办公室要充分发挥统筹协调、督导、检查的作用，加强明查暗访，督促检查属地政府及各部门落实监管职责。各区、各部门要按照"管行业必须管安全、管业务必须管安全"的要求和"一岗双责、党政同责、齐抓共管、失职追责"的原则，

地下有限空间监护作业安全理论知识

落实各项监管责任，检查、指导、督促企业落实主体责任，全力压减有限空间事故。

（一）严格承发包管理。各区、各部门要按照《北京市安全生产委员会关于进一步加强北京市政府部门及其事业单位项目发包或场所出租安全生产管理工作的指导意见的通知》（京安发〔2018〕3号）和《北京市安全生产委员会办公室关于加强有限空间作业承发包安全管理的通知》（京安办发〔2011〕30号）的要求，招投标或政府购买服务发包有限空间项目时，要将承包承租单位的安全生产条件纳入招投标文件，签订安全生产协议，明确双方责任。要坚决将资质不全、不具备安全生产条件的单位拒之门外，从"源头"消除有限空间安全隐患，遏制有限空间作业生产安全事故发生。

（二）全面开展排查。各区、各部门要结合属地和行业监管实际，制定专项工作方案，全面深入分析本地区和本行业有限空间作业安全生产形势，按照《工贸企业有限空间作业安全管理与监督暂行规定》（总局令第59号）和《地下有限空间作业安全技术规范》的要求，认真查找有限空间安全生产突出问题和薄弱环节，研究解决问题的对策措施。排摸本地区和本行业涉及有限空间作业的企事业单位，建立基础台账，要对排查出的隐患，逐一登记、督促整改、跟踪问效，切实做到整改措施、责任、资金、时限和预案"五到位"。做到风险防控放在隐患出现之前，把事故隐患消除在事故发生之前。

（三）加大检查力度。各区、各部门要制定有限空间专项检查方案，将有限空间作业单位列入年度执法计划。在重点时段，集中人力、物力，加大对重点地区、重点行业、重点企业、重点场所检查、巡查和夜查力度，检查要点面结合、突出重点。在建施工的有限空间作业项目存在层层转包、人员流动性大、安全意识淡薄等问题。今年各区、各部门要加大对在建施工的有限空间作业的监管力度，加大对违章作业单位的行政处罚、通报和媒体曝光力度，按照"问题不解决不放过、整改不到位不放过"的要求，确保查出问题得到彻底解决，切实消除各类安全隐患，实现有限空间作业"闭环"安全管理。

三、各企业严格落实安全生产主体责任

各相关企业要牢固树立"安全发展理念，弘扬生命至上、安全第一"的思想，落实安全生产主体责任，将有限空间作业安全管理纳入安全生产管理的重要工作内容，从源头上把关，采取有力措施，全面提升有限空间作业安全管理水平。

（一）开展有限空间条件确认。各工贸企业要按照《工贸企业有限空间作业安全管理与监督暂行规定》（总局令第59号），摸清本企业有限空间情况，对有限空间条件进行确认、对有限空间作业场所风险辨识，开展隐患排查、制定整改方案、实施整改、进行评估等各项管理措施。

（二）提升安全管理水平。各企业要加大硬件和软件安全投入，切实落实有限空间安全主体责任。制定完善有限空间作业的规章制度和操作规程，作业现场必须设置安全警示标志；按规定配备符合国家标准要求的通风、检测、照明、通讯、应急救援设备和个人防护用品；要制定有针对性的应急预案，每年至少进行一次演练，定期进行修改和完善。

（三）严守操作规程。各企业要按照《工贸企业有限空间作业安全管理与监督暂行规定》（总局令第 59 号）和《地下有限空间作业安全技术规范》，严格执行有限空间作业审批制度，未经作业负责人审批，任何人不得进入有限空间作业；对作业负责人、监护人员、作业人员进行专项安全培训，并专门记录；作业现场必须监护人员，不得在没有监护人员的情况下作业；地下有限空间监护人员必须持有有限空间特种作业证；严格执行"先通风、再检测、后作业"的规定，未经通风和检测合格，严禁作业人员进入有限空间。

四、强化有限空间事故应急处置能力

有限空间作业是高风险作业，分析近几年的有限空间事故情况，较大事故都存在应急处置施救过程中，因盲目施救导致伤亡人数进一步扩大，酿成群死群伤事故。各企业要切实做好有限空间作业人员应急救援教育培训，使一线作业人员熟练掌握有限作业事故应急救援知识和技能，熟练使用应急救援设备、设施；严格按照《地下有限空间作业安全技术规范》的要求，配备符合要求的应急救援设备设施，定期对应急装备检查和维护保养，现场作业时必须配备应急救援设备设施；要开展经常性应急演练，提高作业人员的应急处置能力，有限空间作业发生险情后，监护人员应及时报警，救援人员应在做好自身防护后实施救援，禁止不具备条件的盲目施救，守住应急救援最后一道防线。

五、工作要求

（一）加强协调配合。各区、各部门、各单位进一步提高有限空间安全生产工作的认识，把有限空间作业纳入安全生产整体工作一项极其重要内容。树立"强融合"的意识，要加强相互配合、通力协作，建立联动机制，开展联合执法、联合督查等多种形式的专项行动，全力消除有限空间事故隐患，坚决控制和减少有限空间事故的发生。

（二）开展全员培训。4 月份，各区、各部门要根据行业和辖区实际，对辖区和本行业所有企业的主要负责人和管理人员开展一次动员培训；各企业要对所有一线作业人员开展一次培训，培训的重点要放在《工贸企业有限空间作业安全管理与监督暂行规定》（总局令第 59 号）和《地下有限空间作业安全技术规范》的宣贯上，要突出一线作业人员对防护设备设施的操作和使用，进一步提升一线作业人员安全意识和技能。

（三）加大宣传力度。各区、各部门要充分利用媒体，采取多种形式，加大宣传力度，普及有限空间作业知识，加大对重大隐患和影响恶劣的各类违法违规行为的曝光力度，营造出全社会关注有限空间作业安全生产工作的浓厚氛围。北京市安全生产委员会办公室。

八、《地下有限空间作业安全技术规范第 1 部分：通则》（DB 11/852.1−2012）

1 范围

本部分规定了地下有限空间作业环境分级、基本要求、作业前准备和作业的安全要求。本部分适用于电力、热力、燃气、给排水、环境卫生、通信、广播电视等设施涉及的地下有限空间常规作业及其管理。其他地下有限空间作业可参照本部分执行。

2 规范性引用文件

下列文件对于本文件的应用是必不可少的。凡是注日期的引用文件，仅所注日期的版本适用于本文件。凡是不注日期的引用文件，其最新版本（包括所有的修改单）适用于本文件。

GB 2811 《安全帽》

GB 2893 《安全色》

GB 2894 《安全标志及其使用导则》

GB 3836.1 《爆炸性气体环境用电气设备第 1 部分：通用要求》

GB 6095 《安全带》

GB 6220 《呼吸防护长管呼吸器》

GB/T 13869 《用电安全导则》

GB/T 16556 《自给开路式压缩空气呼吸器》

GB 20653 《职业用高可视性警示服》

GB/T 23469 《坠落防护连接器》

GB/T 24538 《坠落防护缓冲器》

GB 24543 《坠落防护安全绳》

GB 24544 《坠落防护速差自控器》

GBZ 1 《工业企业设计卫生标准》

GBZ 2.1 《工作场所有害因素职业接触限值第 1 部分：化学有害因素》

GBZ 158 《工作场所职业病危害警示标识》

3 术语与定义

下列术语和定义适用于本文件。

3.1 地下有限空间 underground confined space
封闭或部分封闭、进出口较为狭窄有限、未被设计为固定工作场所、自然通风不良，易造成有毒有害、易燃易爆物质积聚或氧含量不足的地下空间。

3.2 地下有限空间作业 working in underground confined space
进入地下有限空间实施的作业活动。

3.3 地下有限空间作业安全生产条件 conditions for work safety of underground confined space
满足地下有限空间作业安全所需的安全生产责任制、安全生产规章制度、操作规程、安全防护设备设施、人员资质等条件的总称。

3.4 管理单位 management unit
对地下有限空间具有管理权的单位。

3.5 作业单位 working unit
进入地下有限空间实施作业的单位。

3.6 作业负责人 working supervisor

由作业单位确定的负责组织实施地下有限空间作业的管理人员。

3.7 监护者 attendant

为保障作业者安全，在地下有限空间外对地下有限空间作业进行专职看护的人员。

3.8 作业者 operator

进入地下有限空间内实施作业的人员。

4 作业环境分级

4.1 根据危险有害程度由高至低，将地下有限空间作业环境分为3级。

4.2 符合下列条件之一的环境为1级：

a）氧含量小于19.5%或大于23.5%；

b）可燃性气体、蒸气浓度大于爆炸下限（LEL）的10%；

c）有毒有害气体、蒸气浓度大于GBZ 2.1规定的限值。

4.3 氧含量为19.5%~23.5%，且符合下列条件之一的环境为2级：

a）可燃性气体、蒸气浓度大于爆炸下限（LEL）的5%且不大于爆炸下限（LEL）的10%；

b）有毒有害气体、蒸气浓度大于GBZ 2.1规定限值的30%且不大于GBZ 2.1规定的限值；

c）作业过程中易发生缺氧，如热力井、燃气井等地下有限空间作业；

d）作业过程中有毒有害或可燃性气体、蒸气浓度可能突然升高，如污水井、化粪池等地下有限空间作业。

4.4 符合下列所有条件的环境为3级：

a）氧含量为19.5%~23.5%；

b）可燃性气体、蒸气浓度不大于爆炸下限（LEL）的5%；

c）有毒有害气体、蒸气浓度不大于GBZ 2.1规定限值的30%；

d）作业过程中各种气体、蒸气浓度值保持稳定。

5 基本要求

5.1 管理单位

5.1.1 管理单位应指定管理机构或配备专、兼职管理人员，负责地下有限空间作业的安全管理工作。

5.1.2 管理单位应建立地下有限空间作业安全生产规章制度。存在地下有限空间作业发包行为的，还应建立发包管理制度。

5.1.3 管理单位应对负责地下有限空间作业的管理人员定期进行培训，并应建立培训档案。

5.1.4 管理单位应对地下有限空间基本情况建立台账。

5.1.5 管理单位宜配备与管理地下有限空间作业相匹配的安全防护设备、个体防护装备及应急救援设备等。

5.1.6 管理单位不具备地下有限空间作业安全生产条件的，不应实施地下有限空间作业。

5.1.7 管理单位存在地下有限空间作业发包行为的，应将作业项目发包给符合本标准第 5.2 条规定的作业单位，并应与作业单位签订地下有限空间作业安全生产管理协议，对各自的安全生产职责进行约定。

5.1.8 管理单位应向作业单位如实提供地下有限空间类型、内部设施及外部环境等基本信息。

5.2 作业单位

5.2.1 作业单位应设置安全管理机构或配备专职安全管理人员，负责地下有限空间作业安全管理工作。

5.2.2 作业单位应建立地下有限空间作业安全生产责任制、安全生产规章制度和操作规程。

5.2.3 作业单位应制定地下有限空间作业安全生产事故应急救援预案。一旦发生事故，作业负责人应立即启动应急救援预案。

5.2.4 作业负责人、监护者和作业者应经地下有限空间作业安全生产教育和培训合格。其中，监护者应持有效的地下有限空间作业特种作业操作证。

5.2.5 作业单位每年应至少组织 1 次地下有限空间作业安全再培训和考核，并做好记录。

5.2.6 作业单位应实施地下有限空间作业内部审批制度，审批文件应存档备案。审批文件内容应至少包括：

a）地下有限空间作业内容、作业地点、作业单位名称、管理单位名称、作业时间、作业相关人员；

b）地下有限空间气体检测数据；

c）主要安全防护措施；

d）单位负责人签字确认项；

e）作业负责人、监护者、作业者签字确认项。

5.2.7 作业单位应配备气体检测、通风、照明、通讯等安全防护设备、个体防护装备及应急救援设备等，设置专人进行维护，按相关规定定期检验，并建档管理。

5.2.8 作业负责人应在作业前对实施作业的全体人员进行安全交底，告知作业内容、作业方案、主要危险有害因素、作业安全要求及应急处置方案等内容，并履行签字确认手续。

6 作业前准备

6.1 封闭作业区域及安全警示

6.1.1 作业前，应封闭作业区域，并在出入口周边显著位置设置安全标志和警示标识。安全标志和警示标识应符合 GB 2893、GB 2894、GBZ 158 中的有关规定。

6.1.2 夜间实施作业，应在作业区域周边显著位置设置警示灯，地面作业人员应穿戴高可视警示服，高可视警示服至少满足 GB 20653 规定的 1 级要求，使用的反光材料应符合 GB 20653 规定的 3 级要求。

6.1.3 进行地下有限空间作业，应符合道路交通管理部门关于道路作业的相关规定。

6.2 设备安全检查

作业前，应对安全防护设备、个体防护装备、应急救援设备、作业设备和工具进行安全检查，发现问题应立即更换。

6.3 开启出入口

6.3.1 开启地下有限空间出入口前，应使用气体检测设备检测地下有限空间内是否存在可燃性气体、蒸气，存在爆炸危险的，开启时应采取相应的防爆措施。

6.3.2 作业者应站在地下有限空间外上风侧开启出入口，进行自然通风。

6.4 安全隔离

应采取关闭阀门、加装盲板、封堵、导流等隔离措施，阻断有毒有害气体、蒸气、水、尘埃或泥沙等威胁作业安全的物质涌入地下有限空间的通路。

6.5 气体检测

6.5.1 地下有限空间作业应严格履行"先检测后作业"的原则，在地下有限空间外按照氧气、可燃性气体、有毒有害气体的顺序，对地下有限空间内气体进行检测。其中，有毒有害气体应至少检测硫化氢、一氧化碳。

6.5.2 地下有限空间内存在积水、污物的，应采取措施，待气体充分释放后再进行检测。

6.5.3 应对地下有限空间上、中、下不同高度和作业者通过、停留的位置进行检测。

6.5.4 气体检测设备应定期进行检定，检定合格后方可使用。

6.5.5 气体检测结果应如实记录，内容包括检测时间、检测位置、检测结果和检测人员。

6.6 作业环境级别判定

6.6.1 作业负责人根据气体检测数据，依据本标准第 4 章的规定对地下有限空间作业环境危险有害程度进行分级。其中，氧含量检测数据在 23.5% 以下的以最低值为依据，在 23.5% 以上的以最高值为依据，其他种类气体以每种气体检测数据的最高值为依据。

6.6.2 3 级环境可实施作业，2 级和 1 级环境应进行机械通风。

6.7 机械通风

6.7.1 作业环境存在爆炸危险的，应使用防爆型通风设备。

6.7.2 采用移动机械通风设备时，风管出风口应放置在作业面，保证有效通风。

6.7.3 应向地下有限空间输送清洁空气，不应使用纯氧进行通风。

6.7.4 地下有限空间设置固定机械通风系统的，应符合 GBZ 1 的规定，并全程运行。

6.8 二次气体检测

存在以下情况之一的，应再次进行气体检测，检测过程应符合本标准第 6.5 条的规定：

　　a）机械通风后；

　　b）作业者更换作业面或重新进入同一作业面的；

　　c）气体检测时间与作业者进入作业时间间隔 10min 以上时的。

6.9 二次判定

作业负责人根据二次气体检测数据，依据本标准第 4 章的规定对地下有限空间作业环境危险有害程度重新进行判定。降低为 2 级或 3 级环境，以及始终维持 2 级环境的，可实施作业。1 级环境的，不应作业。

6.10 个体防护

6.10.1 作业者进入 3 级环境，宜携带隔绝式逃生呼吸器。

6.10.2 作业者进入 2 级环境，应佩戴正压式隔绝式呼吸防护用品，并应符合 GB 6220、GB/T 16556 等标准的规定。

6.10.3 作业者应佩戴全身式安全带、安全绳、安全帽等防护用品，并符合 GB 6095、GB 24543、GB 2811 等标准的规定。安全绳应固定在可靠的挂点上，连接牢固，连接器应符合 GB/T 23469 的规定。

6.10.4 宜选择速差式自控器、缓冲器等防护用品配合安全带、安全绳使用。速差式自控器、缓冲器应符合 GB 24544、GB/T 24538 等标准的规定。

6.10.5 作业现场应至少配备 1 套自给开路式压缩空气呼吸器和 1 套全身式安全带及安全绳作为应急救援设备。

6.11 电气设备和照明安全

6.11.1 地下有限空间作业环境存在爆炸危险的，电气设备、照明用具等应满足防爆要求，符合 GB 3836.1 的规定。

6.11.2 地下有限空间临时用电应符合 GB/T 13869 的规定。

6.11.3 地下有限空间内使用的照明设备电压应不大于 36V。

7 作业

7.1 作业安全

7.1.1 作业负责人应确认作业环境、作业程序、安全防护设备、个体防护装备及应急救援设备符合要求后，方可安排作业者进入地下有限空间作业。

7.1.2 作业者应遵守地下有限空间作业安全操作规程，正确使用安全防护设备与个体防护装备，并与监护者进行有效的信息沟通。

7.1.3 进入 3 级环境中作业，应对作业面气体浓度进行实时监测。

7.1.4 进入 2 级环境中作业，作业者应携带便携式气体检测报警设备连续监测作业面气体浓度。同时，监护者应对地下有限空间内气体进行连续监测。

7.1.5 据初始检测结果判定为 3 级环境的，作业过程中应至少保持自然通风。

7.1.6 降低为 2 级或 3 级环境，以及始终维持为 2 级环境的，作业过程中应使用机械通风设备持续通风。

7.1.7 作业期间发生下列情况之一时，作业者应立即撤离地下有限空间：

a）作业者出现身体不适；

b）安全防护设备或个体防护装备失效；

c）气体检测报警仪报警；

d）监护者或作业负责人下达撤离命令。

7.2 监护

7.2.1 监护者应在地下有限空间外全程持续监护。

7.2.2 监护者应能跟踪作业者作业过程，实时掌握监测数据，适时与作业者进行有效的信息沟通。

7.2.3 作业者进入 2 级环境中作业，监护者应按照本标准第 7.1.4 条的规定进行实时监测。

7.2.4 发现异常时，监护者应立即向作业者发出撤离警报，并协助作业者逃生。

7.2.5 监护者应防止未经许可的人员进入作业区域。

7.3 作业后清理

7.3.1 作业完成后，作业者应将全部作业设备和工具带离地下有限空间。

7.3.2 监护者应清点人员及设备数量，确保地下有限空间内无人员和设备遗留后，关闭出入口。

7.3.3 清理现场后解除作业区域封闭措施，撤离现场。

九、《地下有限空间作业安全技术规范第 2 部分：气体检测与通风》（DB11/852.2–2013）

1 范围

本部分规定了地下有限空间作业气体检测、通风的技术要求。

本部分适用于电力、热力、燃气、给排水、环境卫生、通信、广播电视等设施涉及的地下有限空间常规作业及其管理。其他地下有限空间作业可参照本部分执行。

2 规范性引用文件

下列文件对于本文件的应用是必不可少的。凡是注日期的引用文件，仅所注日期的版本适用于本文件。凡是不注日期的引用文件，其最新版本（包括所有的修改单）适用于本文件。

GB 12358 作业环境气体检测报警仪通用技术要求

GBZ 2.1 工作场所有害因素职业接触限值第 1 部分：化学有害因素

3 术语与定义

下列术语和定义适用于本部分。

3.1 气体检测报警仪 monitoring and alarming devices for gas

用于检测和报警工作场所空气中氧气、可燃气和有毒有害气体浓度或含量的仪器，由探测器和报警控制器组成，当气体含量达到仪器设置的条件时可发出声光报警信号。常用的有固定式、移动式和便携式气体检测报警仪。

3.2 评估检测 evaluation detection

作业前，对地下有限空间气体进行的检测，检测值作为地下有限空间环境危险性分级和采取防护措施的依据。

3.3 准入检测 admittance detection

进入前，对地下有限空间气体进行的检测，检测值作为作业者进入地下有限空间的准入和环境危险性再次分级的依据。

3.4 监护检测 monitoring detection

作业时，监护者在地下有限空间外通过泵吸式气体检测报警仪或设置在地下有限空间内的远程在线检测设备，对地下有限空间气体进行的连续地检测，检测值作为监护者实施有效监护的依据。

3.5 个体检测 individual detection

作业时，作业者通过随身携带的气体检测报警仪，对作业面气体进行的动态检测，检测值作为作业者采取措施的依据。

3.6 爆炸下限 low explosive limit

可燃气或蒸气在空气中的最低爆炸浓度。

3.7 最高容许浓度 maximum allowable concentration

工作地点、在一个工作日内、任何时间有毒化学物质均不应超过的浓度。

3.8 时间加权平均容许浓度 permissible concentration-time weighted average

以时间为权数规定的 8h 工作日、40h 工作周的平均容许接触浓度。

3.9 短时间接触容许浓度 permissible concentration-short term exposure limit

在遵守时间加权平均容许浓度的前提下，容许短时间（15min）接触的浓度。

3.10 直读式仪器 direct-reading detectors

能够瞬间检测空气中的氧气、可燃气和有毒有害气体并显示其浓度或含量的分析仪器。

4 气体检测

4.1 一般要求

4.1.1 气体检测报警仪的使用应严格按照使用说明书和本规范的要求操作。

4.1.2 地下有限空间设置固定式气体检测报警系统的，作业过程中应全程运行。

4.1.3 气体检测报警仪每年至少标定 1 次。应标定零值、预警值、报警值，使用的被测气体的标准混合气体（或代用气体）应符合要求，其浓度的误差（不确定度）应小于被标仪器的检测误差。标定应做好记录，内容包括标定时间、标准气规格和标定点等。

4.1.4 地下有限空间的管理单位，宜设置远程监测设施进行气体监测，并建立地下有限空间环境条件档案。

4.1.5 地下有限空间气体环境复杂时，作业单位宜委托具有相应检测能力的单位进行检测。

4.1.6 作业中气体检测报警仪达到预警值时，未佩戴正压隔绝式呼吸防护用品的作业人员应立即撤离地下有限空间。任何情况下气体检测报警仪达到报警值时，所有作业人员应立即撤离有限空间。

4.2 检测内容

4.2.1 在进行气体检测前，应对地下有限空间及其周边环境进行调查，分析地下有限空间内气体种类。

4.2.2 应至少检测氧气、可燃气、硫化氢、一氧化碳。

4.3 预警值和报警值的设定

4.3.1 氧气检测应设定缺氧报警和富氧报警两级检测报警值，缺氧报警值应设定为19.5%，富氧报警值应设定为23.5%。

4.3.2 可燃气体和有毒有害气体应设定预警值和报警值两级检测报警值。部分有毒有害气体的预警值和报警值参见附录A。

4.3.3 可燃气预警值应为爆炸下限的5%，报警值应为爆炸下限的10%。

4.3.4 有毒有害气体预警值应为GBZ2.1规定的最高容许浓度或短时间接触容许浓度的30%，无最高容许浓度和短时间接触容许浓度的物质，应为时间加权平均容许浓度的30%。

4.3.5 有毒有害气体报警值应为GBZ2.1规定的最高容许浓度或短时间接触容许浓度，无最高容许浓度和短时间接触容许浓度的物质，应为时间加权平均容许浓度。

4.4 气体检测报警仪要求

4.4.1 气体检测报警仪应使用符合GB12358要求的直读式仪器。

4.4.2 气体检测报警仪的检测范围、检测和报警精度应满足工作要求。

4.4.3 作业者经常活动的地下有限空间，宜设置固定式气体检测报警仪。

4.5 检测点的确定

4.5.1 评估及准入检测点确定应满足下列要求：

a）检测点的数量不应少于3个；

b）上、下检测点，距离地下有限空间顶部和底部均不应超过1m，中间检测点均匀分布，检测点之间的距离不应超过8m。

4.5.2 监护检测点应设置在作业者的呼吸带高度内，不应设置在通风机送风口处。

4.6 检测方法

4.6.1 地下有限空间内积水、积泥时，应先在地下有限空间外利用工具进行充分搅动。

4.6.2 评估检测、准入检测、监护检测时，检测人员应在地下有限空间外的上风口进行。地下有限空间内有人作业时，监护检测应连续进行。

4.6.3 不同检测点的检测，应从出入口开始，按由上至下、由近至远的顺序进行。

4.6.4 同一检测点不同气体的检测，应按氧气、可燃气和有毒有害气体的顺序进行。

4.6.5 每个检测点的检测时间，应大于仪器响应时间，有采样管的应增加采样管的通气时间。

4.6.6 每个检测点的每种气体应连续检测3次，以检测数据的最高值为依据。

4.6.7 两次检测的间隔时间应大于仪器恢复时间。

4.6.8 检测时，检测值超出气体检测报警仪测量范围，应立即使气体检测报警仪脱离检测环境，在空气洁净的环境中待气体检测报警仪指示回零后，方可进行下一次检测。气体检测报警仪发生故障报警，应立即停止检测。

4.7 检测记录

4.7.1 气体检测应做好记录，至少包括以下内容：

a）检测日期；

b）检测地点；

c）检测位置；

d）检测方法和仪器；

e）温度、气压；

f）检测时间；

g）检测结果；

h）监护者。

4.7.2 监护者应将评估检测数据、准入检测数据和分级结果，告知作业者并履行签字手续。

4.7.3 监护检测应每 15min 至少记录 1 个瞬时值。

5 通风

5.1 一般要求

5.1.1 采用机械通风作业前，应先进行自然通风。

5.1.2 地下有限空间通风条件复杂时，宜进行通风设计并经作业单位审批后作业。

5.2 自然通风

5.2.1 作业前，应开启地下有限空间的门、窗、通风口、出入口、人孔、盖板、作业区及上下游井盖等进行自然通风，时间不应低于 30min。

5.2.2 作业中，不应封闭地下有限空间的门、窗、通风口、出入口、人孔、盖板、作业区及上、下游井盖等，并做好安全警示及周边拦护。

5.3 机械通风

5.3.1 机械通风应满足下列要求：

a）区横断面平均风速不小于 0.8m/s 或通风换气次数不小于 20 次 /h；

b）地下有限空间只有一个出入口时，应将通风设备出风口置于作业区底部，进行送风作业；

c）地下有限空间有两个或两个以上出入口、通风口时，应在临近作业者处进行送风，远离作业者处进行排风。必要时，可设置挡板或改变吹风方向以防止出现通风死角。

d）送风设备吸风口应置于洁净空气中，出风口应设置在作业区，不应直对作业者；

5.3.2 发生下列情况之一时，应进行连续机械通风：

a）评估检测达到报警值；

b）准入检测达到预警值；

c）监护检测或个体检测，达到预警值；

d）地下有限空间内进行涂装作业、防水作业、防腐作业、明火作业、内燃机作业及热熔焊接作业等。

附录 A

（资料性附录）
部分有毒有害气体预警值和报警值

气体名称	预警值		报警值	
	mg/m³	20℃，ppm	mg/m³	20℃，ppm
硫化氢	3	2	10	7
氯化氢	0.22	0.14	0.75	0.49
氰化氢	0.3	0.2	1	0.8
溴化氢	3	0.8	10	2.9
一氧化碳	9	7	30	25
一氧化氮	4.5	3.6	15	12
二氧化碳	5400	2950	18000	9836
二氧化氮	3	1.5	10	5.2
二氧化硫	3	1.3	10	4.4
二硫化碳	3	0.9	10	3.1
苯	3	0.9	10	3
甲苯	30	7.8	100	26
二甲苯	30	6.8	100	22
氨	9	12	30	42
氯	0.3	0.1	1	0.33
甲醛	0.15	0.12	0.5	0.4
乙酸	6	2.4	20	8
丙酮	135	55	450	185

十、《地下有限空间作业安全技术规范第3部分：防护设备设施配置》
（DB11/852.3–2014）

1 范围

本部分规定了地下有限空间作业防护设备设施基本要求、安全警示设施、作业防护设备、个体防护用品、应急救援设备设施配置的要求。

本部分适用于电力、热力、燃气、给排水、环境卫生、通信、广播电视设施涉及的地下有限空间防护设备设施配置。其他地下有限空间防护设备设施配置可参照本部分执行。

2 规范性引用文件

下列文件对于本文件的应用是必不可少的。凡是注日期的引用文件，仅所注日期的版本适用于本文件。凡是不注日期的引用文件，其最新版本（包括所有的修改单）适用于本文件。

GB 2893 《安全色》

GB 2894 《安全标志及其使用导则》

GB 3836.1 《爆炸性环境第1部分：设备通用要求》

GB/T 11651 《个体防护装备选用规范》

GB 12358 《作业场所环境气体检测报警仪通用技术要求》

GBZ 158 《工作场所职业病危害警示标识》

DB11/ 852.1 《地下有限空间作业安全技术规范第1部分：通则》

DB11/ 852.2 《地下有限空间作业安全技术规范第2部分：气体检测与通风》

DB11/ 854 《占道作业交通安全设施设置技术要求》

3 基本要求

3.1 防护设备设施应符合相应产品的国家标准或行业标准要求；对于无国家标准和行业标准规定的设备设施，应通过相关法定检验机构型式检验合格。

3.2 地下有限空间内为易燃易爆环境的，应配备符合 GB 3836.1 规定的防爆型电气设备。

3.3 地下有限空间管理单位和作业单位应对防护设备设施进行如下管理：

a）应建立防护设备设施登记、清查、使用、保管等安全管理制度；

b）应设专人负责防护设备设施的维护、保养、计量、检定和更换等工作，发现设备设施影响安全使用时，应及时修复或更换；

c）防护设备设施技术资料、说明书、维修记录和计量检定报告应存档保存，并易于查阅。

4 安全警示设施

4.1 应在有限空间地面出入口周边使用牢固可靠的围挡设施封闭作业区域，封闭区域应满足安全作业要求。

4.2 应在地下有限空间出入口周边显著位置设置安全标志、警示标识。安全标志和警示标识颜色应符合 GB 2893 的规定，样式应符合 GB 2894、GBZ 158 中的规定。

4.3 安全告知牌可替代安全标志和警示标识，安全告知牌应符合附录 A 中图 A.1 的要求。

4.4 围挡设施、安全标志、警示标识或安全告知牌等安全警示设施配置应符合附录 B 中表 B.1 的要求。

4.5 当进行占路作业时，交通安全设施设置应符合 DB 11/ 854 的要求。

5 作业防护设备

5.1 气体检测报警仪、通风设备、照明设备、通讯设备、三脚架等作业防护设备配置种类及数量应符合附录 B 中表 B.1 的要求。

5.2 气体检测报警仪技术指标应符合 GB 12358 的要求，应至少能检测氧气、可燃气、硫化氢、一氧化碳。

5.3 送风设备应配有可将新鲜空气送入地下有限空间的风管，风管长度应能确保送入地下有限空间底部。

5.4 手持照明设备电压应不大于 24V，在积水、结露的地下有限空间作业，手持照明电压应不大于 12V。

6 个体防护用品

6.1 呼吸防护用品、全身式安全带、安全绳、安全帽等个体防护用品配置种类和数量应符合附录 B 中表 B.1 的要求。

6.2 作业现场应有与安全绳、速差式自控器、绞盘绳索等连接的安全、牢固的挂点。

6.3 应按照 GB/T 11651 的要求，为作业者配置防护鞋、防护服、防护眼镜、护听器等个体防护用品，并满足以下要求：

a）易燃易爆环境，应配置防静电服、防静电鞋，全身式安全带金属件应经过防爆处理；

b）涉水作业环境，应配置防水服、防水胶鞋；

c）当地下有限空间作业场所噪声大于 85 dB（A）时，应配置耳塞或耳罩。

7 应急救援设备设施

7.1 作业点 400m 范围内应配置应急救援设备设施。

7.2 应急救援设备设施配置种类及数量应符合附录 B 中表 B.1 的要求。

附录 A

地下有限空间作业安全告知牌样式

图 A.1 给出了地下有限空间作业安全告知牌的样式。

图 A-1　地下有限空间作业安全告知牌样式

附录 B

防护设备设施置表

表 B.1 规定了地下有限空间作业防护设备设施配置防护设备设施配置要求。
表 B.1 所示的黑体字部分为强制性条款。

表 B.1 防护设备设施配置表

设备设施种类及配置要求 评估检测为1级或2级，且准入检测为2级		作业			应急救援
		评估检测为1级或2级，且准入检测为3级	评估检测和准入检测均为3级		
安全警示设施	配置状态	●	●	●	●
	配置要求	地下有限空间地面出入口周边至少配置：1）1套围挡设施；2）1套安全标志、警示标识或1个具有双向警示功能的安全告知牌。	地下有限空间地面出入口周边应至少配置：1）1套围挡设施；2）1套安全标志、警示标识或1个具有双向警示功能的安全告知牌。	地下有限空间地面出入口周边应至少配置：1）1套围挡设施；2）1套安全标志、警示标识或1个具有双向警示功能的安全告知牌。	应至少配置1套围挡设施。
气体检测报警仪	配置状态	●	●	●	○
	配置要求	1）作业前，每个作业者进入有限空间的入口应配置1台泵吸式气体检测报警仪。2）作业中，每个作业面应至少有1名作业者配置1台泵吸式或扩散式气体检测报警仪，监护者应配置1台泵吸式气体检测报警仪。	1）作业前，每个作业者进入有限空间的入口应配置1台泵吸式气体检测报警仪。2）作业中，每个作业面应至少配置1台气体检测报警仪。	1）作业前，每个作业者进入有限空间的入口应配置1台泵吸式气体检测报警仪。2）作业中，每个作业面应至少配置1台气体检测报警仪。	宜配置1台泵吸式气体检测报警仪。
通风设备	配置状态	●	●	○	●
	配置要求	应至少配置1台强制送风设备。	应至少配置1台强制送风设备。	宜配置1台强制送风设备。	应至少配置1台强制送风设备。
照明设备	配置状态	●	●	●	●
通讯设备	配置状态	○	○	○	○
三脚架	配置状态	○	○	○	●
	配置要求	每个有限空间出入口宜配置1套三脚架（含绞盘）。	每个有限空间出入口宜配置1套三脚架（含绞盘）。	每个有限空间出入口宜配置1套三脚架（含绞盘）。	每个有限空间救援出入口应配置1套三脚架（含绞盘）。
呼吸防护用品	配置状态	●	●	○	●
	配置要求	每名作业者应配置1套正压隔绝式呼吸器。	每名作业者宜配置1套正压隔绝式逃生呼吸器。	每名作业者宜配置1套正压隔绝式逃生呼吸器。	每名救援者应配置1套正压式空气呼吸器或高压送风式呼吸器。
安全带、安全绳	配置状态	●	●	○	●
	配置要求	每名作业者应配置1套全身式安全带、安全绳。	每名作业者应配置1套全身式安全带、安全绳。	每名作业者宜配置1套全身式安全带、安全绳。	每名救援者应配置1套全身式安全带、安全绳。

续表 B.1

设备设施种类及配置要求 评估检测为1级或2级， 且准入检测为2级		作业			应急救援
		评估检测为1级或2级，且准入检测为3级	评估检测和准入检测均为3级		
安全帽	配置状态	●	●	●	●
	配置要求	每名作业者应配置1个安全帽。	每名作业者应配置1个安全帽。	每名作业者应配置1个安全帽。	每名救援者应配置1个安全帽。

注：配置状态中●表示应配置；○表示宜配置。

a 本表所列防护设备设施的种类及数量是最低配置要求。

b 发生地下有限空间作业事故后，作业配置的防护设备设施符合应急救援设备设施配置要求时，可作为应急救援设备设施使用。

十一、供热管线有限空间高温高湿作业安全技术规程（DB 11/ 1135–2014）

1 范围

本标准规定了供热管线有限空间高温高湿环境下作业时的基本要求、作业环境、作业防护、热水管道作业、蒸汽管道作业以及作业应急管理等内容。

本标准适用于供热管线有限空间高温高湿环境下的施工、运行、维护、检修和抢修等作业。

2 规范性引用文件

下列文件对于本文件的应用是必不可少的。凡是注日期的引用文件，仅所注日期的版本适用于本文件。凡是不注日期的引用文件，其最新版本（包括所有的修改单）适用于本文件。

GB 3836.1 爆炸性环境 第1部分：设备通用要求

GB/T 4200–2008 高温作业分级

GB/T 13869 用电安全导则

DB 11/ 852.1–2012 地下有限空间作业安全技术规范 第1部分：通则

DB 11/ 852.2 地下有限空间作业安全技术规范 第2部分：气体检测与通风

DB 11/ 852.3 地下有限空间作业安全技术规范 第3部分：防护设备设施配置

3 术语和定义

下列术语和定义适用于本文件。

3.1 供热管线有限空间 heating pipeline confined space

敷设供热管道的相对封闭的检查室和管沟等空间。

3.2 高温高湿 high temperature and high humidity

温度大于或等于35℃且相对湿度大于或等于75%的环境条件。

3.3 检查室 inspection well

地下敷设管道上，在需要经常操作、检修的管道附件处设置的专用构筑物。

3.4 管沟 pipe duct

用于布置供热管道，沿管道设置的专用围护构筑物。

3.5 集水坑 gully pit

用于汇集管沟和检查室内积水的专用设施。

4 基本要求

4.1 供热运营管理单位和作业单位的基本要求应符合 DB 11/ 852.1 的相关规定。

4.2 作业前应根据作业现场的环境特点制订安全撤离、救援等应急方案。

4.3 作业区域、安全警示设置及设备安全检查应符合 DB 11/ 852.1 的相关规定。

4.4 作业现场应设置作业单位信息公示牌，并应与警示标志一同置于现场周围醒目位置。

4.5 作业现场应配备作业负责人和监护人。

4.6 作业单位应向运营管理单位提交《有限空间作业审批表》（见附录 A 中表 A.1），并获得作业同意。有管沟作业时尚应提交《管沟检查作业审批表》（见附录 B 中表 B.1）。

4.7 作业监护人、电工、焊工应取得相关部门颁发的特种作业操作证；其他作业人员应经过供热运营管理单位培训考核后上岗。

4.8 作业人应正确佩戴和使用劳动防护用品，具体要求见 DB 11/ 852.3 的相关规定。

4.9 作业时，作业单位应配备正压式空气呼吸器或长管面具等隔离式呼吸保护器具、应急通讯报警器材、检测设备、强制通风设备、应急照明设备、安全绳以及救生索等。

4.10 照明设备电压不应大于 24 V。

4.11 用电作业应符合 GB/T 13869 及 GB 3836.1 的相关要求。

5 作业环境

5.1 作业前，应先打开井口自然通风，设有两个及以上井口的检查室，应至少打开两个井口通风。

5.2 自然通风后应进行检测，检测内容应包括环境积水深度、温度、含氧量、有毒有害气体、易燃易爆物质浓度等。

5.3 作业环境复杂，存有污水、废水以及异常气味时，应委托具有检测能力的单位进行检测，并制定专项作业方案。

5.4 作业时检查室积水深度存在下列情况时，应进行抽水作业：

a）有集水坑的检查室，水位深度高于集水坑高度；

b）无集水坑的检查室，水位深度大于 150 mm。

5.5 作业环境温度不应超过 40℃。

5.6 含氧量、有毒有害气体、易燃易爆物质浓度等检测及合格标准应符合 DB 11/ 852.2 的规定。

5.7 温度及气体检测不合格时，应进行强制通风。强制通风应符合 DB 11/ 852.2 的规定。

5.8 强制通风后，应再次进行检测，合格后方可进行作业。温度及气体检测不合格的有限空间，无保护措施的情况下任何人不应进入。

5.9 只设 1 个井孔的检查室检测合格后，应再强制通风至少 5 分钟，方可进行作业。

5.10 管沟内温度和气体检测合格后，作业过程中仍应持续进行强制通风。

5.11 焊接或切割作业时，应持续进行强制通风。

5.12 多次检测不合格的检查室应在井口内壁设置"缺氧危险、强制通风"的警示牌。

6 作业防护

6.1 进出检查室作业时，应符合下列要求：

a）开启井盖应佩戴防护手套，使用专用工具；

b）上下爬梯应逐一进出，不应手持物品；

c）爬梯正下方不应站人。

6.2 上下传送工具时，应装入工具桶、使用绳索缓慢传递，不应上下抛扔。

6.3 管沟作业应符合下列要求：

a）管沟作业单程长度不应大于 200 m；

b）作业人应穿戴防护头盔、防烫衣裤、防烫鞋和防烫手套，并应携带对讲机及照明设备等辅助工具；

c）管沟两端沟口处应派监护人看护，并随时与进入管沟作业人保持联络；

d）进入管沟时，作业人之间应保持 5 m ~ 10 m 间距，最先进入管沟内作业人应通过检测仪器对管沟内温度、气体等环境因素进行实时监测。

6.4 检查室作业应符合下列要求：

a）进入检查室前，应穿戴与作业内容相匹配的防护用品；

b）进入检查室后，应远离井口下方，同时避开管道介质出口位置；

c）开启放气阀门时，应取下丝堵，用引管连接，缓慢开启；作业人面部应远离连接处；

d）更换管道、阀门、补偿器、套筒补偿器密封材料等时，应将管道内水放净。

6.5 焊接作业应符合下列要求：

a）焊接作业时，作业人应佩戴防护眼镜、面罩、防尘口罩等；

b）电焊机、氧气瓶、乙炔瓶不应带入高温高湿有限空间内；

c）切割管道及焊接时应采取措施保护易燃保温材料。

6.6 作业时间应符合 GB/T 4200 下列要求：

a）在不同工作地点温度、不同劳动强度条件下允许持续接触热时间不宜超过表 1 所列数值；

b）持续接触热后必要休息时间不得少于 15 min，休息时应脱离高温作业环境；

c）凡高温作业工作地点空气湿度大于 75%，空气湿度每增加 10%，允许持续接触热时间相应降低一个档次，即采用高于工作地点温度 2℃的时间限值。

表 1　高温作业允许持续接触热时间限值　　　　　　　　　　单位：分钟

工作地点温度／℃	轻劳动	中等劳动	重劳动
>34	60	50	40
>36	50	40	30
>38	40	30	20
注：轻劳动、中等劳动、重劳动的分级参见 GB/T 4200–2008 的相关规定。			

6.7 作业完毕后，人员撤离及现场清理应符合 DB 11/ 852.1 下列要求：

a）作业完成后，作业人应将全部作业设备和工具带离有限空间；

b）监护人应清点人员及设备数量，确保有限空间内无人员和设备遗留后，关闭出入口；

c）清理现场后解除作业区域封闭措施，撤离现场。

7 热水管道作业

7.1 管道注水

7.1.1 注水前应关闭泄水阀门。

7.1.2 注水后应对管道及附件等进行全面检查。

7.2 管道降压

7.2.1 作业前，应先关闭作业管道两端的分段阀门，确保作业范围内的管道处于停运状态。

7.2.2 降压时应先缓慢开启作业管段相对高点处的泄水阀门，当压力表读数降至零时，再开启其他泄水阀门。

7.3 管道泄水

7.3.1 管道泄水作业应遵循"先降压，再泄水"的原则。

7.3.2 拆除泄水阀门堵板时，应确认泄水阀门处于关闭状态。

7.3.3 泄水时应将排水管引至检查室外安全地点。

7.3.4 开启泄水阀门后，作业人应及时撤离检查室。

8 蒸汽管道作业

8.1 管道送汽

8.1.1 送汽前，应打开作业范围内的泄水阀门，缓慢开启送汽阀门预热管道。

8.1.2 当泄水阀门见蒸汽后，关闭泄水阀门。

8.2 管道排汽

8.2.1 放汽前，应先关闭作业管道两端的分段阀门，确保作业范围内的管道处于停运状态。

8.2.2 管道降温 2–3 小时后，再缓慢开启泄水阀门。

9 作业应急管理

9.1 作业前应制定应急作业方案，方案应包括下列主要内容：

a）作业应急组织机构、人员和职责划分；

b）作业应急通信联络方式；

c）作业应急设备、物资保障；

d）事故上报程序；

e）应急处理措施。

9.2 作业现场发生异常状况时，监护人应立即报告；作业负责人应根据应急方案进行事故处理,在救援人员未赶到之前，现场人员应先做好自身防护再进行适当施救。

9.3 作业时，出现以下任意一种情况，所有人员应立即终止作业，迅速撤离：

a）安全防护设备或个体防护装备失效；

b）气体检测报警仪报警；

c）温度、积水深度、气体含量等环境因素不符合作业标准；

d）管道设备可能存在或已经发生管道爆裂等严重安全隐患、故障；

e）作业人感觉身体不适；

f）监护人或作业负责人下达撤离命令；

g）与监护人联系中断；

h）检查室或管沟结构出现安全隐患。

附 录 A

（规范性附录）

有限空间作业审批表

有限空间作业审批表见表 A.1。

表 A.1 有限空间作业审批表

作业单位		作业时间	月　日　时至　　月　日　　时					
管线名称		小室个数			小室编号			
作业内容	1.检修（　）；2.大修（　）；3.应急抢修（　）；4.维护清扫（　）；5.管沟作业（　） 其他：							
进入前 检测数据	检测 项目	积水 深度	温度	氧气 含量	一氧化 碳含量	硫化氢含量	可燃气体含量	检测 人员
	检测 结果							
作业人员 名单						作业人数		
确认主要 安全措施	1.作业人员安全教育情况　　　（　） 2.测定用仪器的准确及可靠性　（　） 3.通风排气情况　　　　　　　（　） 4.氧气浓度、有害气体检测结果（　）			5.照明设备　　　　　（　） 6.个人防护用品　　　（　） 7.通风设备　　　　　（　） 8.抢救器具　　　　　（　）				
	监护人签字：			作业负责人签字：				
应急预案 审查								
审批意见								
备注	运营管理单位负责人（签字）： 日					年　　月		

附 录 B

（规范性附录）

管沟检查作业审批表

管沟检查作业审批表见表 B.1。

表 B.1 管沟检查作业审批表

作业单位		检查项目		实施日期		负责人		监护人	
		作业项目							
人员名单				安全交底情况					
安全措施									
应急预案									
作业单位负责人签字		申报时间				计划开工时间			
运营单位安保部门审批意见		审批人签字				审批时间			
运营单位负责人审批意见		审批人签字				批准时间			
备注									

十二、《缺氧危险作业安全规程》（GB 8958–2006）

1 范围

本标准规定了缺氧危险作业的定义和安全防护要求。

本标准适用于缺氧危险作业场所及其人员防护。

2 规范性引用文件

下列文件中的条款通过本标准的引用而成为本标准的条款。凡是注日期的引用文件，其随后所有的修改单（不包括勘误的内容）或修订版均不适用于本标准，然而，鼓励根据本标准达成协议的各方研究是否可使用这些文件的最新版本。凡是不注日期的引用文件，其最新版本适用于本标准。

GB 2894 《安全标志》

GB 5725 《安全网》

GB 6095 《安全带》

GB 6220 《长管面具》

GB/T 12301 《船舱内非危险货物产生有害气体的检测方法》

GB 12358 《作业环境气体检测报警仪通用技术要求》

GB l6556 《自给式空气呼吸器》

3 术语和定义

3.1 缺氧 oxygen deficiency atmosphere
作业场所空气中的氧含量低于 0.195 的状态。

3.2 缺氧危险作业 hazardous work in oxygen deficiency atmosphere
具有潜在的和明显的缺氧条件下的各种作业，主要包括一般缺氧危险作业和特殊缺氧危险作业。

3.3 一般缺氧危险作业 general hazardous work in oxygen deficiency atmosphere
在作业场所中的单纯缺氧危险作业。

3.4 特殊缺氧危险作业 toxic hazardous work in oxygen deficiency atmosphere
在作业场所中同时存在或可能产生其他有害气体的缺氧危险作业。

4 缺氧危险作业场所分类

缺氧危险作业场所分为以下三类：

a）密闭设备：指船舱、贮罐、塔（釜）、烟道、沉箱及锅炉等。

b）地下有限空间：包括地下管道、地下室、地下仓库、地下工程、暗沟、隧道、涵洞、地坑、矿井、废井、地窖、污水池（井）、沼气池及化粪池等。

c）地上有限空间：包括酒糟池、发酵池、垃圾站、温室、冷库、粮仓、料仓等封闭空间。

5 一般缺氧危险作业要求与安全防护措施

5.1 作业前

5.1.1 当从事具有缺氧危险的作业时，按照先检测后作业的原则，在作业开始前，必须准确测定作业场所空气中的氧含量，并记录下列各项：

a）测定日期；

b）测定时间；

c）测定地点；

d）测定方法和仪器；

e）测定时的现场条件；

f）测定次数；

g）测定结果；

h）测定人员和记录人员。

在准确测定氧含量前，严禁进入该作业场所。

5.1.2 根据测定结果采取相应措施，并记录所采取措施的要点及效果。

5.2 作业中

在作业进行中应监测作业场所空气中氧含量的变化并随时采取必要措施。在氧含量可能发生变化的作业中应保持必要的测定次数或连续监测。

5.3 主要防护措施

5.3.1 监测人员必须装备准确可靠的分析仪器，并且应定期标定、维护，仪器的标定和维护应符合相关国家标准的要求。

5.3.2 在已确定为缺氧作业环境的作业场所，必须采取充分的通风换气措施，使该环境空气中氧含量在作业过程中始终保持在 0.195 以上。严禁用纯氧进行通风换气。

5.3.3 作业人员必须配备并使用空气呼吸器或软管面具等隔离式呼吸保护器具。严禁使用过滤式面具。

5.3.4 当存在因缺氧而坠落的危险时，作业人员必须使用安全带（绳），并在适当位置可靠地安装必要的安全绳网设备。

5.3.5 在每次作业前，必须仔细检查呼吸器具和安全带（绳），发现异常应立即更换，严禁勉强使用。

5.3.6 在作业人员进入缺氧作业场所前和离开时应准确清点人数。

5.3.7 在存在缺氧危险作业时，必须安排监护人员。监护人员应密切监视作业状况，不得离岗。发现异常情况，应及时采取有效的措施。

5.3.8 作业人员与监护人员应事先规定明确的联络信号，并保持有效联络。

5.3.9 如果作业现场的缺氧危险可能影响附近作业场所人员的安全时，应及时通知这些作业场所。

5.3.10 严禁无关人员进入缺氧作业场所，并应在醒目处做好标志。

6 特殊缺氧危险作业要求与安全防护措施

6.1 第 5 章中的规定均适用于此种作业。

6.2 当作业场所空气中同时存在有害气体时，必须在测定氧含量的同时测定有害气体的含量，并根据测定结果采取相应的措施。在作业场所的空气质量达到标准后方可作业。

6.3 在进行钻探、挖掘隧道等作业时，必须用试钻等方法进行预测调查。发现有硫化氢、二氧化碳或甲烷等有害气体逸出时，应先确定处理方法，调整作业方案，再进行作业。防止作业人员因上述气体逸出而患缺氧中毒综合症。

6.4 在密闭容器内使用氩、二氧化碳或氦气进行焊接作业时，必须在作业过程中通风换气，使氧含量保持在 0.195 以上。

6.5 在通风条件差的作业场所，如地下室、船舱等，配制二氧化碳灭火器时，应将灭火器放置牢固，禁止随便启动，防止二氧化碳意外泄出。在放置灭火器的位置应设立明显的标志。

6.6 当作业人员在特殊场所（如冷库等密闭设备）内部作业时，如果供作业人员出入的门或窗不能很容易地从内部打开而又无通讯、报警装置时，严禁关闭门或窗。

6.7 当作业人员在与输送管道连接的密闭设备内部作业时，必须严密关闭阀门，或者装好盲板。输送有害物质的管道的阀门应有人看守或在醒目处设立禁止启动的标志。

6.8 当作业人员在密闭设备内作业时，一般应打开出入口的门或盖。如果设备与正在抽气或已经处于负压状态的管路相通时，严禁关闭出入口的门或盖。

6.9 在地下进行压气作业时，应防止缺氧空气泄至作业场所。如与作业场所相通的空间中存在缺氧空气，应直接排出，防止缺氧空气进入作业场所。

7 安全教育与培训

7.1 对作业负责人的缺氧作业安全教育应包括如下内容：

7.1.1 与缺氧作业有关的法律法规。

7.1.2 产生缺氧危险的原因、缺氧症的症状、职业禁忌症、防止措施以及缺氧症的急救知识。

7.1.3 防护用品、呼吸保护器具及抢救装置的使用、检查和维护常识。

7.1.4 作业场所空气中氧气的浓度及有害物质的测定方法。

7.1.5 事故应急措施与事故应急预案。

7.2 对作业人员和监护人员的安全教育应包括如下的内容：

7.2.1 缺氧场所的窒息危险性和安全作业的要求。

7.2.2 防护用品、呼吸保护器具及抢救装置的使用知识。

7.2.3 事故应急措施与事故应急预案。

8 事故应急救援

8.1 对缺氧危险作业场所应制定事故应急救援预案。

8.2 当发现缺氧危险时，必须立即停止作业，让作业人员迅速离开作业现场。

8.3 发生缺氧危险时，作业人员和抢救人员必须立即使用隔离式呼吸保护器具。

8.4 在存在缺氧危险的作业场所，必须配备抢救器具。如：呼吸器、梯子、绳缆以及其他必要的器具和设备。以便在非常情况下抢救作业人员。

8.5 对已患缺氧症的作业人员应立即给予急救和医疗处理。

十三、《密闭空间作业职业危害防护规范》（GBZ/T 205–2007）

1 范围

本标准规定了密闭空间作业职业危害防护有关人员的职责、控制措施和相关技术要求。

本标准适用于用人单位密闭空间作业的职业危害防护。

2 规范性引用文件

下列文件中的条款通过本标准的引用而成为本标准的条款。凡是注日期的引用文件，其随后所有的修改单（不包括勘误的内容）或修订版均不适用于本标准，然而，鼓励根据本标准达成协议的各方研究是否可使用这些文件的最新版本。凡是不注日期的引用文件，其最新版本适用于本标准。

GB 8958 缺氧危险作业安全规程

GB/T 18664 呼吸防护用品的选择、使用与维护

GBZ 2.1 工作场所有害因素职业接触限值化学有害因素

3 术语、定义和缩略语

下列术语、定义和缩略语适用于本标准：

3.1 立即威胁生命和健康的浓度 immediately dangerous to life or health concentrations(IDLH）

在此条件下对生命立即或延迟产生威胁，或能导致永久性健康损害，或影响准入者在无助情况下从密闭空间逃生。某些物质对人产生一过性的短时影响，甚至很严重，受害者未经医疗救治而感觉正常，但在接触这些物质后 12 ~ 72 小时可能突然产生致命后果，如氟烃类化合物。

3.2 有害环境 hazardous atmosphere

在职业活动中可能引起死亡、失去知觉、丧失逃生及自救能力、伤害或引起急性中毒的环境，包括以下一种或几种情形：可燃性气体、蒸气和气溶胶的浓度超过爆炸下限（LEL）的 10%；空气中爆炸性粉尘浓度达到或超过爆炸下限；空气中氧含量低于 18% 或超过 22%；空气中有害物质的浓度超过职业接触限值；其他任何含有有害物浓度超过立即威胁生命和健康浓度（IDLHs）的环境条件。

3.3 密闭空间 confined spaces

指与外界相对隔离，进出口受限，自然通风不良，足够容纳一人进入并从事非常规、非连续作业的有限空间（如炉、塔、釜、罐、槽车以及管道、烟道、隧道、下水道、沟、坑、井、池、涵洞、船舱、地下仓库、储藏室、地窖、谷仓等）。

经持续机械通风和定时监测，能保证在密闭空间内安全作业，并不需要办理准入证的密闭空间，称为无需准入密闭空间（non-permit required confined space）。

具有包含可能产生职业病危害因素、或包含可能对进入者产生吞没、或因其内部结构易引起进入者落入产生窒息或迷失、或包含其他严重职业病危害因素等特征的密闭空间称为需要准入密闭空间（简称准入密闭空间）（permit-required confined space）。

3.4 密闭空间管理程序 permit-required confined space program

用人单位密闭空间职业病危害控制的综合计划，包括控制密闭空间的职业病危害，保护劳动者在密闭空间中的安全和健康，劳动者进入密闭空间的操作规范。

3.5 准入条件 acceptable entry conditions

密闭空间必须具备的、能允许劳动者进入并能保证其工作安全的条件。

3.6 准入 entry permit

用人单位提供的允许和限制进入密闭空间的任何形式的书面文件。

3.7 准入程序 permit system

用人单位书面的操作程序，包括进入密闭空间之前的准备、组织，从密闭空间返回和终止后的处理。

3.8 吞没 engulfment

身体淹没于液体或固态流体而导致呼吸系统阻塞窒息死亡，或因窒息、压迫或被碾压而引起死亡。

3.9 进入 entry

人体通过一个入口进入密闭空间，包括在该空间中工作或身体任何一部分通过入口。

3.10 隔离 isolation

通过封闭、切断等措施，完全阻止有害物质和能源（水、电、气）进入密闭空间。

3.11 吊救装备 retrieval system

为抢救受害人员所采用的绳索、胸部或全身的套具、腕套、升降设施等。

3.12 化学物质安全数据清单 material safety data sheet（MSDS）

3.13 作业负责人 entry supervisor

由用人单位确定的密闭空间作业负责人，其职责是决定密闭空间是否具备准入条件，批准进入，全程监督进入作业和必要时终止进入，可以是用人单位负责人、岗位负责人或班组长等人员。

3.14 准入者 authorized entrant

批准进入密闭空间作业的劳动者。

3.15 监护者 attendant

在密闭空间外进行监护或监督的劳动者。

3.16 缺氧环境 oxygen deficient atmosphere

空气中氧的体积百分比低于18%。

3.17 富氧环境 oxygen enriched atmosphere

空气中氧的体积百分高于22%。

4 一般职责

4.1 用人单位的职责

4.1.1 按照本规范组织、实施密闭空间作业。制定密闭空间作业职业病危害防护控制计划、密闭空间作业准入程序和安全作业规程，并保证相关人员能随时得到计划、程序和规程。

4.1.2 确定并明确密闭空间作业负责人、准入者和监护者及其职责。

4.1.3 在密闭空间外设置警示标识，告知密闭空间的位置和所存在的危害。

4.1.4 提供有关的职业安全卫生培训。

4.1.5 当实施密闭空间作业前，对密闭空间可能存在的职业病危害进行识别、评估，以确定该密闭空间是否可以准入并作业。

4.1.6 采取有效措施，防止未经允许的劳动者进入密闭空间。

4.1.7 提供合格的密闭空间作业安全防护设施与个体防护用品及报警仪器。

4.1.8 提供应急救援保障。

4.2 密闭空间作业负责人的职责

4.2.1 确认准入者、监护者的职业卫生培训及上岗资格。

4.2.2 在密闭空间作业环境、作业程序和防护设施及用品达到允许进入的条件后，允许进入密闭空间。

4.2.3 在密闭空间及其附近发生不符合准入的情况时，终止进入。

4.2.4 密闭空间作业完成后，在确定准入者及所携带的设备和物品均已撤离后终止准入。

4.2.5 对应急救援服务、呼叫方法的效果进行检查、验证。

4.2.6 对未经准入又试图进入或已进入密闭空间者进行劝阻或责令退出。

4.3 密闭空间作业准入者的职责

4.3.1 接受职业卫生培训，持证上岗；

4.3.2 按照用人单位审核进入批准的密闭空间实施作业；

4.3.3 遵守密闭空间作业安全操作规程；正确使用密闭空间作业安全设施与个体防护用品；

4.3.4 应与监护者进行必要的、有效的安全、报警、撤离等双向信息交流；

4.3.5 在准入的密闭空间作业且发生下列事项时，应及时向监护者报警或撤离密闭空间：

4.3.5.1 已经意识到身体出现危险症状和体征；

4.3.5.2 监护者和作业负责人下达了撤离命令；

4.3.5.3 探测到必须撤离的情况或报警器发出撤离警报。

4.4 密闭空间监护者的职责

4.4.1 具有能警觉并判断准入者异常行为的能力，接受职业卫生培训，持证上岗；

4.4.2 准确掌握准入者的数量和身份；

4.4.3 在准入者作业期间，履行监测和保护职责，保证在密闭空间外持续监护；适时与准入者进行必要的、有效的安全、报警、撤离等信息交流；在紧急情况时向准入者发出撤离警报。监护者在履行监测和保护职责时，不能受到其他职责的干扰。

4.4.4 发生以下情况时，应命令准入者立即撤离密闭空间，必要时，立即呼叫应急救援服务，并在密闭空间外实施应急救援工作。

4.4.4.1 发现禁止作业的条件；

4.4.4.2 发现准入者出现异常行为；

4.4.4.3 密闭空间外出现威胁准入者安全和健康的险情；

4.4.4.4 监护者不能安全有效地履行职责时，也应通知准入者撤离。

4.4.5 对未经允许靠近或者试图进入密闭空间者予以警告并劝离，如果发现未经允许进入密闭空间者，应及时通知准入者和作业负责人。

5 综合控制措施

用人单位应采取综合措施，消除或减少密闭空间的职业病危害以满足安全作业条件。

5.1 设置密闭空间警示标识，防止未经准入人员进入。

5.2 进入密闭空间作业前，用人单位应当进行职业病危害因素识别和评价。

5.3 用人单位应制定和实施密闭空间职业病危害防护控制计划、密闭空间准入程序和安全作业操作规程。

5.4 提供符合要求的监测、通风、通讯、个人防护用品设备、照明、安全进出设施以及应急救援和其他必需设备，并保证所有设施的正常运行和劳动者能够正确使用。

5.5 在进入密闭空间作业期间，至少要安排一名监护者在密闭空间外持续进行监护。

5.6 按要求培训准入者、监护者和作业负责人。

5.7 制定和实施应急救援、呼叫程序，防止非授权人员擅自进入密闭空间进行急救。

5.8 制定和实施密闭空间作业准入程序。

5.9 如果有多个用人单位同时进入同一密闭空间作业，应制定和实施协调作业程序，保证一方用人单位准入者的作业不会对另一用人单位的准入者造成威胁。

5.10 制定和实施进入终止程序。

5.11 当按照密闭空间管理程序所采取的措施不能有效保护劳动者时，应对进入密闭空间作业进行重新评估，并且要修订职业病危害防护控制计划。

5.12 进入密闭空间作业结束后，准入文件或记录至少存档一年。

6 安全作业操作规程

6.1 密闭空间作业应当满足以下条件：

6.1.1 配备符合要求的通风设备、个人防护用品、检测设备、照明设备、通讯设备、应急救援设备。

6.1.2 应用具有报警装置并经检定合格的检测设备对准入的密闭空间进行检测评价；检测、采样方法按相关规范执行；检测顺序及项目应包括：

6.1.2.1 测氧含量。正常时氧含量为18%~22%，缺氧的密闭空间应符合 GB 8958 的规定，短时间作业时必须采取机械通风。

6.1.2.2 测爆。密闭空间空气中可燃性气体浓度应低于爆炸下限的10%。对油轮船舶的拆修，以及油箱、油罐的检修，空气中可燃性气体的浓度应低于爆炸下限的1%。

6.1.2.3 测有毒气体。有毒气体的浓度，须低于 GBZ 2.1 所规定的要求。如果高于此要求，应采取机械通风措施和个体防护措施。

6.1.3 当密闭空间内存在可燃性气体和粉尘时，所使用的器具应达到防爆的要求。

6.1.4 当有害物质浓度大于 IDLH 浓度、或虽经通风但有毒气体浓度仍高于 GBZ 2.1 所规定的要求，或缺氧时，应当按照 GB/T 18664 要求选择和佩戴呼吸性防护用品。

6.1.5 所有准入者、监护者、作业负责人、应急救援服务人员须经培训考试合格。

6.2 对密闭空间可能存在的职业病危害因素进行检测、评价。

6.3 隔离密闭空间注意事项

6.3.1 封闭危害性气体或蒸气可能回流进入密闭空间的其他开口。

6.3.2 采取有效措施防止有害气体、尘埃或泥土、水等其他自由流动的液体和固体涌入密闭空间。

6.3.3 将密闭空间与一切不必要的热源隔离。

6.4 进入密闭空间作业前，应采取水蒸气清洁、惰性气体清洗和强制通风等措施，对密闭空间进行充分清洗，以消除或者减少存于密闭空间内的职业病有害因素。

6.4.1 水蒸气清洁

6.4.1.1 适于密闭空间内水蒸气挥发性物质的清洁。

6.4.1.2 清洁时，应保证有足够的时间彻底清除密闭空间内的有害物质；

6.4.1.3 清洁期间，为防止密闭空间内产生危险气压，应给水蒸气和凝结物提供足够的排放口。

6.4.1.4 清洁后，应进行充分通风，防止密闭空间因散热和凝结而导致任何"真空"。在准入者进入高温密闭空间前，应将该空间冷却至室温。

6.4.1.5 清洗完毕，应将密闭空间内所有剩余液体适当排出或抽走，及时开启进出口以便通风。

6.4.1.6 水蒸气清洁过的密闭空间长时间未启用，启用时应重新进行水蒸气清洁。

6.4.1.7 对腐蚀性物质或不易挥发物质，在使用水蒸气清洁之前，应用水、或其他适合的溶剂或中和剂反复冲洗，进行预处理。

6.4.2 惰性气体清洗

6.4.2.1 为防止密闭空间含有易燃气体或蒸发液在开启时形成有爆炸性的混合物，可用惰性气体（例如氮气或二氧化碳）清洗。

6.4.2.2 用惰性气体清洗密闭空间后，在准入者进入或接近前，应当再用新鲜空气通风，并持续测试密闭空间的氧气含量，以保证密闭空间内有足够维持生命的氧气。

6.4.3 强制通风

6.4.3.1 为保证足够的新鲜空气供给，应持续强制性通风。

6.4.3.2 通风时应考虑足够的通风量，保证稀释作业过程中释放出来的危害物质，并满足呼吸供应。

6.4.3.3 强制通风时，应将通风管道伸延至密闭空间底部，有效去除大于空气比重的有害气体或蒸气，保持空气流通。

6.4.3.4 一般情况下，禁止直接向密闭空间输送氧气，防止空气中氧气浓度过高导致危险。

6.5 设置必要的隔离区域或屏障。

6.6 保证密闭空间在整个准入期内始终处于安全卫生受控状态。

7 密闭空间作业的准入管理

7.1 作业负责人对满足 6.1 的密闭空间签署准入证，准入者方可进入密闭空间。

7.2 应保证所有的准入者能够及时获得准入，使准入者能够确信进入前的准备工作已经完成。

7.3 准入时间不能超过完成特定工作所需时间（按时完成工作，离开现场，避免由于超时引起的危害）。

7.4 密闭空间的作业一旦完成，所有准入者及所携带的设备和物品均已撤离，或者在密闭空间及其附近发生了准入所不容许的情况，要终止进入并注销准入证。

7.5 用人单位应将注销的准入证至少保存一年；在准入证上记录在进入作业中碰到的问题，以用于评估和修订密闭空间作业准入程序。

8 密闭空间职业病危害评估程序

8.1 在批准进入前，应对密闭空间可能存在的职业病危害进行检测、评价，以判定是否具备 6.1 要求的准入条件。

8.2 按照测氧、测爆、测毒的顺序测定密闭空间的危害因素。

8.3 持续或定时监测密闭空间环境，确保容许作业的安全卫生条件。

8.4 确保准入者或监护者能及时获得检测结果。

8.5 如果准入者或监护者对评估结果提出质疑，可要求重新评估；用人单位应当接受质疑，并按要求重新评估。

8.6 对环境有可能发生变化的密闭空间应重新进行评估。

8.6.1 当无需准入密闭空间因某种有害物质浓度增加时，应重新评估，必要时应将其划入密闭空间。

8.6.2 如果用人单位将准入密闭空间重新划归为无需准入密闭空间，应按如下程序进行：

8.6.2.1 如果准入密闭空间没有职业病危害因素，或不进入就能将密闭空间内的有害物质消除，可以将准入密闭空间重新划归无需准入密闭空间。

8.6.2.2 如果检测和监督结果证明准入密闭空间各种危害已经消除，准入密闭空间应当重新划归无需准入密闭空间。

8.6.3 用人单位应当保存职业病危害因素已经消除的证明材料，证明材料包括日期、空间位置、检测结果和颁发者签名，并保证准入者或监护者能够得到。

8.6.4 如果重新划入无需准入密闭空间后，有害因素浓度增加，所有在此空间的准入者应当立即离开，并应重新评估和决定是否将此空间划入准入密闭空间。

9 与密闭空间作业相关人员的安全卫生防护培训

9.1 用人单位应当培训准入者、监护者和作业负责人，使其掌握在密闭空间作业所需要的安全卫生知识和技能。

9.2 出现下列情况时应对准入者进行培训

9.2.1 上岗前。

9.2.2 换岗前。

9.2.3 当密闭空间的职业病危害因素发生变化时。

9.2.4 用人单位如果认为密闭空间作业程序出现问题，或准入者未完全掌握操作程序时。

9.2.5 制定和发布最新作业程序文件时。

9.3 培训结束后，应当颁发培训合格证书，合格证书应当包括准入者的姓名、培训内容、培训人签名和培训日期。

10 呼吸器具的正确使用

10.1 用人单位应当只允许健康状况适宜佩戴呼吸器具者使用呼吸器具进入密闭空间及进行有关的工作。

10.2 根据进入密闭空间作业时间的长短、消耗、最长工作周期、估计逃生所须的时间及其他因素，选择适合的呼吸器具和相应的报警器具。

10.3 呼吸器具所供应的空气质量应符合最新国家标准。

10.4 供气式呼吸器的供气流量应保证面罩内保持正气压。

10.5 采取预防措施防止空气在输送过程中受到污染：

10.5.1 空气呼吸器具应依照制造商的指示进行保养。

10.5.2 空气气源应避免导入已受污染的空气。供气质量应适合呼吸，不容许直接使用工业用途的气源。

10.5.3 所有在密闭空间使用的呼吸器具，应当保持良好状态。

11 承包或分包

11.1 用人单位委托承包商（或分包商）从事密闭空间工作时，应当签署委托协议。

11.1.1 告知承包商（或分包商）工作场所包含密闭空间，要求承包商、分包商制定准入计划，并保证密闭空间达到本标准的要求后，方可批准进入。

11.1.2 评估承包商（或分包商）的能力，包括识别危害和密闭空间工作的经验。

11.1.3 评估承包商（或分包商）是否具有承包单位所实施保护准入者预警程序的能力。

11.1.4 评估承包商（或分包商）是否制定与承包单位相同的作业程序。

11.1.5 在合同书中详细说明有关密闭空间管理程序，密闭空间作业所产生或面临的各种危害。

11.2 承包商（或分包商）除遵守用人单位密闭空间的要求外，还应当从用人单位获得密闭空间的危害因素资料和进入操作程序文件并制定与用人单位相同的进入作业程序文件。

12 密闭空间的应急救援要求

12.1 用人单位应建立应急救援机制，设立或委托救援机构，制定密闭空间应急救援预案，并确保每位应急救援人员每年至少进行一次实战演练。

12.2 救援机构应具备有效实施救援服务的装备；具有将准入者从特定密闭空间或已知危害的密闭空间中救出的能力。

12.3 救援人员应经过专业培训，培训内容应包括基本的急救和心肺复苏术，每个救援机构至少确保有一名人员掌握基本急救和心肺复苏术技能，还要接受作为准入者所要求的培训。

12.4 救援人员应具有在规定时间内在密闭空间危害已被识别的情况下对受害者实施救援的能力。

12.5 进行密闭空间救援和应急服务时，应采取以下措施：

12.5.1 告知每个救援人员所面临的危害。

12.5.2 为救援人员提供安全可靠的个人防护设施，并通过培训使其能熟练使用。

12.5.3 无论准入者何时进入密闭空间，密闭空间外的救援均应使用吊救系统。

12.5.4 应将化学物质安全数据清单或所需要的类似书面信息放在工作地点，如果准入者受到有毒物质的伤害，应当将这些信息告知处理暴露者的医疗机构。

12.6 吊救系统应符合以下条件：

12.6.1 每个准入者均应使用胸部或全身套具，绳索应从头部往下系在后背中部靠近肩部水平的位置，或能有效证明从身体侧面也能将工作人员移出密闭空间的其他部位。在不能使用胸部或全身套具，或使用胸部或全身套具可能造成更大危害的情况下，可使用腕套，但须确认腕套是最安全和最有效的选择。

12.6.2 在密闭空间外使用吊救系统救援时，应将吊救系统的另一端系在机械设施或固定点上，保证救援者能及时进行救援。

12.6.3 机械设施至少可将人从 1.5m 的密闭空间中救出。

13 准入证的格式要求

应主要包括以下内容：

13.1 准入的空间名称。

13.2 进入的目的。

13.3 进入日期和期限。

13.4 准入者名单。

13.5 监护者名单。

13.6 作业负责人名单。

13.7 密闭空间可能存在的职业病危害因素。

13.8 进入密闭空间前拟采取的隔离、消除或控制职业病危害的措施。

13.9 准入的条件。

13.10 进入前和定期检测结果。

13.11 应急救援服务和呼叫方法。

13.12 进入作业过程中准入者与监护者保持联络的程序。

13.13 按要求提供的设备清单，如个人防护用品、检测设备、交流设备、报警系统、救援设备等。

13.14 其他保证安全的必要信息，包括特定的环境信息，特殊的准入，如热工作业准入等也要注明。

十四、《化学品生产单位受限空间作业安全规范》(AQ 3028-2008)

1 范围

本标准规定了化学品生产单位受限空间作业安全要求、职责要求和《受限空间安全作业证》的管理。

本标准适用于化学品生产单位的受限空间作业。

2 规范性引用文件

下列文件中的条款通过本标准的引用而成为本标准的条款。凡是注日期的引用文件，其随后所有的修改单（不包括勘误的内容）或修订版均不适用于本标准，然而，鼓励根据本标准达成协议的各方研究是否可使用这些文件的最新版本。凡是不注日期的引用文件，其最新版本适用于本标准。

GB/T 13869 《用电安全导则》

GBZ 2 《工作场所有害因素职业接触限值》

AQ 3025-2008 《化学品生产单位高处作业安全规范》

AQ 3022-2008 《化学品生产单位动火作业安全规范》

3 术语和定义

3.1 本标准采用下列术语和定义：

受限空间 confined spaces

化学品生产单位的各类塔、釜、槽、罐、炉膛、锅筒、管道、容器以及地下室、窨井、坑（池）、下水道或其他封闭、半封闭场所。

3.2 受限空间作业 operation at confined spaces

进入或探入化学品生产单位的受限空间进行的作业。

4 受限空间作业安全要求

4.1 受限空间作业实施作业证管理，作业前应办理《受限空间安全作业证》（以下简称《作业证》）。

4.2 安全隔绝

4.2.1 受限空间与其他系统连通的可能危及安全作业的管道应采取有效隔离措施。

4.2.2 管道安全隔绝可采用插入盲板或拆除一段管道进行隔绝，不能用水封或关闭阀门等代替盲板或拆除管道。

4.2.3 与受限空间相连通的可能危及安全作业的孔、洞应进行严密地封堵。

4.2.4 受限空间带有搅拌器等用电设备时，应在停机后切断电源，上锁并加挂警示牌。

4.3 清洗或置换

受限空间作业前，应根据受限空间盛装（过）的物料的特性，对受限空间进行清洗或置换，并达到下列要求：

4.3.1 氧含量一般为 18%~21%，在富氧环境下不得大于 23.5%。

4.3.2 有毒气体（物质）浓度应符合 GBZ 2 的规定。

4.3.3 可燃气体浓度：当被测气体或蒸气的爆炸下限大于等于 4% 时，其被测浓度不大于 0.5%（体积百分数）；当被测气体或蒸气的爆炸下限小于 4% 时，其被测浓度不大于 0.2%（体积百分数）。

4.4 通风

应采取措施，保持受限空间空气良好流通。

4.4.1 打开人孔、手孔、料孔、风门、烟门等与大气相通的设施进行自然通风。

4.4.2 必要时，可采取强制通风。

4.4.3 采用管道送风时，送风前应对管道内介质和风源进行分析确认。

4.4.4 禁止向受限空间充氧气或富氧空气。

4.5 监测

4.5.1 作业前 30min 内，应对受限空间进行气体采样分析，分析合格后方可进入。

4.5.2 分析仪器应在校验有效期内，使用前应保证其处于正常工作状态。

4.5.3 采样点应有代表性，容积较大的受限空间，应采取上、中、下各部位取样。

4.5.4 作业中应定时监测，至少每 2h 监测一次，如监测分析结果有明显变化，则应加大监测频率；作业中断超过 30min 应重新进行监测分析，对可能释放有害物质的受限空间，应连续监测。情况异常时应立即停止作业，撤离人员，经对现场处理，并取样分析合格后方可恢复作业。

4.5.5 涂刷具有挥发性溶剂的涂料时，应做连续分析，并采取强制通风措施。

4.5.6 采样人员深入或探入受限空间采样时应采取 4.6 中规定的防护措施。

4.6 个体防护措施

受限空间经清洗或置换不能达到 4.3 的要求时，应采取相应的防护措施方可作业。

4.6.1 在缺氧或有毒的受限空间作业时，应佩戴隔离式防护面具，必要时作业人员应拴带救生绳。

4.6.2 在易燃易爆的受限空间作业时，应穿防静电工作服、工作鞋，使用防爆型低压灯具及不发生火花的工具。

4.6.3 在有酸碱等腐蚀性介质的受限空间作业时，应穿戴好防酸碱工作服、工作鞋、手套等护品。

4.6.4 在产生噪声的受限空间作业时，应配戴耳塞或耳罩等防噪声护具。

4.7 照明及用电安全

4.7.1 受限空间照明电压应小于等于 36V，在潮湿容器、狭小容器内作业电压应小于等于 12V。

4.7.2 使用超过安全电压的手持电动工具作业或进行电焊作业时，应配备漏电保护器。在潮湿容器中，作业人员应站在绝缘板上，同时保证金属容器接地可靠。

4.7.3 临时用电应办理用电手续，按 GB/T 13869 规定架设和拆除。

4.8 监护

4.8.1 受限空间作业，在受限空间外应设有专人监护。

4.8.2 进入受限空间前，监护人应会同作业人员检查安全措施，统一联系信号。

4.8.3 在风险较大的受限空间作业，应增设监护人员，并随时保持与受限空间作业人员的联络。

4.8.4 监护人员不得脱离岗位，并应掌握受限空间作业人员的人数和身份，对人员和工器具进行清点。

4.9 其他安全要求

4.9.1 在受限空间作业时应在受限空间外设置安全警示标志。

4.9.2 受限空间出入口应保持畅通。

4.9.3 多工种、多层交叉作业应采取互相之间避免伤害的措施。

4.9.4 作业人员不得携带与作业无关的物品进入受限空间，作业中不得抛掷材料、工器具等物品。

4.9.5 受限空间外应备有空气呼吸器（氧气呼吸器）、消防器材和清水等相应的应急用品。

4.9.6 严禁作业人员在有毒、窒息环境下摘下防毒面具。

4.9.7 难度大、劳动强度大、时间长的受限空间作业应采取轮换作业。

4.9.8 在受限空间进行高处作业应按 AQ 3025-2008 化学品生产单位高处作业安全规范的规定进行，应搭设安全梯或安全平台。

4.9.9 在受限空间进行动火作业应按 AQ 3022-2008 化学品生产单位动火作业安全规范的规定进行。

4.9.10 作业前后应清点作业人员和作业工器具。作业人员离开受限空间作业点时，应将作业工器具带出。

4.9.11 作业结束后，由受限空间所在单位和作业单位共同检查受限空间内外，确认无问题后方可封闭受限空间。

5 职责要求

5.1 作业负责人的职责

5.1.1 对受限空间作业安全负全面责任。

5.1.2 在受限空间作业环境、作业方案和防护设施及用品达到安全要求后，可安排人员进入受限空间作业。

5.1.3 在受限空间及其附近发生异常情况时，应停止作业。

5.1.4 检查、确认应急准备情况，核实内外联络及呼叫方法。

5.1.5 对未经允许试图进入或已经进入受限空间者进行劝阻或责令退出。

5.2 监护人员的职责

5.2.1 对受限空间作业人员的安全负有监督和保护的职责。

5.2.2 了解可能面临的危害，对作业人员出现的异常行为能够及时警觉并做出判断。与作业人员保持联系和交流，观察作业人员的状况。

5.2.3 当发现异常时，立即向作业人员发出撤离警报，并帮助作业人员从受限空间逃生，同时立即呼叫紧急救援。

5.2.4 掌握应急救援的基本知识。

5.3 作业人员的职责

5.3.1 负责在保障安全的前提下进入受限空间实施作业任务。作业前应了解作业的内容、地点、时间、要求，熟知作业中的危害因素和应采取的安全措施。

5.3.2 确认安全防护措施落实情况。

5.3.3 遵守受限空间作业安全操作规程，正确使用受限空间作业安全设施与个体防护用品。

5.3.4 应与监护人员进行必要的、有效的安全、报警、撤离等双向信息交流。

5.3.5 服从作业监护人的指挥，如发现作业监护人员不履行职责时，应停止作业并撤出受限空间。

5.3.6 在作业中如出现异常情况或感到不适或呼吸困难时，应立即向作业监护人发出信号，迅速撤离现场。

5.4 审批人员的职责

5.4.1 审查《作业证》的办理是否符合要求。

5.4.2 到现场了解受限空间内外情况。

5.4.3 督促检查各项安全措施的落实情况。

6《受限空间安全作业证》的管理

6.1《作业证》由作业单位负责办理。

6.2《作业证》所列项目应逐项填写，安全措施栏应填写具体的安全措施。

6.3《作业证》应由受限空间所在单位负责人审批。

6.4 一处受限空间、同一作业内容办理一张《作业证》，当受限空间工艺条件、作业环境条件改变时，应重新办理《作业证》。

6.5《作业证》一式三联，一、二联分别由作业负责人、监护人持有，第三联由受限空间所在单位存查，《作业证》保存期限至少为 1 年。

十五、《城镇排水管道维护安全技术规程》（CJJ 6 — 2009）

现批准《城镇排水管道维护安全技术规程》为行业标准，编号为 CJJ6-2009，自 2010 年 7 月 1 日起实施。其中，第 3.0.6、3.0.10、3.0.11、3.0.12、4.2.3、5.1.2、5.1.6、5.1.8、5.1.10、5.3.6、6.0.1、6.0.3、6.0.5、7.0.1、7.0.4 条为强制性条文，必须严格执行。原《排水管道维护安全技术规程》CJJ6-85 同时废止。

1 总则

1.0.1 为加强城镇排水管道维护的管理，规范排水管道维护作业的安全管理和技术操作，提高安全技术水平，保障排水管道维护作业人员的安全和健康，制定本规程。

1.0.2 本规程适用于城镇排水管道及其附属构筑物的维护安全作业。

1.0.3 本规程规定了城镇排水管道及附属构筑物维护安全作业的基本技术要求。当本规程与国家法律、行政法规的规定相抵触时，应按国家法律、行政法规的规定执行。

1.0.4 城镇排水管道维护作业除应符合本规程外，尚应符合国家现行有关标准的规定。

2 术语

2.0.1 排水管道 drainage pipeline

汇集和排放污水、废水和雨水的管渠及其附属设施所组成的系统。

2.0.2 维护作业 maintenance

城镇排水管道及附属构筑物的检查、养护和维修的作业，简称作业。

2.0.3 检查井 manhole

排水管道中连接上下游管道并供养护人员检查、维护或进入管内的构筑物。

2.0.4 雨水口 catch basin

用于收集地面雨水的构筑物。

2.0.5 集水池 sump

泵站水泵进口和出口集水的构筑物。

2.0.6 闸井 gate well

在管道与管道、泵站、河岸之间设置的闸门井，用于控制管道排水的构筑物。

2.0.7 推杆疏通 push rod cleaning

用人力将竹片、钢条、钩棍等工具推入管道内清除堵塞的疏通方法，按推杆的不同，又分为竹片疏通、钢条疏通或钩棍疏通等。

2.0.8 绞车疏通 winch bucket sewer cleaning

采用绞车牵引通沟牛清除管道内积泥的疏通方法。

2.0.9 通沟牛 cleaning bucket

在绞车疏通中使用的桶形、铲形等式样的铲泥工具。

2.0.10 电视检查 CCTV inspection

采用闭路电视进行管道检测的方法。

2.0.11 井下作业 inside manhole works

在排水管道、检查井、闸井、泵站集水池等市政排水设施内进行的维护作业。

2.0.12 隔离式潜水防护服 submersible guard suit

井下作业人员所穿戴的，全身封闭的潜水防护服。

2.0.13 隔离式防毒面具 oxygen mask

供压缩空气的全封闭防毒面具。

2.0.14 悬挂双背带式安全带 suspensible safety belt with safety harness

在作业人员腿部、腰部和肩部都佩有绑带，并能将其在悬空中拖起的防护用品。

2.0.15 便携式空气呼吸器 portable inspirator

可随身佩戴压缩空气瓶和隔离式面具的防护装置。

2.0.16 便携式防爆灯 hand explosion proof lamp

可随身携带的符合国家防爆标准的照明工具。

2.0.17 路锥 traffic cone mark

路面作业使用的一种带有反光标志的交通警示、隔离防护装置。

3 基本规定

3.0.1 维护作业单位应不少于每年一次对作业人员进行安全生产和专业技术培训，并建立安全培训档案。

3.0.2 维护作业单位应不少于每两年一次对作业人员进行健康体检，并建立健康档案。

3.0.3 维护作业单位应配备与维护作业相应的安全防护设备和用品。

3.0.4 维护作业前，应对作业人员进行安全交底，告知作业内容、安全注意事项及应采取的安全措施，并应履行签认手续。

3.0.5 维护作业前，维护作业人员应对作业设备、工具进行安全检查，当发现有安全问题时应立即更换，严禁使用不合格的设备、工具。

3.0.6 在进行路面作业时，维护作业人员应穿戴有反光标志的安全警示服并正确佩戴和使用劳动防护用品；未按规定穿戴安全警示服和使用劳动防护用品的人员，不得上岗作业。

3.0.7 维护作业人员在作业中有权拒绝违章指挥，当发现安全隐患应当立即停止作业并向上级报告。

3.0.8 维护作业中使用的设备和用品必须符合国家现行有关标准，并应具有相应的质量合格证书。

3.0.9 维护作业中使用的设备、安全防护用品必须按有关规定定期进行检验和检测，并应建档管理。

3.0.10 维护作业区域应采取设置安全警示标志等防护措施；夜间作业时，应在作业区域周边明显处设置警示灯，作业完毕，应当及时清除障碍物。

3.0.11 维护作业现场严禁吸烟，未经许可严禁动用明火。

3.0.12 当维护作业人员进入排水管道内部检查、维护作业时，必须同时符合下列各项要求：

（1）管径不得小于 0.8m；

（2）管内流速不得大于 0.5m/s；

（3）水深不得大于 0.5m；

（4）充满度不得大于 50%。

3.0.13 管道维护作业宜采用机动绞车、高压射水车、真空吸泥车、淤泥抓斗车、联合疏通车等设备。

4 维护作业

4.1 作业现场安全防护

4.1.1 当在交通流量大地区进行维护作业时，应有专人维护现场交通秩序，协调车辆安全通行。

4.1.2 当临时占路维护作业时，应在维护作业区域迎车方向前放置防护栏。一般道路，防护栏距维护作业区域应大于 5m，且两侧应设置路锥，路锥之间用连接链或警示带连接，间距不应大于 5m。

4.1.3 在快速路上，宜采用机械维护作业方法；作业时，除应按本规程第 4.1.2 条规定设置防护栏外，还应在作业现场迎车方向不小于 100m 处设置安全警示标志。

4.1.4 当维护作业现场井盖开启后，必须有人在现场监护或在井盖周围设置明显的防护栏及警示标志。

4.1.5 污泥盛器和运输车辆在道路停放时，应设置安全标志，夜间应设置警示灯，疏通作业完毕清理现场后，应及时撤离现场。

4.1.6 除工作车辆与人员外，应采取措施防止其他车辆、行人进入作业区域。

4.2 开启与关闭井盖

4.2.1 开启与关闭井盖应使用专用工具，严禁直接用手操作。

4.2.2 井盖开启后应在迎车方向顺行放置稳固，井盖上严禁站人。

4.2.3 开启压力井盖时，应采取相应的防爆措施。

4.3 管道检查

4.3.1 检查管道内部情况时，宜采用电视检查、声纳检查和便携式快速检查等方式。

4.3.2 采用潜水检查的管道，其管径不得小于 1.2m，管内流速不得大于 0.5m/s。

4.3.3 从事潜水作业的单位和潜水员必须具备相应的特种作业资质。

4.3.4 当人员进入管道、检查井、闸井、集水池内检查时，必须按本规程第 5 章相关规定执行。

4.4 管道疏通

4.4.1 当采用穿竹片牵引钢丝绳疏通时，不宜下井操作。

4.4.2 疏通排水管道所使用的钢丝绳除应符合现行国家标准《起重机械用钢丝绳检验和报废实用规范》（GB/T 5972）的相关规定外，还应符合表 4.4.2 的规定。

表 4.4.2 疏通排水管道用钢丝绳规格

疏通方法	管径（mm）	钢丝绳		
		直径（mm）	允许拉 KN(kbf)	100m 重量（kg）
人力疏通（手摇绞车）	150~300 550~800	9.3	44.23~63.13 （4510~6444）	30.5
	850~1000	11.0	60.20~86.00 （6139~8770）	41.4
	1050~1200	12.5	78.62~112.33 （8017~11454）	54.1

疏通方法	管径（mm）	钢丝绳		
		直径（mm）	允许拉 KN(kbf)	100m 重量（kg）
机械疏通（机动绞车）	150~300 550~800	11.0	60.20~86.00 （6139~8770）	41.4
	850~1000	12.5	78.62~112.33 （8017~11454）	54.1
	1050~1200	14.0	99.52~142.08 （10148~14498）	68.5
	1250~1500	15.5	122.86~175.52 （12528~17898）	84.6

注：1. 当管内积泥深度超过管半径时，应使用大一级的钢丝绳；

2. 对方砖沟、矩形砖石沟、拱砖石沟等异形沟道，可按断面积折算成圆管后选用适合的钢丝绳。

4.4.3 当采用推杆疏通时，应符合下列规定：

（1）操作人员应戴好防护手套；

（2）竹片和钩棍应连接牢固，操作时不得脱节；

（3）打竹片与拔竹片时，竹片尾部应由专人负责看护，应注意来往行人和车辆；

（4）竹片必须选用刨平竹心的青竹，截面尺寸不小于 4cm×1cm，长度不应小于 3m。

4.4.4 当采用绞车疏通时，应符合下列规定：

（1）绞车移动时应注意来往行人和作业人员安全，机动绞车应低速行驶，并应严格遵守交通法规，严禁载人；

（2）绞车停放稳妥后应设专人看守；

（3）使用绞车前，首先应检查钢丝绳是否合格，绞动时应慢速转动，当遇阻力时应立即停止，并及时查找原因，不得因绞断钢丝发生飞车事故；

（4）绞车摇把摇好后应及时取下，不得在倒回时脱落；

（5）机动绞车应由专人操作，且操作人员应接受专业培训，持证上岗；

（6）作业中应设专人负责指挥，互相呼应，遇有故障应立即停车；

（7）作业完成后绞车应加锁，并应停放在不影响交通的地方；

（8）绞车转动时严禁用手触摸齿轮、轴头、钢丝绳，作业人员身体不得倚靠绞车。

4.4.5 当采用高压射水车疏通时，应符合下列规定：

（1）当作业气温在 0℃以下时，不宜使用高压射水车冲洗；

（2）作业机械应由专人操作，操作人员应接受专业培训，持证上岗；

（3）射水车停放应平稳，位置应适当；

（4）冲洗现场必须设置防护栏；

（5）作业前应检查高压泵的开关是否灵敏，高压喷管、高压喷头是否完好；

（6）高压喷头严禁对人和在平地加压喷射，移位时必须停止工作，以免伤人；

（7）将喷管放入井内时，喷头应对准管底的中心线方向；将喷头送进管内后，操作人员方可开启高压开关；从井内取出喷头时应先关闭加压开关，待压力消失后方可取出喷头，启闭高压开关时，应缓开缓闭；

（8）当高压水管穿越中间检查井时，必须将井盖盖好，不得伤人；

（9）高压射水车工作期间，操作人员不得离开现场，射水车严禁超负荷运转；

（10）在两个检查井之间操作时，应规定明确的联络信号；

（11）当水位指示器降至危险水位时，应立即停止作业，不得损坏机件；

（12）高压管收放时应安放卡管器；

（13）夜间冲洗作业时，应有足够的照明并配备警示灯。

4.5 清掏作业

4.5.1 当使用清疏设备进行清掏作业时，应符合以下规定：

（1）清疏设备应由专人操作，操作人员应接受专业培训，持证上岗；

（2）清疏设备使用前，应对设备进行检查，并确保设备状态正常；

（3）带有水箱的清疏设备，使用前应使用车上附带的加水专用软管为水箱注满水；

（4）车载清疏设备路面作业时，车辆应顺行车方向停泊，打开警示灯、双跳灯，并做好路面围护警示工作；

（5）当清疏设备运行中出现异常情况时，应立即停机检查，排除故障。当无法查明原因或无法排除故障时，应立即停止工作，严禁设备带故障运行；

（6）车载清疏设备在移动前，工况必须复原，再至第二处地点再行使用；

（7）清疏设备重载行驶时，速度应缓慢、防止急刹车；转弯时应减速，防止惯性和离心力作用造成事故；

（8）清疏设备严禁超载；

（9）清疏设备不得作为运输车辆使用。

4.5.2 当采用真空吸泥车进行清掏作业时，除应符合本规程第4.5.1条规定外，还应符合下列规定：

（1）严禁吸入油料等危险品；

（2）卸泥操作时，必须选择地面坚实且有足够高度空间的倾卸点，操作人员应站在泥缸两侧；

（3）当需要翻缸进入缸底进行检修时，必须用支撑柱或挡扳垫实缸体；

（4）污泥胶管销挂要牢固。

4.5.3 当采用淤泥抓斗车清淘时，除应符合本规程4.5.1条的规定外，还应符合下列规定：

（1）泥斗上升时速度应缓慢，应防止泥斗勾住检查井或集水池边缘，不得因斗抓崩出伤人；

（2）抓泥斗吊臂回转半径内禁止任何人停留或穿行；

（3）指挥、联络信号（旗语、口笛或手势）应明确。

4.5.4 当采用人工清掏时，应符合下列规定：

（1）清掏工具应按车辆顺行方向摆放和操作；

（2）清淘作业前应打开井盖进行通风；

（3）操作人员应站在上风口作业，严禁将头探入井内；当需下井清掏时，应按本规程第5章相关规定执行。

4.6 管道及附属构筑物维修

4.6.1 管道维修应符合现行国家标准《给水排水管道工程施工及验收规范》（GB 50268）的相关规定。

4.6.2 当管道及附属构筑物维修需掘路开挖时，应提前掌握作业面地下管线分布情况；当采用风镐掘路作业时，操作人员应注意保持安全距离，并戴好防护眼镜。

4.6.3 当需要封堵管道进行维护作业时，宜采用充气管塞等工具并应采取支撑等防护措施。

4.6.4 当加砌检查井或新老管道封堵、拆堵、连接施工时，维护作业人员应按本规程第5章的相关规定执行。

4.6.5 排水管道出水口维修应符合下列规定：

（1）维护作业人员上下河坡时应走梯道；

（2）维修前应关闭闸门或封堵，将水截流或导流；

（3）带水作业时，应侧身站稳，不得迎水站立；

（4）运料采用的工具必须牢固结实，维护作业人员应精力集中，严禁向下抛料。

4.6.6 检查井、雨水口维修应符合下列规定：

（1）当搬运、安装井盖、井箅、井框时，应注意安全，防止受伤；

（2）当维修井口作业时，应采取防坠落措施；

（3）当进入井内维修时，应按本规程第5章的相关规定执行。

4.6.7 抢修作业时，应组织制定专项作业方案，并有效实施。

5 井下作业

5.1 一般规定

5.1.1 井下清淤作业宜采用机械作业方法，并严格控制人员进入管道内作业。

5.1.2 下井作业人员必须经过专业安全技术培训、考核，具备下井作业资格，并应掌握人工急救技能和防护用具、照明、通信设备的使用方法。作业单位应为下井作业人员建立个人培训档案。

5.1.3 维护作业单位应不少于每年一次对井下作业人员进行职业健康体检，并建立健康档案。

5.1.4 维护作业单位必须制定井下作业安全生产责任制，并在作业中严格落实。

5.1.5 井下作业时，必须配备气体检测仪器和井下作业专用工具，并培训作业人员掌握正确的使用方法。

5.1.6 井下作业必须履行审批手续，执行当地的下井许可制度。

5.1.7 井下作业的《下井作业申请表》及下井许可的《下井安全作业票》宜符合本规程附录A的规定。

5.1.8 井下作业前，维护作业单位必须检测管道内有害气体。井下有害气体浓度必须符合本规程第 5.3 节的有关规定。

5.1.9 下井作业前，维护作业单位应做好下列工作：

（1）应查清管径、水深、潮汐、积泥厚度等；

（2）应查清附近工厂污水排放情况，并做好截流工作；

（3）应制定井下作业方案，并尽量避免潜水作业；

（4）应对作业人员进行安全交底，告知作业内容和安全防护措施及自救互救的方法；

（5）应做好管道的降水、通风以及照明、通信等工作；

（6）应检查下井专用设备是否配备齐全、安全有效。

5.1.10 井下作业时，必须进行连续气体检测，且井上监护人员不得少于两人；进入管道内作业时，井室内应设置专人呼应和监护，监护人员严禁擅离职守。

5.1.11 井下作业除必须符合本规程第 5.1.10 条的规定外，还应符合下列规定：

（1）井内水泵运行时严禁人员下井；

（2）作业人员应佩戴供压缩空气的隔离式防护装具、安全带、安全绳、安全帽等防护用品；

（3）作业人员上、下井应使用安全可靠的专用爬梯；

（4）监护人员应密切观察作业人员情况，随时检查空压机、供气管、通信设施、安全绳等下井设备的安全运行情况，发现问题及时采取措施；

（5）下井人员连续作业时间不得超过 1h；

（6）传递作业工具和提升杂物时，应用绳索系牢，井底作业人员应躲避；

（7）潜水作业应符合现行行业标准《公路工程施工安全技术规程》（JTJ 076）的相关规定；

（8）当发现有中毒危险时，必须立即停止作业，并组织作业人员迅速撤离现场；

（9）作业现场应配备应急装备、器具。

5.1.12 下列人员不得从事井下作业：

（1）年龄在 18 岁以下和 55 岁以上者；

（2）在经期、孕期、哺乳期的女性；

（3）有聋、哑、呆、傻等严重生理缺陷者；

（4）患有深度近视、癫痫、高血压，过敏性气管炎、哮喘、心脏病等严重慢性病者；

（5）有外伤、疮口尚未愈合者。

5.2 通风

5.2.1 通风措施可采用自然通风和机械通风。

5.2.2 井下作业前，应开启作业井盖和其上下游井盖进行自然通风，且通风时间不应小于 30min。

5.2.3 当排水管道经过自然通风后，井下气体浓度仍不符合本规程第 5.3.2、5.3.3 条的规定时，应进行机械通风。

5.2.4 管道内机械通风的平均风速不应小于 0.8m/s。

5.2.5 有毒有害、易燃易爆气体浓度变化较大的作业场所应连续进行机械通风。

5.2.6 通风后，井下的含氧量及有毒有害、易燃易爆气体浓度必须符合本规程第 5.3 节的有关规定。

5.3 气体检测

5.3.1 气体检测应测定井下的空气含氧量和常见有毒有害、易燃易爆气体的浓度和爆炸范围。

5.3.2 井下的空气含氧量不得低于 19.5%。

5.3.3 井下有毒有害气体的浓度除应符合国家现行有关标准的规定外，常见有毒有害、易燃易爆气体的浓度和爆炸范围还应符合表 5.3.3 的规定。

表 5.3.3 常见有毒有害、易燃易爆气体的浓度和爆炸范围

气体名称	相对密度（取空气相对密度为 1）	最高容许浓度 (mg/m³)	时间加权平均容许浓度 (mg/m³)	短时间接触容许浓度 (mg/m³)	爆炸范围（容积百分比 %）	说明
硫化氢	1.19	10	—	—	4.3~45.5	—
一氧化碳	0.97	—	20	30	12.5~74.2	非高原
		20	—	—		海拔 2000~3000m
		15				海拔高于 3000m
氰化氢	0.94	1	—	—	5.6~12.8	—
溶剂汽油	3.00~4.00		300		1.4~7.6	
一氧化氮	2.49		15		不燃	
甲烷	0.55				5.0~15.0	
苯	2.71		6	10	1.45~8.0	—

注：最高容许浓度指工作地点、在一个工作日内、任何时间有毒化学物质均不应超过的浓度。时间加权平均容许浓度指以时间为权数规定的 8h 工作日、40h 工作周的平均容许接触浓度。短时间接触容许浓度指在遵守时间加权平均容许浓度前提下容许短时间（15min）接触的浓度。

5.3.4 气体检测人员必须经专项技术培训，具备检测设备操作能力。

5.3.5 应采用专用气体检测设备检测井下气体。

5.3.6 气体检测设备必须按相关规定定期进行检定，检定合格后方可使用。

5.3.7 气体检测时，应先搅动作业井内泥水，使气体充分释放，保证测定井内气体实际浓度。

5.3.8 检测记录还应包括下列内容：

（1）检测时间；

256

（2）检测地点；

（3）检测方法和仪器；

（4）现场条件（温度、气压）；

（5）检测次数；

（6）检测结果；

（7）检测人员。

5.3.9 检测结论应告知现场作业人员，并应履行签字手续。

5.4 照明和通信

5.4.1 作业现场照明应使用便携式防爆灯，照明设备应符合现行国家标准《爆炸性气体环境用电气设备第 14 部分：危险场所分类》GB 3836.14 的相关规定。

5.4.2 井下作业面上的照度不宜小于 50lx。

5.4.3 作业现场宜采用专用通信设备。

5.4.4 井上和井下作业人员应事先规定明确的联系方式。

6 防护设备与用品

6.0.1 井下作业时，应使用隔离式防毒面具，不应使用过滤式防毒面具和半隔离式防毒面具以及氧气呼吸设备。

6.0.2 潜水作业应穿戴隔离式潜水防护服。

6.0.3 防护设备必须按相关规定定期进行维护检查。严禁使用质量不合格的防毒和防护设备。

6.0.4 安全带、安全帽应符合现行国家标准《安全带》GB 6095 和《安全帽》GB 2811 的规定，应具备国家安全和质检部门颁发的安鉴证和合格证，并定期进行检验。

6.0.5 安全带应采用悬挂双背带式安全带。使用频繁的安全带、安全绳应经常进行外观检查，发现异常立即更换。

6.0.6 夏季作业现场应配置防晒及防暑降温药品和物品。

6.0.7 维护作业时配备的皮叉、防护服、防护鞋、手套等防护用品应及时检查、定期更换。

7 中毒、窒息应急救援

7.0.1 维护作业单位必须制定中毒、窒息等事故应急救援预案，并应按相关规定定期进行演练。

7.0.2 作业人员发生异常时，监护人员应立即用作业人员自身佩戴的安全带、安全绳将其迅速救出。

7.0.3 发生中毒、窒息事故，监护人员应立即启动应急救援预案。

7.0.4 当需下井抢救时，抢救人员必须在做好个人安全防护并有专人监护下进行下井抢救，必须佩戴好便携式空气呼吸器、悬挂双背带式安全带，并系好安全绳，严禁盲目施救。

7.0.5 中毒、窒息者被救出后应及时送往医院抢救；在等待救援时，监护人员应立即施救或采取现场急救措施。

附录 A 下井作业申请表和作业票

表 A-1 下井作业申请表

单位：

作业项目			
作业单位			
作业地点		作业任务	
作业单位负责人		安全负责人	
作业人员		项目负责人	
作业日期		主管领导签字	
安 全 防 护 措 施			
作业现场 情况说明	作业管径： m 井深： m 性质： 下井座次：座 是否潜水作业：		
上级主管 部门意见			

申报日期： 年 月 日

表 A-2 下井安全作业票

单位：

作业单位		作业票填报人		填报日期	
作业人员				监护人	
作业地点		区路道街		井号	
作业时间			作业任务		

续表

管径		水深		潮汐影响		
工厂污水排放情况						

防护措施	1. 提前开启井盖自然通风情况（井数和时间） 2. 井下降水和照明情况 3. 井下气体检测结果 4. 拟采取的防毒、防爆手段（穿戴防护装具、人工通风情况）

项目负责人意见 （签字）	安全员意见 （签字）

作业人员身体状况	
附注	

附录 2　常见易燃易爆气体／蒸气爆炸极限

序号	物质名称	爆炸浓度（V%）		相对蒸气密度（空气=1）	气体／蒸气密度（kg/m³）
		爆炸下限	爆炸上限		
1	甲烷	5.0	15.0	0.6	0.71
2	乙烷	3.0	12.5	1.05	1.34
3	丙烷	2.1	9.5	1.6	1.97
4	正丁烷	1.9	8.5	2.1	2.59
5	正戊烷	1.5	7.8	2.48	3.21
6	正己烷	1.1	7.5	2.97	3.84
7	环丙烷	2.4	10.3	1.88	1.88
8	环己烷	1.3	8.4	2.90	3.75
9	甲基环己烷	1.2	6.7	3.4	4.38
10	乙烯	2.7	36.0	0.98	1.25
11	丙烯	2.4	10.3	1.5	1.88
12	乙炔	2.5	82.0	0.91	1.16
13	苯	1.2	8.0	2.77	3.48
14	甲苯	1.1	7.1	3.14	4.11

续表

序号	物质名称	爆炸浓度（V%）		相对蒸气密度（空气=1）	气体/蒸气密度（kg/m³）
		爆炸下限	爆炸上限		
15	乙苯	1.0	6.7	3.66	4.73
16	邻-二甲苯	0.9	7.0	3.66	4.73
17	间-二甲苯	1.1	7.0	3.66	4.73
18	对-二甲苯	1.1	7.0	3.66	4.73
19	苯乙烯	0.9	6.8	3.60	4.65
20	一氧化碳	12.5	74.2	0.97	1.25
21	环氧乙烷	3.0	100	1.52	1.97
22	乙醚	1.7	49.0	2.56	3.31
23	甲醇	6	36.5	1.1	1.43
24	乙醇	3.3	19.0	1.59	2.06
25	异丙醇	2.0	12.7	2.1	2.68
26	甲醛	7.0	73.0	1.03	1.34
27	乙醛	4.0	57.0	1.52	1.97
28	丙酮	2.2	13.0	2.00	2.59
29	环己酮	1.1	9.4	3.4	4.38

续表

序号	物质名称	爆炸浓度（V%）		相对蒸气密度（空气=1）	气体/蒸气密度（kg/m³）
		爆炸下限	爆炸上限		
30	乙酸	5.4	16	2.07	2.68
31	乙酸乙酯	2.2	11.5	3.04	3.93
32	乙酸丁酯	1.2	7.6	4.1	5.19
33	氯乙烷	3.6	14.8	2.22	2.88
34	氯乙烯	3.6	33	2.2	2.79
35	硫化氢	4.0	46.0	1.19	1.52
36	二硫化碳	1.3	50.0	2.63	3.41
37	氨	15.0	28.0	0.59	0.76
38	乙腈	3.0	16.0	1.42	1.83
39	三甲胺	2.0	11.6	2.04	2.64
40	氢	4.1	75	0.07	0.09
41	天然气	5	15	0.55	0.71
42	液化石油气（气态）	1.5	9.5	1.5~2.5	1.93~3.23
43	汽油	1.3	6.0	3.50	4.53
44	煤油	0.7	5.0	4.50	5.82

注：摘自国家安全生产监督管理总局化学品登记中心与中国石化集团公司安全工程研究院组织编写的《危险化学品安全技术全书》（第二版）。

附录 3 工作场所有害因素职业接触限值

| 序号 | 中文名 | 英文名 | 化学文摘号
（CAS No.） | OELs（mg/m³） | | | 备注 |
				MAC	PC-TWA	PC-STEL	
1	安妥	Antu	86-88-4	—	0.3	—	—
2	氨	Ammonia	7664-41-7	—	20	30	—
3	2-氨基吡啶	2-Aminopyridine	504-29-0	—	2	—	皮
4	氨基磺酸铵	Ammonium sulfamate	7773-06-0	—	6	—	—
5	氨基氰	Cyanamide	420-04-2	—	2	—	—
6	奥克托今	Octogen	2691-41-0	—	2	4	—
7	巴豆醛	Crotonaldehyde	4170-30-3	12	—	—	—
8	百草枯	Paraquat	4685-14-7	—	0.5	—	—
9	百菌清	Chlorothalonile	1897-45-6	1	—	—	G2Bc
10	钡及其可溶性化合物 c 按 Ba 计	Barium and soluble compounds, as Ba	7440-39-3（Ba）	—	0.5	1.5	—
11	倍硫磷	Fenthion	55-38-9	—	0.2	0.3	皮
12	苯	Benzene	71-43-2	—	6	10	皮，G1
13	苯胺	Aniline	62-53-3	—	3	—	皮
14	苯基醚（二苯醚）	Phenyl ether	101-84-8	—	7	14	—
15	苯硫磷	EPN	2104-64-5	—	0.5	—	皮
16	苯乙烯	Styrene	100-42-5	—	50	100	皮，G2B
17	吡啶	Pyridine	110-86-1	—	4	—	—
18	苄基氯	Benzyl chloride	100-44-7	5	—	—	G2A
19	丙醇	Propyl alcohol	71-23-8	—	200	300	—
20	丙酸	Propionic acid	79-09-4	—	30	—	—
21	丙酮	Acetone	67-64-1	—	300	450	—
22	丙酮氰醇（按 CN 计）	Acetone cyanohydrin, as CN	75-86-5	3	—	—	皮
23	丙烯醇	Allyl alcohol	107-18-6	—	2	3	皮
24	丙烯腈	Acrylonitrile	107-13-1	—	1	2	皮，G2B

续表

序号	中文名	英文名	化学文摘号 (CAS No.)	OELs (mg/m³) MAC	PC-TWA	PC-STEL	备注
25	丙烯醛	Acrolein	107-02-8	0.3	—	—	皮
26	丙烯酸	Acrylic acid	79-10-7	—	6	—	皮
27	丙烯酸甲酯	Methyl acrylate	96-33-3	—	20	—	皮，敏
28	丙烯酸正丁酯	n-Butyl acrylate	141-32-2	—	25	—	敏
29	丙烯酰胺	Acrylamide	79-06-1	—	0.3	—	皮，G2A
30	草酸	Oxalic acid	144-62-7	—	1	2	—
31	重氮甲烷	Diazomethane	334-88-3	—	0.35	0.7	—
32	抽余油(60℃~220℃)	Raffinate(60℃~220℃)		—	300	—	—
33	臭氧	Ozone	10028-15-6	0.3	—	—	—
34	滴滴涕(DDT)	Dichlorodiphenyltrichloroethane(DDT)	50-29-3	—	0.2	—	G2B
35	敌百虫	Trichlorfon	52-68-6	—	0.5	1	—
36	敌草隆	Diuron	330-54-1	—	10	—	—
37	碲化铋（按 Bi$_2$Te$_3$ 计）	Bismuth telluride, as Bi2Te3	1304-82-1	—	5	—	—
38	碘	Iodine	7553-56-2	1	—	—	—
39	碘仿	Iodoform	75-47-8	—	10	—	—
40	碘甲烷	Methyl iodide	74-88-4	—	10	—	皮
41	叠氮酸蒸气	Hydrazoic acid vapor	7782-79-8	0.2	—	—	—
42	叠氮化钠	Sodium azide	26628-22-8	0.3	—	—	—
43	丁醇	Butyl alcohol	71-36-3	—	100	—	—
44	1,3-丁二烯	1,3-Butadiene	106-99-0	—	5	10	—
45	丁醛	Butylaldehyde	123-72-8	—	5	—	—
46	丁酮	Methyl ethyl ketone	78-93-3	—	300	600	—
47	丁烯	Butylene	25167-67-3	—	100	—	—
48	毒死蜱	Chlorpyrifos	2921-88-2	—	0.2	—	皮
49	对苯二甲酸	Terephthalic acid	100-21-0	—	8	15	—

续表

序号	中文名	英文名	化学文摘号 (CAS No.)	MAC	OELs（mg/m³） PC-TWA	PC-STEL	备注
50	对二氯苯	p-Dichlorobenzene	106-46-7	—	30	60	G2B
51	对茴香胺	p-Anisidine	104-94-9	—	0.5	—	皮
52	对硫磷	Parathion	56-38-2	—	0.05	0.1	皮
53	对特丁基甲苯	p-Tert-butyltoluene	98-51-1	—	6	—	—
54	对硝基苯胺	p - Nitroaniline	100-01-6	—	3	—	皮
55	对硝基氯苯	p-Nitrochlorobenzene	100-00-5	—	0.6	—	皮
56	多次甲基多苯基多异氰酸酯	Polymethylene polyphenyl isocyanate (PMPPI)	57029-46-6	—	0.3	0.5	—
57	二苯胺	Diphenylamine	122-39-4	—	10	—	—
58	二苯基甲烷二异氰酸酯	Diphenylmethane diisocyanate	101-68-8	—	0.05	0.1	—
59	二丙二醇甲醚	Dipropylene glycol methyl ether	34590-94-8	—	600	900	皮
60	2-N-二丁氨基乙醇	2-N-Dibutylaminoethanol	102-81-8	—	4	—	皮
61	二噁烷	1,1,4-Dioxane	123-91-1	—	70	—	皮, G2B
62	二氟氯甲烷	Chlorodifluoromethane	75-45-6	—	3500	—	—
63	二甲胺	Dimethylamine	124-40-3	—	5	10	—
64	二甲苯(全部异构体)	Xylene(all isomers)	1330-20-7; 95-47-6;108-38-3	—	50	100	—
65	二甲基苯胺	Dimethylamine	121-69-7	—	5	10	皮
66	1,3-二甲基丁基醋酸酯（仲-乙酸己酯）	1,3-Dimethylbutyl acetate(sec-hexylacetate)	108-84-9	—	300	—	皮
67	二甲基二氯硅烷	Dimethyl dichlorosilane	75-78-5	2	—	—	—
68	二甲基甲酰胺	Dimethylformamide(DMF)	68-12-2	—	20	—	—
69	3,3-二甲基联苯胺	3,3-Dimethylbenzidine	119-93-7	0.02	—	—	皮, G2B
70	N,N-二甲基乙酰胺	Dimethyl acetamide	127-19-5	—	20	—	皮
71	二聚环戊二烯	Dicyclopentadiene	77-73-6	—	25	—	—
72	二硫化碳	Carbon disulfide	75-15-0	—	5	10	皮
73	1,1-二氯-1-硝基乙烷	1,1-Dichloro-1-nitroethane	594-72-9	—	12	—	—

续表

| 序号 | 中文名 | 英文名 | 化学文摘号
(CAS No.) | OELs (mg/m³) | | | 备注 |
				MAC	PC-TWA	PC-STEL	
74	1,3-二氯丙醇	1,3-Dichloropropanol	96-23-1	—	5	—	皮
75	1,2-二氯丙烷	1,2-Dichloropropane	78-87-5	—	350	500	—
76	1,3-二氯丙烯	1,3-Dichloropropene	542-75-6	—	4	—	皮, G2B
77	二氯二氟甲烷	Dichlorodifluoromethane	75-71-8	—	5000	—	—
78	二氯甲烷	Dichloromethane	75-09-2	—	200	—	G2B
79	二氯乙炔	Dichloroacetylene	7572-29-4	0.4	—	—	—
80	1,2-二氯乙烷	1,2-Dichloroethane	107-06-2	—	7	15	G2B
81	1,2-二氯乙烯	1,2-Dichloroethylene	540-59-0	—	800	—	—
82	二缩水甘油醚	Diglycidyl ether	2238-07-5	—	0.5	—	—
83	二硝基苯（全部异构体）	Dinitrobenzene(all isomers)	528-29-0; 99-65-0; 100-25-4	—	1	—	皮
84	二硝基甲苯	Dinitrotoluene	25321-14-6	—	0.2	—	皮, G2B （2,4-二 硝基甲苯； 2,6-二硝基 甲苯）
85	4,6-二硝基邻苯甲酚	4,6-Dinitro-o-cresol	534-52-1	—	0.2	—	皮
86	二硝基氯苯	Dinitrochlorobenzene	25567-67-3	—	0.6	—	皮
87	二氧化氮	Nitrogen dioxide	10102-44-0	—	5	10	—
88	二氧化硫	Sulfur dioxide	7446-09-5	—	5	10	—
89	二氧化氯	Chlorine dioxide	10049-04-4	—	0.3	0.8	—
90	二氧化碳	Carbon dioxide	124-38-9	—	9000	18000	—
91	二氧化锡（按 Sn 计）	Tin dioxide,as Sn	1332-29-2	—	2	—	—
92	2-二氨基乙醇	2-Diethylaminoethanol	100-37-8	—	50	—	皮
93	二亚乙基三胺	Diethylene triamine	111-40-0	—	4	—	皮
94	二乙基甲酮	Diethyl ketone	96-22-0	—	700	900	—
95	二乙烯基苯	Divinyl benzene	1321-74-0	—	50	—	—

266

续表

序号	中文名	英文名	化学文摘号 (CAS No.)	OELs (mg/m³) MAC	OELs (mg/m³) PC-TWA	OELs (mg/m³) PC-STEL	备注
96	二异丁基甲酮	Diisobutyl ketone	108-83-8	—	145	—	—
97	二异氰酸甲苯酯（TDI）	Toluene-2,4-diisocyanate（TDI）	584-84-9	—	0.1	0.2	敏, G2B
98	二月桂酸二丁基锡	Dibutyltin dilaurate	77-58-7	—	0.1	0.2	皮
99	钒及其化合物（按V计）	Vanadium and compounds,as V	7440-62-6（V）				
	五氧化二钒烟尘	Vanadium pentoxide fume, dust		—	0.05	—	—
	钒铁合金尘	Ferrovanadium alloy dust		—	1	—	—
100	酚	Phenol	108-95-2	—	10	—	皮
101	呋喃	Furan	110-00-9	—	0.5	—	G2B
102	氟化氢（按F计）	Hydrogen fluoride, as F	7664-39-3	2	—	—	—
103	氟化物（不含氟化氢）（按F计）	Fluorides(except HF), as F		—	2	—	—
104	锆及其化合物（按Zr计）	Zirconium and compounds, as Zr	7440-67-7（Zr）	—	5	10	—
105	镉及其化合物（按Cd计）	Cadmium and compounds, as Cd	7440-43-9（Cd）	—	0.01	0.02	G1
106	汞-金属汞（蒸气）	Mercury metal（vapor）	7439-97-6	—	0.02	0.04	皮
107	汞-有机汞化合物（按Hg计）	Mercury organic compounds,as Hg		—	0.01	0.03	皮
108	钴及其氧化物（按Co计）	Cobalt and oxides, as Co	7440-48-4（Co）	—	0.05	0.1	G2B
109	光气	Phosgene	75-44-5	0.5	—	—	—
110	癸硼烷	Decaborane	17702-41-9	—	0.25	0.75	皮
111	过氧化苯甲酰	Benzoyl peroxide	94-36-0	—	5	—	—
112	过氧化氢	Hydrogen peroxide	7722-84-1	—	1.5	—	—
113	环己胺	Cyclohexylamine	108-91-8	—	10	20	皮
114	环己醇	Cyclohexanol	108-93-0	—	100	—	皮
115	环己酮	Cyclohexanone	108-94-1	—	50	—	皮
116	环己烷	Cyclohexane	110-82-7	—	250	—	—
117	环氧丙烷	Propylene Oxide	75-56-9	—	5	—	敏, G2B
118	环氧氯丙烷	Epichlorohydrin	106-89-8	—	1	2	皮, G2A

续表

序号	中文名	英文名	化学文摘号 (CAS No.)	OELs（mg/m³）			备注
				MAC	PC-TWA	PC-STEL	
119	环氧乙烷	Ethylene oxide	75-21-8	—	2	—	G1
120	黄磷	Yellow phosphorus	7723-14-0	—	0.05	0.1	—
121	己二醇	Hexylene glycol	107-41-5	100	—	—	—
122	1,6-己二异氰酸酯	Hexamethylene diisocyanate	822-06-0	—	0.03	—	—
123	己内酰胺	Caprolactam	105-60-2	—	5	—	—
124	2-己酮	2-Hexanone	591-78-6	—	20	40	皮
125	甲拌磷	Thimet	298-02-2	0.01	—	—	皮
126	甲苯	Toluene	108-88-3	—	50	100	皮
127	N-甲苯胺	N-Methyl aniline	100-61-8	—	2	—	皮
128	甲醇	Methanol	67-56-1	—	25	50	皮
129	甲酚（全部异构体）	Cresol(all isomers)	1319-77-3; 95-48-7; 108-39-4; 106-44-5	—	10	—	皮
130	甲基丙烯腈	Methylacrylonitrile	126-98-7	—	3	—	皮
131	甲基丙烯酸	Methacrylic acid	79-41-4	—	70	—	—
132	甲基丙烯酸甲酯	Methyl methacrylate	80-62-6	—	100	—	敏
133	甲基丙烯酸缩水甘油酯	Glycidyl methacrylate	106-91-2	5	—	—	—
134	甲基肼	Methyl hydrazine	60-34-4	0.08	—	—	皮
135	甲基内吸磷	Methyl demeton	8022-00-2	—	0.2	—	皮
136	18-甲基炔诺酮（炔诺孕酮）	18-Methyl norgestrel	6533-00-2	—	0.5	2	—
137	甲硫醇	Methyl mercaptan	74-93-1	—	1	—	—
138	甲醛	Formaldehyde	50-00-0	0.5	—	—	敏，G1
139	甲酸	Formic acid	64-18-6	—	10	20	—
140	甲氧基乙醇	2-Methoxyethanol	109-86-4	—	15	—	皮
141	甲氧氯	Methoxychlor	72-43-5	—	10	—	—

续表

序号	中文名	英文名	化学文摘号 (CAS No.)	OELs（mg/m³）			备注
				MAC	PC-TWA	PC-STEL	
142	间苯二酚	Resorcinol	108-46-3	—	20	—	—
143	焦炉逸散物（按苯溶物计）	Coke oven emissions, as benzene soluble matter	—	—	0.1	—	G1
144	肼	Hydrazine	302-01-2	—	0.06	0.13	皮, G2B
145	久效磷	Monocrotophos	6923-22-4	—	0.1	—	皮
146	糠醇	Furfuryl alcohol	98-00-0	—	40	60	皮
147	糠醛	Furfural	98-01-1	—	5	—	皮
148	芩的松	Cortisone	53-06-5	—	1	—	—
149	苦味酸	Picric acid	88-89-1	—	0.1	—	—
150	乐果	Rogor	60-51-5	—	1	—	皮
151	联苯	Biphenyl	92-52-4	—	1.5	—	—
152	邻苯二甲酸二丁酯	Dibutyl phthalate	84-74-2	—	2.5	—	—
153	邻苯二甲酸酐	Phthalic anhydride	85-44-9	1	—	—	敏
154	邻二氯苯	o-Dichlorobenzene	95-50-1	—	50	100	—
155	邻茴香胺	o-Anisidine	90-04-0	—	0.5	—	皮, G2B
156	邻氯苯乙烯	o-Chlorostyrene	2038-87-47	—	250	400	—
157	邻氯苄叉丙二腈	o-Chlorobenzylidene malononitrile	2698-41-1	0.4	—	—	皮
158	邻仲丁基苯酚	o-sec-Butylphenol	89-72-5	—	30	—	皮
159	磷胺	Phosphamidon	13171-21-6	—	0.02	—	皮
160	磷化氢	Phosphine	7803-51-2	0.3	—	—	—
161	磷酸	Phosphoric acid	7664-38-2	—	1	3	—
162	磷酸二丁基苯酯	Dibutyl phenyl phosphate	2528-36-1	—	3.5	—	皮
163	硫化氢	Hydrogen sulfide	7783-06-4	10	—	—	—
164	硫酸钡（按 Ba 计）	Barium sulfate, as Ba	7727-43-7	—	10	—	—
165	硫酸二甲酯	Dimethyl sulfate	77-78-1	—	0.5	—	皮, G2A
166	硫酸及三氧化硫	Sulfuric acid and sulfur trioxide	7664-93-9	—	1	2	G1

续表

序号	中文名	英文名	化学文摘号 (CAS No.)	OELs（mg/m³）			备注
				MAC	PC–TWA	PC–STEL	
167	硫酰氟	Sulfuryl fluoride	2699–79–8	—	20	40	—
168	六氟丙酮	Hexafluoroacetone	684–16–2	—	0.5	—	皮
169	六氟丙烯	Hexafluoropropylene	116–15–4	—	4	—	—
170	六氟化硫	Sulfur hexafluoride	2551–62–4	—	6000	—	—
171	六六六	Hexachlorocyclohexane	608–73–1	—	0.3	0.5	G2B
172	γ－六六六	γ–Hexachlorocyclohexane	58–89–9	—	0.05	0.1	皮, G2B
173	六氯丁二烯	Hexachlorobutadine	87–68–3	—	0.2	—	皮
174	六氯环戊二烯	Hexachlorocyclopentadiene	77–47–4	—	0.1	—	—
175	六氯萘	Hexachloronaphthalene	1335–87–1	—	0.2	—	皮
176	六氯乙烷	Hexachloroethane	67–72–1	—	10	—	皮
177	氯	Chlorine	7782–50–5	1	—	—	—
178	氯苯	Chlorobenzene	108–90–7	—	50	—	—
179	氯丙酮	Chloroacetone	78–95–5	4	—	—	皮
180	氯丙烯	Allyl chloride	107–05–1	—	2	4	—
181	β－氯丁二烯	Chloroprene	126–99–8	—	4	—	皮, G2B
182	氯化铵烟	Ammonium chloride fume	12125–02–9	—	10	20	—
183	氯化苦	Chloropicrin	76–06–2	1	—	—	—
184	氯化氢及盐酸	Hydrogen chloride and chlorhydric acid	7647–01–0	7.5	—	—	—
185	氯化氰	Cyanogen chloride	506–77–4	0.75	—	—	—
186	氯化锌烟	Zinc chloride fume	7646–85–7	—	1	2	—
187	氯甲甲醚	Chloromethyl methyl ether	107–30–2	0.005	—	—	G1
188	氯甲烷	Methyl chloride	74–87–3	—	60	120	皮
189	氯联苯（54%氯）	Chlorodiphenyl (54%Cl)	11097–69–1	—	0.5	—	皮, G2A
190	氯萘	Chloronaphthalene	90–13–1	—	0.5	—	皮
191	氯乙醇	Ethylene chlorohydrin	107–07–3	2	—	—	皮

续表

序号	中文名	英文名	化学文摘号（CAS No.）	MAC	OELs（mg/m³）PC-TWA	PC-STEL	备注
192	氯乙醛	Chloroacetaldehyde	107-20-0	3	—	—	—
193	氯乙酸	Chloroacetic acid	79-11-8	2	—	—	皮
194	氯乙烯	Vinyl chloride	75-01-4	—	10	—	G1
195	α-氯乙酰苯	α-Chloroacetophenone	532-27-4	—	0.3	—	—
196	氯乙酰氯	Chloroacetyl chloride	79-04-9	—	0.2	0.6	皮
197	马拉硫磷	Malathion	121-75-5	—	2	—	皮
198	马来酸酐	Maleic anhydride	108-31-6	—	1	2	敏
199	吗啉	Morpholine	110-91-8	—	60	—	皮
200	煤焦油沥青挥发物（按苯溶物计）	Coal tar pitch volatiles, as Benzene soluble matters	65996-93-2	—	0.2	—	G1
201	锰及其无机化合物（按MnO₂计）	Manganese and inorganic compounds, as MnO2	7439-96-5（Mn）	—	0.15	—	—
202	钼及其化合物（按Mo计）钼，不溶性化合物	Molybdeum and compounds, as Mo Molybdeum and insoluble compounds	7439-98-7（Mo）	—	6	—	—
	可溶性化合物	soluble compounds		—	4	—	—
203	内吸磷	Demeton	8065-48-3	—	0.05	—	皮
204	萘	Naphthalene	91-20-3	—	50	75	皮，G2B
205	2-萘酚	2-Naphthol	2814-77-9	—	0.25	0.5	—
206	萘烷	Decalin	91-17-8	—	60	—	—
207	尿素	Urea	57-13-6	—	5	10	—
208	镍及其无机化合物（按Ni计）	Nickel and inorganic compounds, as Ni	7440-02-0（Ni）				G1（镍化合物）
	金属镍与难溶性镍化合物	Nickel metal and insoluble compounds		—	1	—	G2B（金属镍和镍化合金）
	可溶性镍化合物	Soluble nickel compounds		—	0.5	—	—
209	铍及其化合物（按Be计）	Beryllium and compounds, as Be	7440-41-7（Be）	—	0.0005	0.001	G1
210	偏二甲基肼	Unsymmetric dimethylhydrazine	57-14-7	—	0.5	—	皮，G2B

271

续表

序号	中文名	英文名	化学文摘号（CAS No.）	OELs（mg/m³）			备注
				MAC	PC-TWA	PC-STEL	
211	铅及其无机化合物（按Pb计）	Lead and inorganic Compounds, as Pb	7439-92-1（Pb）				G2B（铅），G2A（铅的无机化合物）
	铅尘	Lead dust		—	0.05	—	—
	铅烟	Lead fume		—	0.03	—	—
212	氢化锂	Lithium hydride	7580-67-8	—	0.025	0.05	皮
213	氢醌	Hydroquinone	123-31-9	—	1	2	—
214	氢氧化钾	Potassium hydroxide	1310-58-3	2	—	—	—
215	氢氧化钠	Sodium hydroxide	1310-73-2	2	—	—	—
216	氢氧化铯	Cesium hydroxide	21351-79-1	—	2	—	—
217	氰氨化钙	Calcium cyanamide	156-62-7	—	1	3	—
218	氰化氢（按CN计）	Hydrogen cyanide,as CN	74-90-8	1	—	—	皮
219	氰化物（按CN计）	Cyanides, as CN	460-19-5（CN）	1	—	—	皮
220	氰戊菊酯	Fenvalerate	51630-58-1	—	0.05	—	皮
221	全氟异丁烯	Perfluoroisobutylene	382-21-8	0.08	—	—	—
222	壬烷	Nonane	111-84-2	—	500	—	—
223	溶剂汽油	Solvent gasolines		—	300	—	—
224	乳酸正丁酯	n-Butyl lactate	138-22-7	—	25	—	—
225	三次甲基三硝基胺（黑索今）	Cyclonite（RDX）	121-82-4	—	1.5	—	皮
226	三氟化氯	Chlorine trifluoride	7790-91-2	0.4	—	—	—
227	三氟化硼	Boron trifluoride	7637-07-2	3	—	—	—
228	三氟甲基次氟酸酯	Trifluoromethyl hypofluorite		0.2	—	—	—
229	三甲苯磷酸酯	Tricresyl phosphate	1330-78-5	—	0.3	—	皮
230	1,2,3-三氯丙烷	1,2,3-Trichloropropane	96-18-4	—	60	—	皮, G2A

续表

序号	中文名	英文名	化学文摘号 (CAS No.)	OELs (mg/m³)			备注
				MAC	PC-TWA	PC-STEL	
231	三氯化磷	Phosphorus trichloride	7719-12-2	—	1	2	—
232	三氯甲烷	Trichloromethane	67-66-3	—	20	—	G2B
233	三氯硫磷	Phosphorous thiochloride	3982-91-0	0.5	—	—	—
234	三氯氢硅	Trichlorosilane	10025-28-2	3	—	—	—
235	三氯氧磷	Phosphorus oxychloride	10025-87-3	—	0.3	0.6	—
236	三氯乙醛	Trichloroacetaldehyde	75-87-6	3	—	—	—
237	1,1,1-三氯乙烷	1,1,1-trichloroethane	71-55-6	—	900	—	G2A
238	三氯乙烯	Trichloroethylene	79-01-6	—	30	—	皮
239	三硝基甲苯	Trinitrotoluene	118-96-7	—	0.2	0.5	皮
240	三氧化铬、铬酸盐、重铬酸盐（按Cr计）	Chromium trioxide、chromate、dichromate, as Cr	7440-47-3（Cr）	—	0.05	—	G1
241	三乙基氯化锡	Triethyltin chloride	994-31-0	—	0.05	0.1	皮
242	杀螟松	Sumithion	122-14-5	—	1	2	皮
243	砷化氢（胂）	Arsine	7784-42-1	0.03	—	—	G1
244	砷及其无机化合物（按As计）	Arsenic and inorganic compounds, as As	7440-38-2（As）	—	0.01	0.02	G1
245	升汞（氯化汞）	Mercuric chloride	7487-94-7	—	0.025	—	—
246	石蜡烟	Paraffin wax fume	8002-74-2	—	2	4	—
247	石油沥青烟（按苯溶物计）	Asphalt (petroleum) fume, as benzene soluble matter	8052-42-4	—	5	—	G2B
248	双（巯基乙酸）二辛基锡	Bis(marcaptoacetate) dioctyltin	26401-97-8	—	0.1	0.2	—
249	双丙酮醇	Diacetone alcohol	123-42-2	—	240	—	—
250	双硫醒	Disulfiram	97-77-8	—	2	—	—
251	双氯甲醚	Bis(chloromethyl) ether	542-88-1	0.005	—	—	G1
252	四氯化碳	Carbon tetrachloride	56-23-5	—	15	25	皮, G2B
253	四氯乙烯	Tetrachloroethylene	127-18-4	—	200	—	G2A
254	四氢呋喃	Tetrahydrofuran	109-99-9	—	300	—	—

续表

序号	中文名	英文名	化学文摘号（CAS No.）	OELs（mg/m³） MAC	OELs（mg/m³） PC-TWA	OELs（mg/m³） PC-STEL	备注
255	四氢化锗	Germanium tetrahydride	7782-65-2	—	0.6	—	—
256	四溴化碳	Carbon tetrabromide	558-13-4	—	1.5	4	—
257	四乙基铅（按Pb计）	Tetraethyl lead, as Pb	78-00-2	—	0.02	—	皮
258	松节油	Turpentine	8006-64-2	—	300	—	—
259	铊及其可溶性化合物（按Tl计）	Thallium and soluble compounds, as Tl	7440-28-0（Tl）	—	0.05	0.1	皮
260	钽及其氧化物（按Ta计）	Tantalum and oxide,as Ta	7440-25-7（Ta）	—	5	—	—
261	碳酸钠（纯碱）	Sodium carbonate	3313-92-6	—	3	6	—
262	羰基氟	Carbonyl fluoride	353-50-4	—	5	10	—
263	羰基镍（按Ni计）	Nickel carbonyl, as Ni	13463-39-3	0.002	—	—	G1
264	锑及其化合物（按Sb计）	Antimony and compounds ,as Sb	7440-36-0（Sb）	—	0.5	—	—
265	铜（按Cu计）铜尘	Copper dust	7440-50-8	—	1	—	—
265	铜（按Cu计）铜烟	Copper fume	7440-50-8	—	0.2	—	—
266	钨及其不溶性化合物（按W计）	Tungsten and insoluble compounds, as W	7440-33-7（W）	—	5	10	—
267	五氟氯乙烷	Chloropentafluoroethane	76-15-3	—	5000	—	—
268	五硫化二磷	Phosphorus pentasulfide	1314-80-3	—	1	3	—
269	五氯酚及其钠盐	Pentachlorophenol and sodium salts	87-86-5	—	0.3	—	皮
270	五羰基铁（按Fe计）	Iron pentacarbonyl, as Fe	13463-40-6	—	0.25	0.5	—
271	五氧化二磷	Phosphorus pentoxide	1314-56-3	1	—	—	—
272	戊醇	Amyl alcohol	71-41-0	—	100	—	—
273	戊烷（全部异构体）	Pentane (all isomers）	78-78-4; 109-66-0; 463-82-1	—	500	1000	—
274	硒化氢（按Se计）	Hydrogen selenide, as Se	7783-07-5	—	0.15	0.3	—
275	硒及其化合物（按Se计）（不包括六氟化硒、硒化氢）	Selenium and compounds, as Se (except hexafluoride, hydrogen selenide）	7782-49-2（Se）	—	0.1	—	—

续表

序号	中文名	英文名	化学文摘号 (CAS No.)	MAC	OELs (mg/m³) PC-TWA	PC-STEL	备注
276	纤维素	Cellulose	9004-34-6	—	10	—	—
277	硝化甘油	Nitroglycerine	55-63-0	1	—	—	皮
278	硝基苯	Nitrobenzene	98-95-3	—	2	—	皮, G2B
279	硝基丙烷	1-Nitropropane	108-03-2	—	90	—	—
280	硝基丙烷	2-Nitropropane	79-46-9	—	30	—	G2B
281	硝基甲苯（全部异构体）	Nitrotoluene (all isomers)	88-72-2; 99-08-1; 99-99-0	—	10	—	皮
282	硝基甲烷	Nitromethane	75-52-5	—	50	—	G2B
283	硝基乙烷	Nitroethane	79-24-3	—	300	—	—
284	辛烷	Octane	111-65-9	—	500	—	—
285	溴	Bromine	7726-95-6	—	0.6	2	—
286	溴化氢	Hydrogen bromide	10035-10-6	10	—	—	—
287	溴甲烷	Methyl bromide	74-83-9	—	2	—	皮
288	溴氰菊酯	Deltamethrin	52918-63-5	—	0.03	—	—
289	氧化钙	Calcium oxide	1305-78-8	—	2	—	—
290	氧化镁烟	Magnesium oxide fume	1309-48-4	—	10	—	—
291	氧化锌	Zinc oxide	1314-13-2	—	3	5	—
292	氧乐果	Omethoate	1113-02-6	—	0.15	—	皮
293	液化石油气	Liquified petroleum gas(L.P.G.)	68476-85-7	—	1000	1500	—
294	一甲胺	Monomethylamine	74-89-5	—	5	10	—
295	一氧化氮	Nitric oxide(Nitrogen monoxide)	10102-43-9	—	15	—	—
296	一氧化碳　非高原	Carbon monoxide　not in high altitude area	630-08-0	—	20	30	—
	高原　海拔 2000~3000m	In high altitude area　2000~3000m		20	—	—	—
	海拔＞3000m	＞3000m		15	—	—	—

275

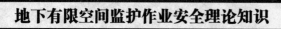
续表

序号	中文名	英文名	化学文摘号 (CAS No.)	OELs（mg/m³）			备注
				MAC	PC-TWA	PC-STEL	
297	乙胺	Ethylamine	75-04-7	—	9	18	皮
298	乙苯	Ethyl benzene	100-41-4	—	100	150	G2B
299	乙醇胺	Ethanolamine	141-43-5	—	8	15	—
300	乙二胺	Ethylenediamine	107-15-3	—	4	10	皮
301	乙二醇	Ethylene glycol	107-21-1	—	20	40	—
302	乙二醇二硝酸酯	Ethylene glycol dinitrate	628-96-6	—	0.3	—	皮
303	乙酐	Acetic anhydride	108-24-7	—	16	—	—
304	N-乙基吗啉	N-Ethylmorpholine	100-74-3	—	25	—	皮
305	乙基戊基甲酮	Ethyl amyl ketone	541-85-5	—	130	—	—
306	乙腈	Acetonitrile	75-05-8	—	30	—	皮
307	乙硫醇	Ethyl mercaptan	75-08-1	—	1	—	—
308	乙醚	Ethyl ether	60-29-7	—	300	500	—
309	乙硼烷	Diborane	19287-45-7	—	0.1	—	—
310	乙醛	Acetaldehyde	75-07-0	45	—	—	G2B
311	乙酸	Acetic acid	64-19-7	—	10	20	—
312	2-甲氧基乙基乙酸酯	2-Methoxyethyl acetate	110-49-6	—	20	—	皮
313	乙酸丙酯	Propyl acetate	109-60-4	—	200	300	—
314	乙酸丁酯	Butyl acetate	123-86-4	—	200	300	—
315	乙酸甲酯	Methyl acetate	79-20-9	—	200	500	—
316	乙酸戊酯（全部异构体）	Amyl acetate (all isomers)	628-63-7	—	100	200	—
317	乙酸乙烯酯	Vinyl acetate	108-05-4	—	10	15	G2B
318	乙酸乙酯	Ethyl acetate	141-78-6	—	200	300	—
319	乙烯酮	Ketene	463-51-4	—	0.8	2.5	—
320	乙酰甲胺磷	Acephate	30560-19-1	—	0.3	—	皮
321	乙酰水杨酸（阿司匹林）	Acetylsalicylic acid(aspirin)	50-78-2	—	5	—	—
322	2-乙氧基乙醇	2-Ethoxyethanol	110-80-5	—	18	36	皮

续表

序号	中文名	英文名	化学文摘号 (CAS No.)	OELs（mg/m³）			备注
				MAC	PC-TWA	PC-STEL	
323	2-乙氧基乙基乙酸酯	2-Ethoxyethyl acetate	111-15-9	—	30	—	皮
324	钇及其化合物（按 Y 计）	Yttrium and compounds (as Y)	7440-65-5	—	1	—	—
325	异丙胺	Isopropylamine	75-31-0	—	12	24	—
326	异丙醇	Isopropyl alcohol (IPA)	67-63-0	—	350	700	—
327	N-异丙基苯胺	N-Isopropylaniline	768-52-5	—	10	—	皮
328	异稻瘟净	Kitazin o-p	26087-47-8	—	2	5	皮
329	异佛尔酮	Isophorone	78-59-1	30	—	—	—
330	异佛尔酮二异氰酸酯	Isophorone diisocyanate (IPDI)	4098-71-9	—	0.05	0.1	—
331	异氰酸甲酯	Methyl isocyanate	624-83-9	—	0.05	0.08	皮
332	异亚丙基丙酮	Mesityl oxide	141-79-7	—	60	100	—
333	铟及其化合物（按 In 计）	Indium and compounds, as In	7440-74-6 (In)	—	0.1	0.3	—
334	茚	Indene	95-13-6	—	50	—	—
335	正丁胺	n-butylamine	109-73-9	15	—	—	皮
336	正丁基硫醇	n-butyl mercaptan	109-79-5	—	2	—	—
337	正丁基缩水甘油醚	n-butyl glycidyl ether	2426-08-6	—	60	—	—
338	正庚烷	n-Heptane	142-82-5	—	500	1000	—
339	正己烷	n-Hexane	110-54-3	—	100	180	皮

注：

[1] 皮：表示可因皮肤、黏膜和眼睛直接接触蒸气、液体和固体，通过完整的皮肤吸收引起全身效应。

[2] 敏：是指已被人或动物资料证实该物质可能有致敏作用，并不表示致敏效应是制定 PC-TWA 所依据的关键效应，也不表示致敏效应是制定 PC-TWA 的唯一依据。

[3] G1：确认人类致癌物（Carcinogenic to humans）。

[4] G2A：可能人类致癌物（Probably carcinogenic to humans）。

[5] G2B：可疑人类致癌物（Possibly carcinogenic to humans）。

参考文献

[1] 李涛，张敏，缪剑影 . 密闭空间职业危害防护手册 [M]. 北京：中国科学技术出版社，2006.

[2] 施文 . 有毒有害气体检测仪器原理和应用 [M]. 北京：化学工业出版社，2009.

[3] 夏艺，夏云风 . 个体防护装备技术 [M]. 北京：化学工业出版社，2008.

[4] 佘启元 . 个体防护装备技术与检测方法 [M]. 广州：华南理工大学出版社，2008.

[5] 国家安全生产监督管理总局宣传教育中心 . 有限空间作业安全培训教材 [M]. 北京：团结出版社，2010.

[6] 廖学军 . 有限空间作业安全生产培训教材 [M]. 北京：气象出版社，2009.

[7] 美国心脏协会心肺复苏及心血管急救指南，2010.